园林植物
汉拉英名称
速查手册

董文珂　编著

Quick Reference Dictionary for Chinese-Latin-English Names of Ornamental Plants

中国林业出版社

图书在版编目(CIP)数据

园林植物汉拉英名称速查手册：汉拉英对照／董文珂编著. —北京:中国林业出版社，2013.1

ISBN 978-7-5038-6849-8

Ⅰ. ①园… Ⅱ. ①董… Ⅲ. ①园林植物—名称—手册—汉语、拉丁语、英语 Ⅳ. ①S68-61

中国版本图书馆 CIP 数据核字(2012)第 283441 号

出版 中国林业出版社(100009 北京西城区刘海胡同 7 号)
电话 83224477
网址 lycb. forestry. gov. cn
发行 新华书店北京发行所
印刷 北京昌平百善印刷厂
版次 2013 年 3 月第 1 版
印次 2013 年 3 月第 1 次
开本 710mm × 1000mm 1/32
印张 12. 25
字数 350 千字
印数 1 ~ 3000 册
定价 29. 00 元

前　　言

植物名称(相当于"谁")是认识植物的第一步。2006 年 8 月我在哈尔滨参加中国林学会树木学分会第 12 次年会时,东北林业大学树木分类专家黄普华教授在论及植物名称时曾说"连名称都搞错了,还做什么研究,研究的结果可信吗"。无独有偶,2012 年 5 月中国科学院北京植物园花卉专家龙雅宜研究员在车上亦发出过类似的感慨。无怪乎美国佐治亚大学(University of Georgia)花卉专家 Allan M. Armitage 教授(2008)在其著作中也指出"学名混乱是不可接受的"。如大花天人菊(*Gaillardia* × *grandiflora*)的学名前些年一直使用宿根天人菊(*G. aristata*)的学名,直到近几年才被更正;又如 *Flora of China* 9(2003)对重要行道树二球悬铃木(*Platanus acerifolia*)等采用的中文名与其常用中文名之间有混乱之嫌,易让人一头雾水。可见,看似简单和基础的植物名称也存在着不少问题。规范、统一、稳定植物名称对于科学研究和日常交流都是很重要的。

在整理的基础上,规范、统一、稳定植物名称是其准确使用的前提,是一项重要而艰巨的基础工作。其中,观赏植物的名称较之农作物、林木、果树、蔬菜的名称更多、更复杂、且不稳定,加之长期以来我们对此不甚注意,已经造成了一些问题与损失,时至今日,该问题依旧未得到妥善的解决,长此以往,势必阻碍我国园林教学、科研与产业的发展。同时,这项工作又是一个费力不讨好的活儿。当前,我国各类出版物中植物名称的同物异名、同名异物、中文名和拉丁名错误等现象比比皆是,有时甚至让专业人士也不知所云，混乱程度可见一斑。与此同时，荷兰和日本等园艺产业发达国家以最新版的《国际藻类、真菌、植物命名法规》(*International Code of Nomenclature for algae, fungi, and plants*, *ICN*)、《国际栽培植物命名法规》(*International Code of Nomenclature for Cultivated Plants*, *ICNCP*)和其他最新研究结果为依据，编辑出版了不同形式的或修订多次的观赏植物名录，而我国在此方面则远落后于他们，让我有一种从开始就输在起跑线的感觉。因此，编写一本与时俱进、符合中国实际、便于学习与使用的观赏植物名录是很必要的。

学生时代我曾不时问自己"中国的观赏植物都有哪些"，因为这是一个基本问题，是进入这个行业必须知道的，但始终未果。这就像学习一门语言，植物种类就犹如一个个词汇，是掌握语言的基本工具和交流的基础。早在2004年我便有了编撰中国观赏植物名录的想法。机缘巧合，6年后当我把这个想法告诉给中国林业出版社贾培义博士时，一拍即合，编写工作就这样开始了。

为满足园林教学、科研、行业、科普、贸易、翻译等的需要，本手册收录了中国当前应用较多的观赏植物(ornamental plants)种类和一些亟待推广应用的种类(尤以乡土植物为主)，包括园林植物(landscape plants)、庭院植物(garden plants)、室内植物(indoor plants)等共计200多科、1 200余属、近3 000种(含亚种、变种、变型)，其中乔灌木1 400余种、草本植物1 100余种、仙人掌科与多肉多浆植物(仙肉植物)200余种、藤本植物100余种、水生植物30余种。但因一些历史原因，"园林植物"曾一度被赋予了更为广阔的外延，并与"观赏植物"等同，且已被大众广为熟悉，考虑该因素，本手册中文名沿用了"园林植物"一词，但英文名用"ornamental plants"，特此说明。其中"常见园林植物汉拉英名称对照表”按蕨类植物、裸子植物、双子叶植物、单子叶植物的顺序依次排列，以科为单位，科内各属以及属内各种(含亚种、变种、变型)按拉丁名的字母顺序排列，并结合汉、拉、英名称索引，以便查找。

此外，本手册通过介绍植物汉、拉、英名称的主要来源，*ICN* 和 *ICNCP* 的相关基本规则，以及 20 余位对中国观赏植物命名有重要贡献的人士来增加趣味性；通过介绍植物学拉丁文及拉丁语语音基础，标注学名的重音，解释加词的含义(共计 1 800 余条)等便于记忆植物拉丁名的方式来增加可读性；通过介绍当前主要的植物分类系统，并按一定的分类系统列出植物常见中文名及别名、可接受学名及其异名。编排中文名、拉丁学名、英文名的索引，让使用者从多个层面入手，均能方便地查阅到某种或某类植物名称来增加实用性。

本手册旨在促进我国观赏植物名称及其使用的规范、统一、稳定并与国际接轨，查证可靠、释义准确、检索方便、贴近实际，适用于园林及相关专业师生、园林从业人员、植物进出口检疫人员、观赏植物爱好者等。这是第一本以普及和规范观赏植物名称为主要目的的中文著作，也是一本园林树木学、花卉学、观赏植物学等专业基础课程的有益课外读物。它基本反映了当前中国观赏植物种类的应用现状，注重内容的准确性、专业性、及时性，力求通俗易懂，并通过标注拉丁名重音及解释加词含义来帮助使用者更好地掌握拉丁名。本手册有利于观赏植物名称的掌握，从而更好地促进名称的规范使用；有利于我国园林行业的国际交流和贸易开展；有利于我国观赏植物进出口审批及其检疫检验，保护我国的生物安全、生态安全和国土安全。

不久前，我国园林学界前辈、母校北京林业大学陈俊愉教授(1917 ~ 2012)仙逝，回想起 2006 年 1 月向他请教过一些相关问题并拜读了由其学生协助整理的“观赏植物名称(1 000～2 000)种”(2007)打印稿时，我顿时感慨万千，谨以本手册作为对他的一个永恒纪念。

我不揣冒昧，编此手册，以飨读者。

董文珂

2012年6月26日

目　录

植物的名称

我国近代植物分类学先驱钟观光（1868～1940）曾说过："如无学名记录，则义类不明，即与世界文化隔绝，等于薪柴。如无邦名记录，则传达无具，即与国内文化隔绝，等于饰品"。此番言语概述了植物学名和中文名在日常交流、文化传播中的重要性。

植物的中文名

我国高等植物约3万种，引进的植物也有数千种之多。由于我国方言较多，所以一些植物的俗名（地方名）也不少，因此规范、统一、稳定中文名绝非易事，然而从20世纪50年代起，我国植物学工作者就开始了相关工作，但至今未果，这也成为了我国几代植物学工作者的夙愿。植物的中文名有如下几个主要来源：

中文俗名

多为在我国长期栽培、应用的国产植物种类，如石斛（*Dendrobium*）、鸢尾（*Iris*）、杨树（*Populus*）、柳树（*Salix*）等，通常对应的是植物学中属（genus）的概念，又如辛夷（*Magnolia liliiflora*）、荷花（*Nelumbo nucifera*）、芍药（*Paeonia lactiflora*）、还魂草（*Selaginella tamariscina*）等习见园林植物。

名称组合

通常以中文俗名或属名作为基础，根据产地、颜色、气味、形态、习性、生境、种加词含义等修饰前者，形成新的名称，如溲疏属（*Deutzia*）中的圆齿溲疏（*D. crenata*）、小溲疏（*D. gracilis*）、大花溲疏（*D. grandiflora*）、壮丽溲疏（*D.* × *magnifica*）、小花溲疏（*D. parviflora*）、糙叶溲疏（*D. scabra*）等。或以"番、洋、假、拟"等词修饰原有名称形成新的名称，如番荔枝属（*Annona*）、洋桔梗（*Eustoma grandiflorum*）、假马齿苋（*Bacopa diffusa*）、拟万代兰

(*Vandopsis gigantea*)等。此外，一些植物类群以特有词作为名称的最后一个字，如蕨类以蕨，竹亚科以竹，禾亚科以草，菊科以菊，兰科以兰，棕榈科以棕、榈、葵，仙人掌科以掌、球、柱等命名。

形态特征

如狐尾藻(*Myriophyllum verticillatum*)、龙面花(*Nemesia strumosa*)、瓶子草(*Sarracenia purpurea*)、澳洲鸭脚木(*Schefflera actinophlla*)、倒地蜈蚣(*Torenia concolor*)等。

拉丁名音译

多为外来植物名称，如班克木属(*Banksia*)、福禄考属(*Phlox*)、泽米铁属(*Zamia*)，大丽花(*Dahlia* × *variabilis*)、冈尼桉(*Eucalyptus gunnii*)、曼地亚红豆杉(*Taxus* × *media*)等。其中兰科植物最为常见，如卡特兰属(*Cattleya*)、蕾丽兰属(*Laelia*)、米尔顿兰属(*Miltonia*)、万代兰属(*Vanda*)等。

拉丁名意译

多为外来植物名称，如裸萼球属(*Gymnocalycium*)、三叶草属(*Trifolium*)、接瓣兰属(*Zygopetalum*)等。

英文名意译

多为外来植物名称，如沙漠玫瑰(*Adenium obesum*，desert rose)、夏风信子(*Galtonia candicans*，summer hyacinth)、美国冬青(*Ilex opaca*，American holly)、铅笔柏(*Juniperus virginiana*，pencil juniper)、山月桂(*Kalmia latifolia*，mountain laurel)等 。

日语中汉字的直译

多为外来植物名称，其中尤以仙肉植物名称最为常见，如静夜(*Echeveria derenbergii*)、瑞凤玉(*Astrophytum capricorne*)、九纹龙(*Gymnocalycium gibbosum*)、万象(*Haworthia maughanii*)等。

随着近年来我国大量引进园林植物，其命名可参考上述来源拟定，同时“发财树、幸福树、富贵树、摇钱树”等以商业为目的的命名应作为中文别名。此外，杉(shā)木(*Cunninghamia lanceolata*)、朴(pò)属(*Celtis*)、荨(qián)麻科(Urticaceae)等是易被读错的植物名称；而小檗（bò，*Berberis*）和薹草（tái，*Carex*）则易被写成小蘗（niè）和苔草，蜡梅与腊梅（*Chimonanthus*）以及薰衣草与熏衣草（*Lavandula*）是存在争议的园林植物名称。由此可见，园林植物中文名的复杂程度。

植物的拉丁名

拉丁名又被称为学名和拉丁学名，它是根据*ICN*确定的植物的国际通用名称。每个分类群植物仅有一个准确的学名（即接受名），有时还有一些异名；植物名称通常采用双名法（binomial nomenclature）原则构成，即属名 + 种加词，有时还会有亚种加词、变种加词、变型加词等其他加词，它们与种加词间分别用缩略语 ssp.、var.、f. 等隔开，以示区别（如例）。

例：

Ailanthus	*altissima*		
属名	种加词		
Fenestraria	*rhopalophylla*	ssp.	*aurantiaca*
属名	种加词		亚种加词
Viburnum	*odoratissimum*	var.	*awabuki*
属名	种加词		变种加词
Calystegia	*dahurica*	f.	*anestia*
属名	种加词		变型加词
Begonia	×*semperflorens*	（*B.*	Semperflorens-cultorum Group）
属名	种加词		品种群加词

加词与属名的性（gender）应当是一致的，即当属名为阳性时，其加词亦为阳性，当属名为阴性时，其加词亦为阴性，当属名为中性时，其加词亦为中性。但也有例外，正如美国佐治亚大学园林树木专家 Michael A. Dirr 教授（2009）在其著作中所言“对于某一分类群，不同人的理解是不一样的”，如关于卫矛属（*Euonymus*）的词性，番薯属（*Ipomoea*）、木兰属（*Magnolia*）、李属（*Prunus*）、

千里光属(*Senecio*)的界定范围等，不同学者的认识是不一样的。

植物的属名

为单数主格名词，有阳性、阴性、中性之分，来源广泛，但与加词相比，许多属名并无确切的含义，有如下几个主要来源：

希腊文或拉丁文的俗名

希腊语作为西方古老的语言对许多语言尤其在学术与宗教方面产生了深远影响，因此许多植物的属名是以它们的希腊文或拉丁文俗名直接命名的。其中，源自希腊文的属名是用罗马字母拼写(即拉丁化)而成的。

园林植物中源自经典希腊文的习见属有 *Cinnamomum*(樟属)、*Geranium*(老鹳草属)、*Nerium*(夹竹桃属)等，其他源自希腊文的还有 *Acacia*(金合欢属)、*Cassia*(决明属)、*Coleus*(鞘蕊花属)、*Cycas*(苏铁属)、*Hibiscus*(木槿属)等。

园林植物中源自经典拉丁文的习见属有 *Abies*(冷杉属)、*Allium*(葱属)、*Buxus*(黄杨属)、*Carex*(薹草属)、*Fraxinus*(白蜡树属)、*Larix*(落叶松属)等，其他源自拉丁文的还有 *Acer*(槭树属)、*Aeonium*(莲花掌属)、*Aquilegia*(耧斗菜属)、*Betula*(桦木属)、*Cedrus*(雪松属)、*Citrus*(柑橘属)、*Cornus*(梾木属)、*Cupressus*(柏木属)、*Ficus*(榕属)、*Juniperus*(刺柏属)、*Pinus*(松属)、*Populus*(杨属)、*Prunus*(李属)、*Quercus*(栎属)、*Rosa*(蔷薇属)、*Salix*(柳属)、*Salvia*(鼠尾草属)、*Sedum*(景天属)、*Taxus*(红豆杉属)、*Ulmus*(榆属)等，其中许多是以-*us* 为词尾的北半球温带常见木本植物属名。

其他语言文字的俗名

除源自希腊文或拉丁文俗名的属名外，还有一些属名是将其原产地或栽培地的俗名拉丁化而来的，习见园林植物属名如源自印度尼西亚摩鹿加语俗名的 *Ailanthus*(臭椿属)和 *Bambusa*(慈竹属)，源自日语俗名的 *Aucuba*(桃叶珊瑚属)和 *Nandina*(南天竹属)，源自波斯语俗名的 *Jasminum*(素馨属)和 *Ziziphus*(柿属)，源自斯里兰卡僧

伽罗语俗名的 *Nelumbo*(莲属),源自阿拉伯语俗名的 *Aloë*(芦荟属)和 *Sophora*(槐属)等,而 *Litchi*(荔枝属)则是汉语俗名的拉丁化。

拉丁化的人名

以纪念某种植物最初的发现者、栽培者、利用者等,或纪念命名人的朋友,亦或纪念当时的统治者等,并将其名字拉丁化作为植物的属名极其常见。前者如纪念英国植物学家 Joseph Banks 爵士(1743~1820)的 *Banksia*(班克木属),纪念英国 Charlotte F. Clive 女士庭院中首次开花的 *Clivia*(君子兰属),纪念荷兰东印度公司外科医生 James Cunningham(? ~1709)的 *Cunninghamia*(杉木属),纪念法国传教士 Abbé A. David(1826~1900)的 *Davidia*(珙桐属)等;纪念命名人朋友的属名如 Carl Linnaeus(1707~1778)以其朋友 Clas Alströmer(1736~1794)的姓氏命名的 *Alstroemeria*(六出花属)和以 Olaus Rudbeck(Olof Rudbeck)父子(1630~1702;1660~1740)的姓氏命名的 *Rudbeckia*(金光菊属)等;后者如纪念俄国沙皇 Nicholas P. Romanov(1796~1855)的 *Nicolaia*(火炬姜属),纪念英国女王 Alexandrina Victoria(1819~1901)的 *Victoria*(王莲属),纪念美国总统 George Washington(1732~1799)的 *Washingtonia*(丝葵属)等。

古代神话故事中的人名

一些属名源自神话故事,主要为希腊神话,如 *Achillea*(蓍属)源自希腊神话中特洛伊战争中的英雄 Achilles,*Aglaia*(米兰属)源自希腊神话中的光之女神,*Daphne*(瑞香属)源自希腊神话中河神的女儿,*Iris*(鸢尾属)源自希腊神话中的彩虹女神,*Narcissus*(水仙属)源自希腊神话中的美少年等。

植物的某个显著特征

以一类植物希腊文或拉丁文的显著特征为属名也很常见,如 *Abeliophyllum*(白花连翘属),意指该属植物具有像六道木的叶片;*Callicarpa*(紫珠属),希腊文意指该属植物具有美丽的果实;*Callistemon*(红千层属),希腊文意指该属植物具有美丽的雄蕊;*Trifolium*(三叶草属),拉丁文意指该属植物具有三小叶;*Cercidiphyllum*

(连香树属)，意指该属植物具有像紫荆的叶片；*Chrysanthemum*(茼蒿属)，希腊文意指该属植物具有金黄色的花；*Platycladus*(侧柏属)，希腊文意指该属植物具有宽扁的枝条；*Rhododendron*(杜鹃花属)，希腊文意指该属植物是开玫红色花的树木等。

合成词

一是在已有属名的基础上根据构词法规则加上一个词缀构成新的属名，词缀有*-aria*(像)、*-ella*(小)、*-opsis*(似)等，属名分别如*Portulaca*(马齿苋属)和*Portulacaria*(马齿苋树属)，*Sorbus*(花楸属)和*Sorbaria*(珍珠梅属)，*Tecoma*(黄钟花属)和*Tecomaria*(硬骨凌霄属)，*Musa*(芭蕉属)和*Musella*(地涌金莲属)，*Miltonia*(米尔顿兰属)和*Miltoniopsis*(美堇兰属)，*Thuja*(崖柏属)和*Thujopsis*(罗汉柏属)，*Vanda*(万代兰属)和*Vandopsis*(拟万代兰属)等。二是由两个或两个以上的属名中的部分或全部字母根据构词法规则构成一个杂交属名，应在其前面用"×"以示区别，如×*Fatshedera*(熊掌木属)是*Fatsia*(八角金盘属)与*Hedera*(常春藤属)的杂交后代；×*Heucherella*(泡沫花属)是*Heuchera*(矾根属)与*Tiarella*(黄水枝属)的杂交后代等。其中兰科(Orchidaceae)中杂交属最为常见。此外，五加科(Araliaceae)、菊科(Asteraceae)、小檗科(Berberidaceae)、凤梨科(Bromeliaceae)、仙人掌科(Cactaceae)、景天科(Crassulaceae)、柏科(Cupressaceae)、蔷薇科(Rosaceae)、虎耳草科(Saxifragaceae)等中也有一些杂交属。

植物的加词

植物的加词有形容词和名词两种词性，也分阳性、阴性、中性，通常与属名的性是一致的，且绝大多数具有准确而稳定的含义(详见附录2 植物拉丁名加词的含义)，有如下几个主要来源：

植物俗名

将植物原产地或发现地的俗名拉丁化后形成加词，如*Diospyros kaki*(柿树，*kaki* 源自其日语俗名)、*Phoebe zhennan*(桢楠，*zhennan* 源自其汉语俗名)、*Ziziphus jujuba*(枣，*jujuba* 源自其阿拉伯语俗名)等。

人名

以纪念该种植物的发现者，或纪念植物学工作者，亦或纪念命名人自己等，并将其名字拉丁化作为植物的加词，如 *Cymbidium hookerianum*（虎头兰），纪念 Joseph D. Hooker（1817～1911）；*Phoebe hui*（细叶桢楠），纪念胡先骕，拉丁化为 H. H. Hu（1894～1968）；*Picea wilsonii*（青杄），纪念 Ernest H. Wilson（1876～1930）；*Prunus sargentii*（大山樱），纪念 Charles S. Sargent（1841～1927）等。

地名

将植物原产地或发现地的地名拉丁化后形成加词，如 *Agave americana*（龙舌兰）原产北美洲墨西哥，*Ravenala madagascariensis*（旅人蕉）原产马达加斯加，*Rosa chinensis*（月季）原产中国，*Trollius europaeus*（欧洲金莲花）原产欧洲和西亚等。

植物的某个显著特征

以一类植物希腊文或拉丁文的显著特征为加词也很常见，如 *Casuarina equisetifolia*（木麻黄）意指该种植物具有像木贼的叶片，*Ginkgo biloba*（银杏）意指该种植物具有二裂的叶片，*Magnolia liliiflora*（木兰）意指该种植物具有像百合的花等。

植物的英文名

植物英文名的混乱和复杂程度丝毫不亚于其中文名的混乱和复杂程度，同一种植物的名称可能在北美、英国、澳大利亚、新西兰就有差别，甚至英格兰与苏格兰就有区别，如金脉单药花（*Aphelandra squarrosa*）、斑叶肖竹芋（*Calathea zebrina*）、环带姬凤梨（*Cryptanthus zonatus*）等均被叫做 zebra plant。植物的英文名有如下几个主要来源：

直接用拉丁语

包括拉丁化的希腊语和波斯语等，或拉丁化的人名，前者如紫菀属（*Aster*，aster）、铁线莲属（*Clematis*，clematis）、八仙花属（*Hydrangea*，hydrangea）、鸢尾属（*Iris*，iris）、福禄考属（*Phlox*，phlox）

等；后者如秋海棠属（*Begonia*，begonia）、山茶属（*Camellia*，camellia）、木兰属（*Magnolia*，magnolia）、含笑属（*Michelia*，michelia）等。

拉丁语的英语化

包括拉丁化的希腊语、波斯语等的英语化，如素馨属（*Jasminum*，jasmine）、百合属（*Lilium*，lily）、羽扇豆属（*Lupinus*，lupine）、芍药属（*Paeonia*，peony）、蔷薇属（*Rosa*，rose）、刺柏属（*Juniperus*，juniper）、松属（*Pinus*，pine）、百里香属（*Thymus*，thyme）、郁金香属（*Tulipa*，tulip）等。

其他语言的英译

如紫珠属（*Callicarpa*，beautyberry）为希腊语拉丁化的英译，*calli* 指美丽的，*carpa* 指果实；喜树（*Camptotheca acuminata*，happy tree）则是汉语的英译；青兰属（*Dracocephalum*，dragon's-head）亦为希腊语拉丁化的英译，*draco* 指龙，*cephalum* 指头等。

植物的英语俗名

包括源自法语、德语、意大利语等相近语言的英语俗名，如槭属（*Acer*，maple）、薹草属（*Carex*，sedge）、金鸡菊属（*Coreopsis*，tickseed）、梾木属（*Cornus*，dogwood）、石竹属（*Dianthus*，pink）、欧石南属（*Erica*，heath）、大戟属（*Euphorbia*，spurge）、白蜡树属（*Fraxinus*，ash）、常春藤属（*Hedera*，ivy）、冬青属（*Ilex*，holly）、灯心草属（*Juncus*，rush）、云杉属（*Picea*，spruce）、栎属（*Quercus*，oak）、鼠尾草属（*Salvia*，sage）、丁香属（*Syringa*，lilac）、三叶草属（*Trifolium*，clover），金鱼草（*Antirrhinum majus*，snapdragon）、雏菊（*Bellis perennis*，common daisy）、毛地黄（*Digitalis purpurea*，foxglove）、杏（*Prunus armeniaca*，common apricot）、桃（*Prunus persica*，common peach）等。

植物产地语言俗名的音译

植物产地主要包括除欧洲之外的地区，其语言包括汉语、日语、泰米尔语、阿拉伯语，以及一些土著语言等，如依兰（*Cananga odorata*，ylang-ylang）、玉兰（*Magnolia denudata*，Yulan）、红火球帝王花（*Telopea speciosissima*，waratah）等。

植物的典型形态特征

如红千层属(*Callistemon*, bottlebrush)、石蒜属(*Lycoris*, spider lily), 火鹤(*Anthurium scherzerianum*, flamingo flower)、射干(*Belamcanda chinensis*, blackberry lily)、醉蝶花(*Cleome hassleriana*, spider flower)、银边翠(*Euphorbia marginata*, snow-on-the-mountain)、含羞草(*Mimosa pudica*, touch-me-not)、大花马齿苋(*Portulaca grandiflora*, sun plant)、欧洲白头翁(*Pulsatilla vulgaris*, windflower)、毛叶水苏(*Stachys lanata*, lamb's-ear)、牛角(*Stapelia variegata*, star-flower)等。

由几个单词组合而成

如以植物产地(Amur、Chinese、European、Himalayan、northern、oriental), 颜色(blue、gold、orange、pink、purple、red、white、yellow), 气味(fragrant、scented、sweet), 形态(dwarf、giant、hairy、spot), 习性(climbing、creeping、perennial、tree、vine), 生境(alpine、meadow、mountain、rock、water、woodland), 花期(autumn、early、night、spring、summer), 人名(Fortune's、Hooker's、Veitch's、Wilson's), 以及 common、false、garden、ornamental、showy、wild 等其他修饰词中的一个或多个单词与上述主要来源组合形成新的英文名。如以素馨(jasmine)为关键词的夜丁香(*Cestrum nocturnum*, night-scented jasmine)、栀子花(*Gardenia jasminoides*, Cape jasmine)、九里香(*Murraya exotica*, orange jasmine)、鸡蛋花(*Plumeria rubra*, red jasmine); 以百合(lily)为关键词的萱草属(*Hemerocallis*, daylily)、石蒜属(*Lycoris*, spider lily)、睡莲属(*Nymphaea*, waterlily)、马蹄莲属(*Zantedeschia*, calla lily); 以松树(pine)为关键词的南洋杉(*Araucaria heterophylla*, Norfolk Island pine)、三尖杉属(*Cephalotaxus*, cowtail pine)、露兜树属(*Pandanus*, screw pine)、罗汉松(*Podocarpus macrophyllus*, buddhist pine)等。

新拟

根据上述英文名的主要来源，对本手册中没有确切英文名的少量植物进行了新拟。

植物的命名

早在18世纪，Carl Linnaeus就在《植物学基础》(*Fundamenta Botanica*，1736)中首次提出了植物命名的原则。目前，作为植物命名的依据《国际藻类、真菌、植物命名法规》(*International Code of Nomenclature for algae*，*fungi*，*and plants*，*ICN*)在我国植物科学相关领域参考较多，而对《国际栽培植物命名法规》(*ICNCP*)的关注则不够，在这方面远落后于其他园艺科学发达的国家。须指出：命名的指导思想是提供一个称呼分类群和表明其分类等级、并使之稳定的方法，以期避免使用那些可引起误会、含糊不清或使科学陷入混乱的名称，并将这些名称废弃。

植物命名法规

19世纪，随着新命名的植物分类群的不断增多，同时植物的名称是完全不受管理的，从而导致名称及其使用的混乱，产生了许多同名异物和同物异名等现象，正因如此才促使了植物科学命名及其管理体系的逐渐形成。1867年在法国巴黎召开的国际植物学大会(International Botanical Congress，IBC)上，Alphonse P. de Candolle(1806～1893)等人草拟了《植物命名规则》(*Laws of Botanical Nomenclature*)，共6部分、68条，但该规则不具有强制性。几经讨论和修改，以求更加科学和合理，1905年在奥地利维也纳的IBC上形成了“维也纳规则”(*Vienna Rules*)，此后在部分IBC上相继修订通过了“剑桥规则”(*Cambridge Rules*)、“斯德哥尔摩法规”(*Stockholm Code*)、“西雅图法规”(*Seattle Code*)、“列宁格勒法规”(*Leningrad Code*)、“悉尼法规”(*Sydney Code*)、“柏林法规”(*Berlin Code*)、“东京法规”(*Tokyo Code*)、“圣路易斯法规”(*St. Louis

Code)和"维也纳法规"(*Vienna Code*)，其中从"斯德哥尔摩法规"到"维也纳法规"都被称作《国际植物命名法规》(*International Code of Botanical Nomenclature*, *ICBN*)。最新1次修订是2011年7月在澳大利亚墨尔本召开的第18届IBC上通过的《国际藻类、真菌、植物命名法规》(*International Code of Nomenclature for algae*, *fungi*, *and plants*, *ICN*)，简称"墨尔本法规"(*Melbourne Code*)。

本法规中与植物名称相关的最重要内容是:

①每个分类群植物仅有1个准确的学名，称为接受名，其他名称为接受名的异名。植物的科通常只有1个对应的拉丁学名，但有8个科名除外;

②植物名称采用双名法原则构成，即属名+种加词，有时还会有亚种加词、变种加词、变型加词等其他加词;

③新分类群的特征描述只能用拉丁文，但从"墨尔本法规"起也可用英文，但植物学拉丁文依旧为研究植物学不可或缺的工具;

④"墨尔本法规"第一次承认电子出版物命名的新分类群。

此外，由于不同学者对"属"的范围或"种"理解不同，导致同种植物具有不同的学名，从而产生了不同的学名，如华北落叶松(*Larix gmelinii* var. *principis-rupprechtii* 和 *Larix principis-rupprechtii*)、圆柏(*Juniperus chinensis* 或 *Sabina chinensis*)等。

由于多样的命名方式(俗名、学名、雅名等)使得栽培植物的名称异常混乱，为了保持栽培植物命名的统一性和稳定性，在Alphonse P. de Candolle 草拟《植物命名规则》时便在第40条专门涉及了园艺起源的植物的命名，这是最早的关于栽培植物命名的规定，直至1953年第一版 *ICNCP* 的出版才对全世界栽培植物的命名和分类、统一和稳定栽培植物的名称等起到了巨大的推动作用，几经修订至2009年第8版发行。该法规受理的是所有栽培(农业、林业、园艺)植物的名称，从而促使了植物品种名称的规范化，让不同植物品种各有其统一的、唯一的、稳定的名称，减少目前大量存在的品种同名异物和同物异名的现象，有利于国际的研究、交流和生产。

《国际栽培植物命名法规》(*ICNCP*)主要内容与举例如下：

①本法规只管理品种(cultivar)、品种群(group)、兰科植物特定亲本杂交群(grex)的命名。品种如'草原阳光'金鸡菊(*Coreopsis* 'Prairie Sun')、'虎眼'金鸡菊(*Coreopsis* 'Tiger Eye Gold')等，品种群如四季秋海棠品种群(*Begonia* Semperflorens-cultorum Group)、新几内亚凤仙品种群(*Impatiens* New Guinea Group)等，特定亲本杂交群如魔帝特定亲本杂交群兜兰(*Paphiopedilum* Maudiae grex)；

②植物销售时所使用的商标(trademark)和注册商标(registered trademark)不能被认为是植物的名称，故不受本法规制约；

③品系(系列，Series)为基于某一或某些特定特征的许多品种的统称，品系内不同品种间通常是花(叶)色不同，尤其习见于种子繁殖的花卉作物，但不能被认为是植物的名称，故不受本法规制约，如超级精灵系列非洲凤仙(*Impatiens walleriana* Super Elfin Series)、波浪系列矮牵牛(*Petunia* ×*hybrida* Wave Series)、月亮系列夏堇(*Torenia* Moon Series)等；

④栽培分类单位名称(品种、品种群等的加词)在排印上应当与其所隶属的自然分类单位(种、属)名称加以区别，通常品种和品种群等的加词采用正体、每个单词首字母大写、品种加词放于单引号内，品种群等加词则不需要单引号。此外，当品种群加词作为品种名称的一部分时，应置于圆括号内，放在品种加词之前。如'大使猩红'(四季品种群)秋海棠 *Begonia* (Semperflorens-cultorum Group) 'Ambassador Scarlet'，'巴塞罗那'(凯旋品种群)郁金香 *Tulipa* (Triumph Group) 'Barcelona'等；

⑤随着研究的深入，此前被认为是自然分类群的植物现已被变更为栽培分类群，从而名称发生相应变化。如高丛玉簪品种群 *Hosta* ×*fortunei* 已被变更为 *Hosta* Fortunei Group，但为便于查阅，本手册收录了该词条。'紫叶'李('紫叶'樱李)，*Prunus cerasifera* var. *atropurpurea* 已被变更为 *Prunus cerasifera* 'Pissardii'等。

重要命名人简介

以下介绍了200多年来对中国园林植物在采集、鉴定、命名、引种、推广应用等方面有重要贡献的植物学和园艺学先驱，以便更好地理解植物的学名及其命名。根据出生年份由远及近排列如下。

Carl Linnaeus(Carl von Linné, 1707～1778)

瑞典博物学家，生物科学命名(双名法)的奠基人。著有《自然系统》(*Systema Naturae*, 1735)、《植物属志》(*Genera Plantarum*, 1737)、《植物哲学》(*Philosophia Botanica*, 1751)、《植物种志》(*Species Plantarum*, 1753)等重要著作。1749年创立了双名法。由其命名的、中国有分布的著名园林植物有山茶(*Camellia japonica* L.)、银杏(*Ginkgo biloba* L.)、圆柏(*Juniperus chinensis* L.)、紫薇(*Lagerstroemia indica* L.)、垂柳(*Salix babylonica* L.)、槐树(*Sophora japonica* L.)等。为纪念其在生物科学领域的突出贡献，博物学家James E. Smith爵士(1759～1828)于1788年创立了伦敦林奈学会(the Linnean Society of London)。

Carl P. Thunberg(1743～1828)

瑞典博物学家，日本动植物专家、南非植物专家，Carl Linnaeus的学生。曾受雇于荷兰东印度公司，从日本引种植物至欧洲。著有《日本植物志》(*Flora Japonica*, 1784)和《开普植物志》(*Flora Capensis*, 1807～1823)等著作。由其命名的、中国有分布的著名园林植物有苏铁(*Cycas revoluta* Thunb.)、金银花(*Lonicera japonica* Thunb.)、南天竹(*Nandina domestica* Thunb.)等，以其姓氏作种加词的园林植物有小檗(*Berberis thunbergii*)、黑松(*Pinus thunbergii*)等，而以其姓氏作属名的是山牵牛属(*Thunbergia*)。

Augustin P. de Candolle(1778～1841)

瑞士植物学家。1816年起开始研究并构建自己的植物分类系统，生前完成其名著《植物界自然系统初编》(*Prodromus Systematis*

Naturalis Regni Vegetabilis, 1824 ~ 1841)的前十卷。由其命名的、中国习见的著名园林植物有棣棠(*Kerria japonica* DC.)、夜合花(*Magnolia coco* DC.)、日本十大功劳(*Mahonia japonica* DC.)、白兰花(*Michelia* ×*alba* DC.)等。

Philipp F. von Siebold(1796 ~ 1866)

德国医生、采集者，日本动植物专家。1823 ~ 1830 年和 1859 ~ 1863年在日本采集植物，并将大量植物引入欧洲园林。常与德国植物学家 Joseph G. Zuccarini(1797 ~ 1848)联合发表植物新分类群，并合作完成《日本植物志》(*Flora Japonica*, 1835 ~ 1870)。由其命名的、中国有分布的著名园林植物有溲疏(*Deutzia crenata* Sieb. et Zucc.)、连香树(*Cercidiphyllum japonicum* Sieb. et Zucc.)、梅花(*Prunus mume* Sieb. et Zucc.)等，以其姓氏作种加词的园林植物如天女花(*Magnolia sieboldii*)。

John Lindley(1799 ~ 1865)

英国植物学家，兰科专家。著有《蔷薇属专著》(*Rosarum Monographia*, 1820)和《兰科植物种属》(*The Genera and Species of Orchidaceous Plants*, 1830 ~ 1840)等重要著作。由其命名的、中国有分布的著名园林植物有云南山茶(*Camellia reticulata* Lindl.)、独占春(*Cymbidium eburneum* Lindl.)、迎春(*Jasminum nudiflorum* Lindl.)、榆叶梅(*Prunus triloba* Lindl.)、黄刺玫(*Rosa xanthina* Lindl.)、紫丁香(*Syringa oblata* Lindl.)等，以其姓氏作种加词的园林植物如醉鱼草(*Buddleja lindleyana*)。

Alexander von Bunge(1803 ~ 1890)

原苏联植物学家、药学家。1830 ~ 1831 年在我国采集植物 400 余种，其中不乏具观赏价值的新种，其中有新属莸属(*Caryopteris*)、诸葛菜属(*Orychophragmus*)、文冠果属(*Xanthoceras*)等。由其命名的、中国有分布的著名园林植物有元宝枫(*Acer truncatum* Bunge)、七叶树(*Aesculus chinensis* Bunge)、紫荆(*Cercis chinensis* Bunge)等，以其姓氏作种加词的园林植物有白皮松

(*Pinus bungeana*)、楸树(*Catalpa bungei*)、臭牡丹(*Clerodendrum bungei*)等。

Robert Fortune(1812～1880)

英国园艺学家、采集者。1843～1845、1848～1951、1853～1855、1861年先后4次来我国采集，引种植物活体近200种，其中不乏大量的园林植物。由其命名的、中国有分布的园林植物如木本绣球(*Viburnum macrocephalum* Fort.)，以其姓氏作种加词的著名园林植物有扶芳藤(*Euonymus fortunei*)、十大功劳(*Mahonia fortunei*)、泡桐(*Paulownia fortunei*)、火棘(*Pyracantha fortuneana*)、棕榈(*Trachycarpus fortunei*)等，而以其姓氏作属名的是金柑属(*Fortunella*)。

Joseph D. Hooker(1817～1911)

英国植物学家、探险家、采集者，植物地理学的创始人之一。曾将杜鹃花属(*Rhododendron*)植物引入英国园林，著有《新西兰植物志》(*Flora Novae Zelandiae*，1853～1855)和《英属印度植物志》(*Flora of British India*，1855～1897)等著作。由其命名的、中国有分布的园林植物有中华杜英(*Elaeocarpus chinensis* Hook. f.)、滇藏木兰(*Magnolia champbellii* Hook. f. et Thoms.)等，以其姓氏作种加词的园林植物有虎头兰(*Cymbidium hookerianum*)、中缅木莲(*Manglietia hookeri*)等。

Abbé A. David(1826～1900)

法国传教士、采集者。1862～1874年在我国采集植物1 000余种，其中有新属喜树属(*Camptotheca*)。以其姓氏作种加词的园林植物有青榨槭(*Acer davidii*)、山麻杆(*Alchornea davidii*)、大叶醉鱼草(*Buddleja davidii*)、白刺花(*Sophora davidii*)等，以其姓氏作属名的是珙桐属(*Davidia*)。

Henry F. Hance(1827～1886)

英国外交官，业余时间研究中国的植物。1844～1872年间先后4次来我国采集，引种植物活体近200种。由其命名的、中国有分布的园林植物有虎舌红（*Ardisia mamillata* Hance）、鹅耳枥（*Carpinus turczaninowii* Hance）、枫香（*Liquidambar formosana* Hance）、云南黄素馨（*Jasminum mesnyi* Hance）等。

Carl J. Maximowicz（1827～1891）

俄国植物分类学家，远东地区植物专家，Alexander von Bunge的学生。1854～1855和1859～1860年在我国东北地区采集植物1 000余种，其中有新属黄檗属（*Phellodendron*）。由其命名的、中国有分布的著名园林植物有辽东冷杉（*Abies holophylla* Maxim.）、狗枣猕猴桃（*Actinidia kolomikta* Maxim.）、金银木（*Lonicera maackii* Maxim.）、珍珠梅（*Sorbaria kirilowii* Maxim.）、南京椴（*Tilia miqueliana* Maxim.）等。

Adrien R. Franchet（1834～1900）

法国植物学家，中国和日本植物专家。著有《德拉维植物志》（*Plantae Delavayanae*，1884～1888）。由其命名的、中国有分布的著名园林植物有大叶醉鱼草（*Buddleja davidii* Franch.）、华山松（*Pinus armandii* Franch.）、山桃（*Prunus davidiana* Franch.）、马缨杜鹃花（*Rhododendron delavayi* Franch.）等。

Harry J. Veitch（1840～1924）

英国园艺学家，创建了James Veitch & Sons公司。1862年起举办一年一度的英国皇家园艺学会（Royal Horticultural Society，RHS）春季花展，1913年起改名，即当今闻名世界的切尔西花展（Chelsea Flower Show）。支助Ernest H. Wilson（1876～1930）等人采集植物，并将其中优秀种类引入欧美园林。为纪念其突出贡献RHS特设立维奇纪念奖（Veitch Memorial Medal）等。以其姓氏作种加词的园林植物有维氏肖竹芋（*Calathea veitchiana*）、维氏三尖兰（*Masdevallia veitchiana*）、维氏赤竹（*Sasa veitchii*）等。

Alfred Rehder（1863～1949）

美国树木学家。著有《栽培乔灌木手册》（*Manual of Cultivated Trees and Shrubs*，1940）和《栽培乔灌木参考书目》（*Bibliography of*

Cultivated Trees and Shrubs, 1949)等重要著作。由其命名的、中国有分布的园林植物有白鹃梅(*Exochorda racemosa* Rehd.)、龙女花(*Magnolia wilsonii* Rehd.)、白杄(*Picea meyeri* Rehd. et Wils.)、金钱松(*Pseudolarix amabilis* Rehd.)等。

George Forrest(1873~1932)

英国采集者，爱丁堡皇家植物园。1904~1931年在我国采集了大量植物标本，包括大量有重要观赏价值的园林植物和新分类群，如大量报春花属(*Primula*)和杜鹃花属(*Rhododendron*)植物。由其命名的、中国有分布的园林植物如红茉莉(*Jasminum beesianum* Forrest et Diels)，以其姓氏作为种加词的园林植物如大理罗汉松(*Podocarpus forrestii*)。

Ernest H. Wilson(1876~1930)

英国园艺学家、采集者。先后为英国James Veitch & Sons公司和美国哈佛大学阿诺德树木园(Arnold Arboretum)工作，1899~1900、1903~1905、1907~1908、1910~1911、1918年5次来我国采集了约5 000种植物，主要采集地区为华西地区和台湾地区，其中包括大量有重要观赏价值的园林植物，如大量小檗属(*Berberis*)、栒子属(*Cotoneaster*)、杜鹃花属、蔷薇属(*Rosa*)植物，以及新属七子花(*Heptacodium*)等。著有《一个博物学家在华西》(*A Naturalist in Western China*, 1913)、《中国，园林之母》(*China, Mother of Gardens*, 1929)等。以其姓氏作为种加词的园林植物有青杄(*Picea wilsonii* Mast.)、三峡槭(*Acer wilsonii* Rehd.)、峨眉含笑(*Michelia wilsonii* Finet et Gagnep.)等。

Heinrich von Handel-Mazzetti(1882~1940)

奥地利植物学家。1914~1916年在我国西南地区采集了大量植物标本。由其命名的、中国有分布的园林植物有银木(*Cinnamomum septentrionale* Hand.-Mazz.)、扶芳藤(*Euonymus fortunei* Hand.-Mazz.)、榉树(*Zelkova schneideriana* Hand.-Mazz.)等。

中井猛之进(Takenouchi Nakai，1882～1952)

日本植物分类学家。1908～1934年主要在我国东北地区采集植物标本。由其命名的、中国有分布的著名园林植物有贴梗海棠(*Chaenomeles speciosa* Nakai)、山茱萸(*Macrocarpium officinale* Nakai)、红皮云杉(*Picea koraiensis* Nakai)等。

Joseph F. C. Rock(1884～1962)

美国采集者。1920～1928年间先后5次在我国华西地区采集了大量植物，包括许多有观赏价值的园林植物。云南丽江玉龙雪山脚下雪松村还建有其纪念馆。以其姓氏作为种加词的园林植物如紫斑牡丹(*Paeonia rockii*)。

Francis Kingdon-Ward(Frank Kingdon-Ward，1885～1958)

英国植物学家、地理学家。1911～1935年在我国云南、西藏地区采集了大量植物标本，发现许多新属和新种，一些种类现已成为温带地区重要的园林植物，如大量报春花属(*Primula*)和杜鹃花属植物。以其姓氏作为种加词的园林植物如彩云兜兰(*Paphiopedilum wardii*)。

胡先骕(Hsen Hsu Hu，1894～1968)

中国植物学家，中国近代植物学的奠基人之一。由其与郑万钧命名的、特产中国的著名园林植物水杉(*Metasequoia glyptostroboides* Hu et Cheng)曾轰动全球学界。由其命名的、中国有分布的园林植物还有大果木莲(*Manglietia grandis* Hu et Cheng)、河北杨(*Populus* ×*hopeiensis* Hu et Chow)，以其姓氏作种加词的园林植物如小叶桢楠(*Phoebe hui* Cheng ex Yang)。

Floyd A. McClure(1897～1970)

美国植物学家、竹类专家。1922～1927年在我国海南、广东、广西等地区采集植物标本。由其命名的、中国有分布的著名园林植物有佛肚竹(*Bambusa ventricosa* McCl.)、黄槽竹(*Phyllostachys aureosulcata* McCl.)、早园竹(*Phyllostachys propinqua* McCl.)等，以其姓氏作为种加词的园林植物如醉香含笑(*Michelia macclurei*)。

重要分类系统简介

蕨类植物分类系统

20世纪20年代末至30年代初，秦仁昌(1898～1986)在丹麦著名蕨类植物学家Carl F. A. Christensen(1872～1942)的指导下，在英国、德国、法国、瑞典、奥地利等国标本馆研究大量中国及其邻近地区的标本，并参考大量相关名著与期刊，同时与美国、英国、瑞士等国蕨类植物学家开展书信交流，于1940年发表了蜚声中外的《水龙骨科的自然分类》。该文清晰地显示出蕨类植物的演化关系，大胆地将混杂的、包括蕨类植物中80%的属和90%的种的水龙骨科(Polypodiaceae)划分为33科、249属，动摇了蕨类植物分类的经典系统，解决了当时世界蕨类植物系统分类中最大的难题，震动了国际蕨类学界并产生极其深远的影响，成为世界蕨类植物系统分类发展史上的一个重大突破。自此以后，蕨类植物的新系统在国际上相继出现并或多或少地采取了秦仁昌的一些科属概念。在收集分类学、形态学、细胞学等方面资料的基础上，经过不断充实和修改，秦仁昌于1954年发表了《中国蕨类科属名词及分类系统》、1978年发表了《中国蕨类植物科属的系统排列和历史来源》，使他的蕨类植物系统达到了一个新的水平，后被国际上称为"秦仁昌系统"，该系统已被我国蕨类学界和各标本馆(室)广泛采用，本手册亦采用该系统。其他蕨类植物分类系统有美国Copeland系统和英国Holttum系统等。

裸子植物分类系统

长期以来，裸子植物各分类系统间的主要差别是对松柏类的系统演化存在较大分歧。其中，郑万钧(1904～1983)在1959年做的"裸子植物系统研究"报告基础上，于1975年与他人合作发表了

《中国裸子植物》，并根据古植物学、形态学、解剖学等研究结果，经过修改于 1978 年在《中国植物志·第七卷》上对裸子植物进行了系统排列和较详细的描述，后被称为“郑万钧系统”。该系统被我国学者和各标本馆(室)广泛采用，在国际上也有一定影响。其他裸子植物分类系统有德国 Pilger 系统、瑞典 Florin 系统以及本世纪由我国学者傅德志和朱光华(1963 ~ 2005)联合发表的系统等。当前大量形态学、解剖学、分子生物学等证据支持将杉科(Taxodiaceae)并入柏科(Cupressaceae)，单列金松科(Sciadopityaceae)等，这些与郑万钧系统在科的编排上有显著不同。本手册采用了 2011 年由芬兰、美国、英国知名学者联合发表的最新系统，其中部分作者也是 *Flora of China Vol.* 4(裸子植物卷)的联合作者，以反映世界裸子植物分类研究近况。

被子植物分类系统

在被子植物分类系统中，被我国植物学教科书、各标本馆(室)、植物园(树木园)采用的有 Engler 系统、Hutchinson 系统、Cronquist 系统，其他被子植物分类系统如原苏联 Takhtajan 系统(1997)、丹麦 Dahlgren 系统(1989)、美国 Thorne 系统(2000)、德国 Kubitzki 系统(1990)、以我国学者吴征镒为主要贡献者的“八纲系统”(2002)、多国学者联合发表的 APG III 系统(2009)等。

Engler 系统由德国学者 Adolf Engler(1844 ~ 1930)和 Karl Prantl(1849 ~ 1893)于 1887 ~ 1915 年在《植物自然分科志》(*Die Natürlichen Pflanzenfamilien*)中发表，是历史上第一个较完整的植物分类系统，科的范围划分较大，其中将种子植物门分为裸子植物亚门和被子植物亚门，又将被子植物亚门分为单子叶植物纲和双子叶植物纲。该系统被世界上许多学者、标本馆、教科书广泛采用，在国际上有一定影响。

Hutchinson 系统由英国学者 John Hutchinson(1884 ~ 1972)于 1926 ~ 1934 年在《有花植物科志》(*The Families of Flowering Plants*)中发表，科的范围划分较小，过分强调草本和木本 2 个不

同来源，分为草本支和木本支，从而将原本系统关系较近的科放置太远和关系较远的科放置太近。该系统被我国一些学者和标本馆（室）采用，在国际上也有一定影响。

Cronquist 系统由美国学者 Arthur J. Cronquist（1919 ~ 1992）提出，最新版于 1981 年在《有花植物的综合分类系统》（*An Integrated System of Classification of Flowering Plants*）中发表，该系统尤其受到 Charles E. Bessey（1845 ~ 1915）和 Armen L. Takhtajan（1910 ~ 2009）研究的影响。其中将豆科（Leguminosae）分为苏木科（Caesalpiniaceae）、蝶形花科（Fabaceae）、含羞草科（Mimosaceae），从罂粟科（Papaveraceae）中分出紫堇科（Fumariaceae），从虎耳草科（Saxifragaceae）中分出八仙花科（Hydrangeaceae）和茶藨子科（Grossulariaceae），包括石蒜科（Amaryllidaceae）在内的百合科（Liliaceae）等。该系统被我国一些学者、标本馆（室）、植物园采用，在国际上具有很大影响，本手册亦采用该系统，但根据习惯需要本手册单列石蒜科，以及依旧将泡桐属（*Paulownia*）置于玄参科（Scrophulariaceae）中。

植物学名中的拉丁文

拉丁语与植物学拉丁文概述

拉丁语是词尾高度变化的一种语言，曾主要在罗马帝国使用，现仅基督教神职人员和相关学者在礼拜仪式和学术研究等中使用。由于“语”是“说”的意思，而“文”有“写”的含义，植物科学研究则主要用于书面交流，写得多、说得少。因此，一些人建议用“植物学拉丁文”而非“植物学拉丁语”。

植物学拉丁文源于古罗马时期罗马人有关植物科学的拉丁文，在经历了欧洲中世纪和文艺复兴时期后拉丁文依旧存在，并成为了欧洲通用的学术语言。17 世纪时，在 John Ray(1628 ~ 1705)和 Joseph P. de Tournefort(1656 ~ 1708)等人工作的基础上，丰富的植物科学术语被逐渐建立起来，有关植物科学的拉丁文已与经典拉丁文分开了。18 世纪时，尤其是在 Carl Linnaeus 统一命名后，经过扩充和精炼，植物学拉丁文正式形成了。19 世纪 Augustin P. de Candolle(1778 ~ 1841)、Gottlieb W. Bischoff(1797 ~ 1854)、John Lindley(1799 ~ 1865)、Asa Gray(1810 ~ 1888)等人的著作对植物学拉丁文起到了重要的稳定作用。20 世纪植物学拉丁文在经历届 IBC 决议后，被拥护使用并沿用至今。

由于拉丁语不属于任何一个当前国家或民族的通用语言，因此具有中立性，从而被赋予了世界性与通用性。此外，植物学拉丁文赋予了许多经典拉丁文专门的植物科学含义，并不断地通过构词法和借鉴希腊文等创造出了许多新的单词，最终形成了特有的使用习惯，使之成为独立于经典拉丁文之外的一种文字形式。所以，植物学拉丁文才可能被长期使用下去。然而，从事植物科学研究的工作者们时常要听它、说它、读它、写它、译它，尤其是其中的植物学名，它在园林植物科研、生产、营销、应用领域中也逐渐变得寻常。因此，掌握植物学拉丁文语音基础是必要的。

植物科学中使用的拉丁文被称作植物学拉丁文，主要用于植物的命名以及描述植物的形态和生境。其中，植物名称的拉丁文只是植物学拉丁文的很小一部分。

植物学拉丁文语音基础

植物学拉丁文是一种记载用的文字，因含义准确、稳定，早已成为描述植物新分类群的文字。其中，植物学术语中的学名常常出现在各类著作乃至口头交流中，但由于多种原因，其并无统一的发音规则，但植物学拉丁文专家 William T. Stearn（1911 ~ 2001）教授则指出植物学名如何发音无关紧要，只要声音是悦耳的以及容易被相关人员理解即可。

基本发音规则如下：

辅音字母 b、d、f、h、k、l、m、n、p、q、s、v、w、x、z 的发音与英文相同，依次为[b]、[d]、[f]、[h]、[k]、[l]、[m]、[n]、[p]、[k]、[s]、[v]、[w]、[ks]、[z]，其他字母以及字母组合基本发音规则如下表所示。但该发音规则不能完全满足植物学名的需要，因为许多属名和加词是源自拉丁文或希腊文之外的语言，或将该文字拉丁化而来，所以其发音不完全满足以上基本规则，但以尽可能地保留原语言中的发音为佳。如 *Dahlia* 和 *Ehretia* 中的 h 以不发音为佳；*Heuchera* 中的 eu 和 ch 分别与英语中 oi 和 sh 发音近似；*Kniphofia* 中的 ph 不是字母组合，以发[p]、[h]两个音为佳；*komarovii* 中的 v 以发[f]音为佳；*schneideriana* 中的 sch 发音近似汉语中的“师”，*Washingtonia* 中的 sh 和 ng 发音应与英语中的 sh 和 ng 发音相同为佳（见“部分字母及字母组合发音一览表”）。

部分字母及字母组合发音一览表

字母(字母组合)	发音		属名和加词举例
a	[a]		*Albizia*、*altissima*、*gallica*
ae	[e]		*Orchidaceae*、*pygmaeus*、*Spiraea*
au	[au]		*Araucaria*、*caudatus*、*multicaulis*
c	[k]	在硬元音*和辅音前发[k]	*Calendula*、*Cotinus*、*cuneatus*
		在软元音*前发[ts]	*Cedrus*、*Cissus*、*cyaneus*
ch	[k]	[h]或[tʃ]	*Blechnum*、*chinensis*、*distichus*
e	[e]		*esculenta*、*Neoregelia*、*virens*
eu	[eu]		*coccineus*、*europaea*、*Eucalyptus*
g	[g]	在硬元音和辅音前发[g]	*Gazania*、*insignis*、*nigra*
		在软元音前发[dʒ]	*giganteus*、*Gymnocladus*、*rigida*
i	[i]		*acutissimus*、*Pinus*、*taiwaniana*
j	[j]		*Jatropha*、*Juniperus*、*majus*
o	[o]		*macropodus*、*Populus*、*tomentosa*
oe	[e]		*amoenus*、*coerulea*、*Oenothera*
ph	[f]		*microphyllus*、*Photinia*、*Ziziphus*
qu	[kw]		*Quercus*、*quinquefolius*、*squamata*
r	[r]	小舌颤音[R]	*ferox*、*Robinia*、*tricolor*
rh	[r]	小舌颤音[R]	*Rheum*、*Rhododendron*、*rhombeus*
t	[t]		*falcatum*、*mutabilis*、*Torreya*
ti	当 ti 后为元音时发[tsi]**		*aurantiacus*、*petiolare*、*Tiarella*
th	[t]		*calanthus*、*thunbergii*、*Thymus*
u	[u]		*julibrissin*、*multiflorus*、*Ulmus*
y	在元音前发[j]		*heterostchya*、*Yucca*、*yunnanensis*
	在辅音前发[i]		*corymbosa*、*Lychnis*、*macrophyllus*

*硬元音包括[a]、[o]、[u]、[au]等；软元音包括[e]、[i]、[eu]等。

**当 ti 前为[s]音且后为元音或其他情况时均发[ti]音，如 *cerastioides*、*forrestii*、*Pistia* 等。

植物学拉丁文单词的音节划分与英文相同，但重音则在倒数第 2 或倒数第 3 个音节上。即当倒数第 2 个音节为短音时，重音在倒数第 3 个音节上；当倒数第 2 个音节为长音时，重音则在该音节上。各学名的重音以加粗方式标注在重音音节中的元音字母上，其中属名的重音请查阅附录 3“植物科属汉拉名称对照表”，加词的重音请查阅附录 2“植物拉丁名加词的含义及重音”，以方便朗读和记忆。此外，*Aloe* 和 *Kalanchoe* 等的词尾以及 *Hypoestes* 中 oe 并非字母组合，应当分开发[o]和[e]两个音而非只发[e]音，前者在本手册中用分音符加以区别，即 *Aloë* 和 *Kalanchoë*；以-ifer；-fera；-ferum 为后缀的单词，其重音始终在倒数第 3 个音节上，如 *conifer*、*filifer*、*oleifer*、*vinifer* 等。

拉丁名中加词的含义

在理解拉丁名中加词含义的基础上去记忆，比死记硬背更加持久、有效，不但可加深记忆，还可给枯燥乏味的园林植物学名记忆增添一份趣味。请查阅本手册附录 1“加词三性单数主格词尾表”和附录 2“植物拉丁名加词的含义及重音”。

常见园林植物汉拉英名称对照表

中文名	拉丁学名	英文名
石松科(Lycopodiaceae)		
石松属		
垂穗石松	*Lycopodium cernuum*	creeping clubmoss
石松	*Lycopodium clavatum*	running clubmoss
玉柏石松	*Lycopodium obscurum*	tree clubmoss
卷柏科(Selaginellaceae)		
卷柏属		
地柏(小翠云)	*Selaginella kraussiana*	Krauss spikemoss
墨西哥卷柏	*Selaginella martensii*	variegated spikemoss
卷柏(还魂草)	*Selaginella tamariscina*	spikemoss
翠云草	*Selaginella uncinata*	peacock spikemoss
木贼科(Equisetaceae)		
问荆属		
问荆	*Equisetum arvense*	field horsetail
木贼属		
木贼	*Hippochaete hyemalis* (*Equisetum hyemale*)	horsetail (scouring rush)
紫萁科(Osmundaceae)		
紫萁属		
分株紫萁	*Osmunda cinnamomea*	cinnamon fern
欧紫萁	*Osmunda regalis*	royal fern

注：括号中为别名或异名。

海金沙科(Lygodiaceae)

海金沙属

海金沙	*Lygodium japonicum*	Japanese climbing fern

蚌壳蕨科(Dicksoniaceae)

金毛狗属

金毛狗	*Cibotium barometz*	golden chicken fern

蚌壳蕨属

澳大利亚树蕨	*Dicksonia antarctica*	Tasmanian tree-fern

桫椤科(Cyatheaceae)

桫椤属

桫椤(树蕨)	*Alsophila spinulosa* (*Cyathea spinulosa*)	spiny tree-fern

蕨科(Pteridiaceae)

蕨属

蕨	*Pteridium aquilinum* var. *latiusculum*	bracken

凤尾蕨科(Pteridaceae)

凤尾蕨属

缎化凤尾蕨(石化野鸡尾)	*Pteris cretica*	Cretan brake
剑叶凤尾蕨	*Pteris ensiformis*	slender brake
凤尾蕨(井栏边草)	*Pteris multifida*	Chinese brake
蜈蚣草	*Pteris vittata*	ladder brake

中国蕨科(Sinopteridaceae)

旱蕨属

圆叶旱蕨	*Pellaea rotundifolia*	button-fern

铁线蕨科(Adiantaceae)

铁线蕨属

铁线蕨	*Adiantum capillus-veneris*	southern maidenhair
鞭叶铁线蕨	*Adiantum caudatum*	trailing maidenhair
掌叶铁线蕨	*Adiantum pedatum*	five-finger fern (northern maidenhair)
秀丽铁线蕨(楔叶铁线蕨)	*Adiantum raddianum* (*A. cuneatum*)	delta maidenhair (maidenhair fern)

蹄盖蕨科(Athyriaceae)

蹄盖蕨属

欧洲蹄盖蕨	*Athyrium filix-femina*	European lady-fern (painted fern)
日本蹄盖蕨(华东蹄盖蕨)	*Athyrium niponicum*	Japanese lady-fern (painted fern)
光蹄盖蕨	*Athyrium otophorum*	eared lady-fern
尖头蹄盖蕨	*Athyrium vidalii*	Vidal's lady-fern

铁角蕨科(Aspleniaceae)

巢蕨属

日本巢蕨	*Neottopteris antiquum* (*Asplenium antiquum*)	Japanese bird's-nest-fern
巢蕨	*Neottopteris nidus* (*Asplenium nidus*)	bird's-nest-fern

对开蕨属

对开蕨	*Phyllitis scolopendrium* (*Asplenium scolopendrium*)	Hart's-tongue fern

球子蕨科(Onocleaceae)

荚果蕨属

荚果蕨	*Matteuccia struthiopteris*	ostrich fern

球子蕨属

球子蕨	*Onoclea sensibilis*	sensitive fern

乌毛蕨科(Blechnaceae)

乌毛蕨属

巴西乌毛蕨	*Blechnum brasiliense*	Brazilian tree-fern
疣茎乌毛蕨(富贵蕨)	*Blechnum gibbum*	dwarf tree-fern

苏铁蕨属

苏铁蕨	*Brainea insignis*	cycad fern

狗脊属

单芽狗脊(顶芽狗脊)	*Woodwardia unigemmata*	Chinese chain fern

鳞毛蕨科(Dryopteridaceae)

复叶耳蕨属

复叶耳蕨	*Arachniodes aristata*	prickly shield-fern

贯众属

全缘贯众(冬青蕨)	*Cyrtomium falcatum*	Japanese holly-fern
贯众	*Cyrtomium fortunei*	Fortune's holly-fern

鳞毛蕨属

鳞毛蕨	*Dryopteris affinis*	scaly male-fern
粗茎鳞毛蕨(绵马鳞毛蕨)	*Dryopteris crassirhizoma*	thick-stemmed wood-fern
红盖鳞毛蕨	*Dryopteris erythrosora*	autumn fern
欧洲鳞毛蕨	*Dryopteris filix-mas*	male-fern
美丽鳞毛蕨	*Dryopteris goeringiana* (*D. laeta*)	bright male-fern

耳蕨属

圣诞耳蕨	*Polystichum acrostichoides*	Christmas fern
多育耳蕨	*Polystichum setiferum*	soft shield fern

三叉蕨科(Aspidiaceae)

革叶蕨属

革叶蕨(丽莎蕨)	*Rumohra adiantiformis*	leather fern

肾蕨科(Nephrolepidaceae)

肾蕨属

肾蕨	*Nephrolepis auriculata* (*N. cordifolia*)	ladder sword fern (southern sword fern)
长叶肾蕨	*Nephrolepis biserrata*	giant sword fern
高大肾蕨	*Nephrolepis exaltata*	Boston fern (common sword fern)

骨碎补科(Davalliaceae)

骨碎补属

加那利骨碎补	*Davallia canariensis*	rabbit's-foot fern
骨碎补(狼尾蕨)	*Davallia mariesii*	hare's-foot fern (squirrel's-foot fern)

阴石蕨属

圆盖阴石蕨	*Humata tyermannii*	white rabbit's-foot fern

水龙骨科(Polypodiaceae)

星蕨属

星蕨(鱼尾蕨)	*Microsorum punctatum* (*Polypodium punctatum*)	climbing bird's nest fern (dwarf elkhorn fern)

盾蕨属

盾蕨(卵叶盾蕨)	*Neolepisorus ovatus*	Chinese shield fern

多足蕨属

水龙骨	*Polypodium vulgare*	common polypody (wall fern)

石韦属

石韦	*Pyrrosia lingua*	tongue fern

鹿角蕨科(Platyceriaceae)

鹿角蕨属

埃塞俄比亚鹿角蕨	*Platycerium aethiopicum*	Ethiopian staghorn fern

二叉鹿角蕨 （蝙蝠蕨）	*Platycerium bifurcatum* （*P. alcicorne*）	elkhorn fern
安哥拉鹿角蕨	*Platycerium elephantotis* （*P. angolense*）	cabbage fern （elephant's-ear fern）

槐叶苹科（Salviniaceae）

槐叶苹属

槐叶苹	*Salvinia natans*	floating watermoss

苏铁科（Cycadaceae）

苏铁属

越南篦齿苏铁	*Cycas elongata*	Vietnamese cycad
澳洲苏铁	*Cycas media*	Australian nut palm
石山苏铁	*Cycas miquelii*	Miquel's cycad
攀枝花苏铁	*Cycas panzhihuaensis*	hardy sago
篦齿苏铁	*Cycas pectinata*	Assam cycad
苏铁（铁树）	*Cycas revoluta*	sago palm
四川苏铁	*Cycas szechuanensis*	Szechuan cycad
台东苏铁	*Cycas taitungensis*	emperor sago （prince sago）
广东苏铁 （台湾苏铁）	*Cycas taiwaniana*	prince sago （Taiwan cycad）

泽米铁科（Zamiaceae）

双子铁属

刺叶双子铁	*Dioon spinulosum*	giant dioon （gum palm）

非洲苏铁属

刺叶非洲苏铁	*Encephalartos ferox*	Zululand cycad

大泽米铁属

大泽米铁	*Macrozamia communis*	burrawang
摩尔大泽米铁	*Macrozamia moorei*	giant burrawang

泽米铁属

鳞秕泽米铁 (阔叶泽米铁)	*Zamia furfuracea*	cardboard palm (Florida arrowroot)
矮泽米铁	*Zamia pumila*	coontie (Florida arrowroot)

银杏科(Ginkgoceae)

银杏属

银杏(白果)	*Ginkgo biloba*	maidenhair tree

南洋杉科(Araucariaceae)

贝壳杉属

贝壳杉	*Agathis dammara*	amboina pine

南洋杉属

大叶南洋杉	*Araucaria bidwillii*	bunya pine
肯氏南洋杉	*Araucaria cunninghamii*	hoop pine
南洋杉 (异叶南洋杉)	*Araucaria heterophylla* (*A. excelsa*)	Norfolk Island pine

松科(Pinaceae)

冷杉属

欧洲冷杉	*Abies alba*	European silver fir
日本冷杉	*Abies firma*	Japanese fir
辽东冷杉 (杉松)	*Abies holophylla*	Manchurian fir
臭冷杉 (东陵冷杉、臭松)	*Abies nephrolepis*	Khingan fir

雪松属

北非雪松	*Cedrus atlantica*	Atlas cedar
雪松	*Cedrus deodara*	Himalayan cedar

油杉属

铁坚油杉 (铁坚杉)	*Keteleeria davidiana*	David's keteleeria

油杉	*Keteleeria fortunei*	Fortune's keteleeria
落叶松属		
兴安落叶松（落叶松）	*Larix gmelinii*	Dahurian larch
华北落叶松	*Larix gmelinii* var. *principis-rupprechtii* (*L. principis-rupprechtii*)	Prince Rupprecht's larch
日本落叶松	*Larix kaempferi*	Japanese larch
黄花落叶松（长白落叶松）	*Larix olgensis*	Korean larch
云杉属		
欧洲云杉	*Picea abies*	Norway spruce
青海云杉	*Picea crassifolia*	thick-leaf spruce
鱼鳞云杉（鱼鳞松）	*Picea jezoensis* var. *microsperma*	little-sperm Yeddo spruce
红皮云杉	*Picea koraiensis*	Koyama spruce
丽江云杉	*Picea likiangensis*	Likiang spruce
白扦	*Picea meyeri*	Meyer's spruce
日本云杉（虎尾枞）	*Picea polita* (*P. torano*)	tiger-tail spruce
尖锐云杉	*Picea pungens*	Colorado spruce
雪岭云杉（天山云杉）	*Picea schrenkiana*	Schrenk's spruce
青扦	*Picea wilsonii*	Wilson's spruce
松属		
华山松	*Pinus armandii*	Armand's pine
北美短叶松（班克松）	*Pinus banksiana*	jack pine
白皮松	*Pinus bungeana*	lacebark pine
赤松（日本赤松）	*Pinus densiflora*	Japanese red pine
红松	*Pinus koraiensis*	Korean pine

华南五针松（广东五针松）	*Pinus kwangtungensis*	Kwangtung pine
马尾松	*Pinus massoniana*	Masson's pine
台湾五针松	*Pinus morrisonicola*	Taiwan white pine
欧洲黑松	*Pinus nigra*	Austrian pine (black pine)
长叶松（大王松）	*Pinus palustris*	long-leaf pine
日本五针松（五针松）	*Pinus parviflora*	Japanese white pine
海岸松	*Pinus pinaster*	cluster pine (maritime pine)
美国黄松（西黄松）	*Pinus ponderosa*	west yellow pine
刚松	*Pinus rigida*	pitch pine
北美乔松	*Pinus strobus*	eastern white pine
樟子松	*Pinus sylvestris* var. *mongolica*	Mongolian Scots pine
长白松	*Pinus sylvestris* var. *sylvestriformis*	Changbai pine
油松	*Pinus tabuliformis*	Chinese pine
火炬松	*Pinus taeda*	Arkansas pine (loblolly pine; North Carolina pine)
黄山松（台湾松）	*Pinus taiwanensis*	Taiwan pine
黑松（日本黑松）	*Pinus thunbergii*	Japanese black pine
乔松	*Pinus wallichiana* (*P. griffithii*)	Himalayan pine
云南松（飞松）	*Pinus yunnanensis*	Yunnan pine
金钱松属		
金钱松	*Pseudolarix amabilis* (*P. kaempferi*)	golden larch

黄杉属

花旗松 (北美黄杉)	*Pseudotsuga menziesii*	Douglas fir
黄杉	*Pseudotsuga sinensis*	Chinese Douglas fir

铁杉属

铁杉(南方铁杉)	*Tsuga chinensis* (*T. tchekiangensis*)	Chinese hemlock

金松科(Sciadopityaceae)

金松属

日本金松(金松)	*Sciadopitys verticillata*	Japanese umbrella pine

杉科(Taxodiaceae)

柳杉属

日本柳杉	*Cryptomeria japonica*	Japanese cedar
柳杉(孔雀杉)	*Cryptomeria japonica* var. *sinensis* (*C. fortunei*)	Chinese cedar

杉木属

杉木	*Cunninghamia lanceolata*	Chinese fir

水松属

水松	*Glyptostrobus pensilis*	Chinese swamp cypress

水杉属

水杉	*Metasequoia glyptostroboides*	dawn redwood

红杉属

北美红杉 (长叶世界爷)	*Sequoia sempervirens*	coast redwood

巨杉属

巨杉(世界爷)	*Sequoiadendron giganteum*	giant sequoia

台湾杉属

台湾杉(秃杉)	*Taiwania cryptomerioides* (*T. flousiana*)	Taiwan cedar

杂交杉属

培忠杉(东方杉)	× *Taxodiomeria peizhongii* (*Taxodium mucronatum* × *Cryptomeria japonica* var. *sinensis*)	Dongfangshan

落羽杉属

落羽杉	*Taxodium distichum*	bald cypress
池杉	*Taxodium distichum* var. *imbricatum* (*T. ascendens*)	pond cypress
墨西哥落羽杉	*Taxodium mucronatum*	Mexican cypress

柏科(Cupressaceae)

翠柏属

翠柏(大鳞肖楠)	*Calocedrus macrolepis*	Chinese incense cedar
台湾翠柏(台湾肖楠)	*Calocedrus macrolepis* var. *formosana* (*C. formosana*)	Taiwan incense cedar

扁柏属

美国扁柏	*Chamaecyparis lawsoniana*	Lawson's cypress
日本扁柏	*Chamaecyparis obtusa*	Hinoki cypress
日本花柏	*Chamaecyparis pisifera*	Sawara cypress
美国尖叶扁柏	*Chamaecyparis thyoides*	white cypress

杂交柏属

杂交柏(莱兰柏)	×*Cupressocyparis leylandii*	Leyland cypress

柏木属

绿干柏(美洲柏木)	*Cupressus arizonica*	Arizona cypress
干香柏(滇柏)	*Cupressus duclouxiana*	Bhutan cypress
柏木	*Cupressus funebris*	Chinese weeping cypress
墨西哥柏木	*Cupressus lusitanica*	Mexican cypress
大果柏	*Cupressus macrocarpa*	monterey cypress
地中海柏木	*Cupressus sempervirens*	Italian cypress
西藏柏木(藏柏)	*Cupressus torulosa*	Himalayan cypress

福建柏属

福建柏	*Fokienia hodginsii*	Fujian cypress

刺柏属

圆柏(桧柏)	*Juniperus chinensis* (*Sabina chinensis*)	Chinese juniper

偃柏	*Juniperus chinensis* var. *sargentii* (*Juniperus sargentii*)	Sargent's juniper
欧洲刺柏	*Juniperus communis*	common juniper
兴安圆柏(兴安桧)	*Juniperus davurica*	Dahurian juniper
刺柏(台湾桧)	*Juniperus formosana*	prickly juniper
昆明柏	*Juniperus gaussenii* (*Sabina gaussenii*)	Gaussen's juniper
蜀柏	*Juniperus komarovii* (*Sabina komarovii*)	Komarov's juniper
鹿角桧	*Juniperus* ×*pfitzeriana* (*J.* ×*media*)	Pfitzer's juniper
垂枝香柏	*Juniperus pingii* (*Sabina pingii*)	Ping juniper
铺地柏	*Juniperus procumbens* (*Sabina procumbens*)	garden juniper
小果垂枝柏	*Juniperus recurva* var. *coxii* (*Juniperus coxii*; *Sabina recurva* var. *coxii*)	Cox's Juniper
杜松	*Juniperus rigida*	needle juniper
沙地柏	*Juniperus sabina* (*Sabina vulgaris*)	savin juniper
落基山柏	*Juniperus scopulorum* (*Sabina scopulorum*)	Rocky Mountain juniper
高山柏	*Juniperus squamata* (*Sabina squamata*)	flaky juniper
铅笔柏(北美圆柏)	*Juniperus virginiana* (*Sabina virginiana*)	pensil juniper
侧柏属		
侧柏	*Platycladus orientalis* (*Thuja orientalis*)	Chinese arbor-vitae (oriental arbor-vitae)

罗汉柏属

罗汉柏	*Thujopsis dolabrata*	deer-horn cedar (false arbor-vitae)

崖柏属

朝鲜崖柏(长白香柏)	*Thuja korainensis*	hiba arbor-vitae
美国香柏	*Thuja occidentalis*	northern white-cedar
北美乔柏	*Thuja plicata*	western red-cedar
日本香柏	*Thuja standishii*	Japanese thuja

罗汉松科(Podocarpaceae)

鸡毛松属

鸡毛松	*Dacrycarpus imbricatus* (*Podocarpus imbricatus*)	Java podocarp

陆均松属

陆均松(卧子松)	*Dacrydium pectinatum* (*D. pierrei*)	Pierre's dacrydium

罗汉松属

兰屿罗汉松	*Podocarpus costalis*	Lanyu podocarp
大理罗汉松	*Podocarpus forrestii*	Forrest's podocarp
罗汉松	*Podocarpus macrophyllus*	buddhist pine (Japanese podocarp)
百日青	*Podocarpus neriifolius*	oleander podocarp

竹柏属

长叶竹柏	*Nageia fleuryi* (*Podocarpus fleuryi*)	long-leaf nagi
竹柏	*Nageia nagi* (*Podocarpus nagi*)	nagi

三尖杉科(粗榧科)(Cephalotaxaceae)

三尖杉属

日本粗榧	*Cephalotaxus harringtonii*	Japanese cowtail pine (Japanese plum yew)

篦子三尖杉	*Cephalotaxus oliveri*	Oliver cowtail pine (Oliver plum yew)
粗榧	*Cephalotaxus sinensis*	Chinese cowtail pine (Chinese plum yew)

红豆杉科(紫杉科)(Taxaceae)

穗花杉属

穗花杉	*Amentotaxus argotaenia*	catkin yew

白豆杉属

白豆杉	*Pseudotaxus chienii*	white-berry yew

红豆杉属

欧洲红豆杉(欧洲紫杉)	*Taxus baccata*	English yew
东北红豆杉(紫杉)	*Taxus cuspidata*	Japanese yew
曼地亚红豆杉(杂种红豆杉)	*Taxus* ×*media*	hybrid yew
红豆杉	*Taxus wallichiana* var. *chinensis* (*T. chinensis*)	Chinese yew
南方红豆杉(美丽红豆杉)	*Taxus wallichiana* var. *mairei* (*T. mairei*)	Maire yew
喜马拉雅红豆杉(云南红豆杉)	*Taxus wallichiana* (*T. yunnanensis*)	Himalayan yew

榧树属

榧树(香榧)	*Torreya grandis*	Chinese nutmeg tree (Chinese nutmeg yew)
长叶榧树	*Torreya jackii*	Jack's nutmeg yew (Jack's torreya)
日本榧树	*Torreya nucifera*	Japanese nutmeg yew (Japanese torreya)

麻黄科(Ephedraceae)

麻黄属

木贼麻黄	*Ephedra equisetina*	bluestem joint fir (Mongolian ephedra)

木兰科(Magnoliaceae)

鹅掌楸属

鹅掌楸(马褂木)	*Liriodendron chinense*	Chinese tulip tree
杂种鹅掌楸	*Liriodendron chinense* × *L. tulipifera*	hybrid tulip tree
北美鹅掌楸	*Liriodendron tulipifera*	tulip tree

木兰属

天目木兰	*Magnolia amoena*	Tianmu Mountain magnolia
望春玉兰(望春花)	*Magnolia biondii*	Biond's magnolia
滇藏木兰	*Magnolia champbellii*	pink tulip tree
夜合花(夜香木兰)	*Magnolia coco*	Chinese magnolia
黄山木兰	*Magnolia cylindrica*	Huangshan Mountain magnolia
光叶木兰	*Magnolia dawsoniana*	Dawson's magnolia
山玉兰(优昙花)	*Magnolia delavayi*	Chinese evergreen magnolia
玉兰(白玉兰)	*Magnolia denudata*	lily tree(yulan)
荷花玉兰(广玉兰)	*Magnolia grandiflora*	evergreen magnolia (southern magnolia)
日本辛夷	*Magnolia kobus*	kobus (northern Japanese magnolia)
木兰(紫玉兰、辛夷)	*Magnolia liliiflora*	lily magnolia
日本厚朴	*Magnolia obovata*	Japanese big-leaf magnolia (Japanese whitebark magnolia)
厚朴	*Magnolia officinalis*	medicinal magnolia
长喙厚朴	*Magnolia rostrata*	beaked magnolia

天女花 （天女木兰）	*Magnolia sieboldii*	Oyama magnolia
二乔玉兰 （朱砂玉兰）	*Magnolia* ×*soulangeana*	saucer magnolia
武当木兰 （应春树）	*Magnolia sprengeri*	Sprenger magnolia
星花木兰	*Magnolia stellata*	star magnolia
龙女花（川滇木兰、西康木兰）	*Magnolia wilsonii*	Wilson's magnolia
宝华木兰	*Magnolia zenii*	Zen's magnolia
木莲属		
桂南木莲 （南方木莲）	*Manglietia conifera* （*M. chingii*）	Ching's manglietia
大叶木莲	*Manglietia dandyi*	Dandy's manglietia
木莲	*Manglietia fordiana*	Ford's manglietia
灰木莲	*Manglietia glauca*	grey manglietia
大果木莲	*Manglietia grandis*	big-fruit manglietia
海南木莲（绿楠）	*Manglietia hainanensis*	Hainan manglietia
中缅木莲	*Manglietia hookeri*	Hooker's manglietia
红花木莲	*Manglietia insignis*	red-flower manglietia
毛桃木莲 （广东木莲）	*Manglietia moto*	moto manglietia
含笑属		
白兰	*Michelia* ×*alba*	bailan （fragrant Himalayan champaca）
苦梓含笑	*Michelia balansae*	Balansa's michelia
黄缅桂（黄兰）	*Michelia champaca*	golden champaca
乐昌含笑	*Michelia chapensis*	Chapa michelia
台湾含笑 （乌心石）	*Michelia compressa* （*M. formosana*）	Taiwan michelia
紫花含笑	*Michelia crassipes*	purple-flower michelia
含笑（含笑花）	*Michelia figo*	banana shrub

多花含笑	*Michelia floribunda*	many-flower michelia
金叶含笑	*Michelia foveolata*	foveolate michelia
广东含笑	*Michelia guangdongensis*	Guangdong michelia
长蕊含笑	*Michelia longistamina*	long-stamen michelia
醉香含笑（火力楠）	*Michelia macclurei*	McClure's michelia
黄心含笑	*Michelia martinii*	Martin's michelia
深山含笑	*Michelia maudiae*	Mrs. Maud's michelia
观光木	*Michelia odora* (*Tsoongiodendron odorum*)	Tsoong's tree
阔瓣含笑	*Michelia cavaleriei* var. *platypetala*	broad-petal michelia
石碌含笑	*Michelia shiluensis*	Shilu michelia
野含笑	*Michelia skinneriana*	improved banana shrub (Skinner's banana magnolia)
川含笑（四川含笑）	*Michelia wilsonii* ssp. *szechuanica*	Szechuan michelia
峨眉含笑	*Michelia wilsonii*	Wilson's michelia
云南含笑（皮带香）	*Michelia yunnanensis*	Yunnan michelia
拟单性木兰属		
恒春厚朴（恒春拟单性木兰）	*Parakmeria kachirachirai*	Hengchun lotus-tree (Hengchun parakmeria)
乐东拟单性木兰	*Parakmeria lotungensis*	eastern joy lotus-tree (Lotung parakmeria)

番荔枝科（Annonaceae）

番荔枝属

山刺番荔枝（日本释迦）	*Annona montana*	mountain soursop (wild custard apple)
牛心番荔枝	*Annona reticulata*	bullock's heart (custard apple)

番荔枝	*Annona squamosa*	custard apple (sugar apple)
鹰爪花属		
鹰爪花(鹰爪兰)	*Artabotrys hexapetalus*	fragrant tail-grape
依兰属		
依兰 (依兰香、香水树)	*Cananga odorata*	fragrant cananga (ylang-ylang)
暗罗属		
长叶暗罗 (印度塔树)	*Polyalthia longifolia*	Indian willow

蜡梅科(Calycanthaceae)

美国夏蜡梅属		
美国夏蜡梅	*Calycanthus floridus*	Carolina allspice (common sweetshrub)
加州夏蜡梅	*Calycanthus occidentalis*	Californian allspice
蜡梅属		
蜡梅(腊梅)	*Chimonanthus praecox*	fragrant wintersweet

樟科(Lauraceae)

樟属		
阴香(广东桂皮)	*Cinnamomum burmannii*	padang cassia
香樟(樟树)	*Cinnamomum camphora*	camphor laurel (camphor tree)
肉桂	*Cinnamomum cassia*	cassia-bark tree
云南樟(臭樟)	*Cinnamomum glanduliferum*	false camphor tree (Nepal camphor tree)
天竺桂 (山肉桂、土桂)	*Cinnamomum japonicum*	Japanese cinnamon
兰屿肉桂 (平安树)	*Cinnamomum kotoense*	canela
沉水樟 (牛樟、臭樟)	*Cinnamomum micranthum*	small-flower cinnamon

黄樟(香桂)	*Cinnamomum parthenoxylon* (*C. porrectum*)	fragrant cinnamon (yellow cinnamon)
银木	*Cinnamomum septentrionale*	north cinnamon
锡兰肉桂	*Cinnamomum verum* (*C. zeylanicum*)	Ceylon cassia
月桂属		
月桂	*Laurus nobilis*	bay tree (true laurel)
山胡椒属		
香叶树	*Lindera communis*	Chinese spice bush
山胡椒	*Lindera glauca*	grayblue spice bush
黑壳楠(大香叶树、大叶钓樟)	*Lindera megaphylla*	spice bush
三桠乌药(红叶甘姜)	*Lindera obtusiloba* (*L. cercidifolia*)	Japanese spice bush
木姜子属		
豹皮樟(扬子黄肉楠)	*Litsea coreana* var. *sinensis*	Chinese litsea
潺槁树(潺槁木姜子)	*Litsea glutinosa*	Indian laurel (pond spice)
假柿树(柿叶木姜子)	*Litsea monopetala*	persimmon-leaf litsea
润楠属		
华东润楠(薄叶润楠、大叶楠)	*Machilus leptophylla*	thin-leaf machilus
刨花楠(刨花润楠)	*Machilus pauhoi*	pauhoi
红楠	*Machilus thunbergii*	common machilus (red nanmu)
滇润楠(白香樟、云南楠木)	*Machilus yunnanensis*	Yunnan machilus
鳄梨属		
鳄梨(油梨)	*Persea americana*	avocado

楠木属

闽楠(竹叶楠)	*Phoebe bournei* (*Machilus bournei*)	Bourne's phoebe
浙江楠(宜昌楠)	*Phoebe chekiangensis*	Chekiang phoebe
细叶楠(细叶桢楠)	*Phoebe hui*	Hu's phoebe
楠木(桢楠)	*Phoebe zhennan*	zhennan

檫木属

檫木(檫树)	*Sassafras tzumu*	Chinese sassafras

金粟兰科(Chloranthaceae)

金粟兰属

金粟兰(珠兰)	*Chloranthus spicatus*	chicken-foot orchid (pearl orchid)

三白草科(Saururaceae)

蕺菜属

鱼腥草(蕺菜)	*Houttuynia cordata*	Chameleon plant

三白草属

三白草	*Saururus chinensis*	Chinese lizard-tail

胡椒科(Piperaceae)

草胡椒属

西瓜皮椒草	*Peperomia argyreia* (*P. sandersii*)	watermelon peperomia (watermelon plant)
皱叶椒草	*Peperomia caperata*	pepper elder
豆瓣绿	*Peperomia obtusifolia*	baby rubber plant (blunt-leaf peperomia)
圆叶椒草	*Peperomia rotundifolia*	creeping peperomia (yerba linda)

马兜铃科(Aristolochiaceae)

马兜铃属

巨马兜铃	*Aristolochia gigantea*	Brazilian Dutchman's pipe

细辛属

台湾细辛	*Asarum epigynum*	Taiwanese wild ginger
花脸细辛	*Asarum splendens*	Asian wild ginger

八角科(Illiciaceae)

八角属

红茴香	*Illicium henryi*	Chinese anise tree (Henry's anise tree)
莽草(披针叶茴香、红毒茴)	*Illicium lanceolatum*	Japanese star anise
厚皮香八角	*Illicium ternstroemioides*	ternstroemia-like anise tree

五味子科(Schisandraceae)

南五味子属

南五味子	*Kadsura longipedunculata*	Chinese kadsura vine

五味子属

五味子(北五味子)	*Schisandra chinensis*	Chinese magnolia-vine

莲科(Nelumbonaceae)

莲属

荷花(莲花)	*Nelumbo nucifera*	Hindu lotus (sacred lotus)

睡莲科(Nymphaeaceae)

芡实属

芡实(鸡头米)	*Euryale ferox*	fox nut (gorgon waterlily)

萍蓬莲属

萍蓬莲(萍蓬草)	*Nuphar pumila*	least waterlily (yellow pond-lily)

睡莲属		
白睡莲	*Nymphaea alba*	European white waterlily
蓝睡莲	*Nymphaea caerulea*	blue lotus (Egyptian lotus)
黄睡莲	*Nymphaea mexicana*	yellow waterlily
香睡莲	*Nymphaea odorata*	common waterlily (fragrant waterlily)
睡莲(子午莲)	*Nymphaea tetragona*	pygmy waterlily
王莲属		
王莲	*Victoria amazonica*	Amazon waterlily (royal waterlily)
克鲁兹王莲	*Victoria cruziana*	Santa Cruz waterlily

毛茛科(Ranunculaceae)

乌头属		
杂种乌头	*Aconitum* ×*cammarum*	bicolour monkshood
川乌头(草乌)	*Aconitum carmichaelii*	azure monkshood
薄叶乌头	*Aconitum fischeri*	Fischer's monkshood
船形乌头	*Aconitum napellus*	common monkshood
升麻属		
黑升麻	*Cimicifuga racemosa* (*Actaea racemosa*)	snakeroot
单穗升麻	*Cimicifuga simplex* (*Actaea simplex*)	autumn baneberry (autumn snakeroot)
银莲花属		
冠状银莲花	*Anemone coronaria*	poppy anemone
打破碗花花(野棉花)	*Anemone hupehensis*	Hupeh anemone
大花银莲花	*Anemone sylvestris*	snowdrop anemone
大火草(野棉花)	*Anemone tomentosa* (*A. vitifolia* var. *tomentosa*)	hardy grape-leaf anemone
野棉花	*Anemone vitifolia*	grape-leaf anemone

耧斗菜属		
蓝花耧斗菜	*Aquilegia caerulea*	Colorado blue columbine (Rocky Mountain columbine)
加拿大耧斗菜	*Aquilegia canadensis*	American wild columbine
黄花耧斗菜	*Aquilegia chrysantha*	golden columbine
扇形耧斗菜(洋牡丹)	*Aquilegia flabellata*	fan-shaped columbine
耧斗菜	*Aquilegia vulgaris*	European wild columbine
华北耧斗菜	*Aquilegia yabeana*	Yabe's columbine
驴蹄草属		
驴蹄草	*Caltha palustris*	king cup
铁线莲属		
铁线莲	*Clematis florida*	cream clematis
大叶铁线莲	*Clematis heracleifolia*	tube clematis
杂种大花铁线莲	*Clematis* ×*hybrida*	clematis
毛叶铁线莲	*Clematis lanuginosa*	Ningpo clematis (wooly clematis)
长瓣铁线莲(大瓣铁线莲)	*Clematis macropetala*	downy clematis
山铁线莲(绣球藤、山木通)	*Clematis montana*	anemone clematis (mountain clematis)
转子莲(大花铁线莲)	*Clematis patens*	lilac clematis
黄花铁线莲	*Clematis tangutica*	golden clematis
深红铁线莲	*Clematis texensis* (*C. coccinea*)	scarlet clematis
意大利铁线莲(南欧铁线莲)	*Clematis viticella*	Italian clematis
飞燕草属		
千鸟草(飞燕草)	*Consolida ambigua* (*C. ajacis*)	common larkspur

翠雀花属		
颠茄翠雀花 （美丽飞燕草）	*Delphinium × belladonna*	belladonna delphinium
杂种翠雀花	*Delphinium × cultorum*	florist's larkspur
穗花翠雀花 （高飞燕草）	*Delphinium elatum* （*D. alpinum*）	candle larkspur
翠雀花 （大花飞燕草）	*Delphinium grandiflorum*	bouquet larkspur （Siberian larkspur）
橙红翠雀花 （裸茎翠雀花）	*Delphinium nudicaule*	orange larkspur
铁筷子属		
铁筷子（嚏根草）	*Helleborus niger*	Christmas rose
东方铁筷子	*Helleborus orientalis*	Lenten rose
黑种草属		
黑种草	*Nigella damascena*	love-in-a-mist （love-in-the-mist）
白头翁属		
白头翁	*Pulsatilla chinensis*	Chinese pasqueflower
欧洲白头翁	*Pulsatilla vulgaris*	European pasqueflower （windflower）
毛茛属		
花毛茛	*Ranunculus asiaticus*	Persian buttercup （scarlet crowfoot）
匍枝毛茛	*Ranunculus repens*	creeping buttercup （creeping crowfoot）
唐松草属		
耧斗菜叶唐松草	*Thalictrum aquilegiifolium*	columbine meadow-rue （French meadow-rue）
偏翅唐松草 （云南唐松草）	*Thalictrum delavayi* （*T. dipterocarpum*）	Chinese meadow-rue
堇花唐松草	*Thalictrum diffusiflorum*	diffuse-flower meadow-rue
黄花唐松草	*Thalictrum flavum*	yellow meadow-rue

瓣蕊唐松草	*Thalictrum petaloideum*	petal-formed meadow-rue
美丽唐松草	*Thalictrum reniforme*	beautiful meadow-rue
金莲花属		
金莲花	*Trollius chinensis*	Chinese globeflower
欧洲金莲花	*Trollius europaeus*	European globeflower

小檗科(Berberidaceae)

小檗属		
阿穆尔小檗(黄芦木)	*Berberis amurensis*	Amur barberry
豪猪刺	*Berberis julianae*	wintergreen barberry
掌刺小檗	*Berberis koreana*	Korean barberry
长柱小檗	*Berberis lempergiana*	Lemperg's barberry
细叶小檗	*Berberis poiretii*	Poiret's barberry
粉叶小檗(三颗针)	*Berberis pruinosa*	hollygreen barberry
小檗(日本小檗)	*Berberis thunbergii*	Japanese barberry
刺檗(欧洲小檗)	*Berberis vulgaris*	common barberry (European barberry)
淫羊藿属		
大花淫羊藿	*Epimedium grandiflorum*	large-flower barrenwort
红淫羊藿	*Epimedium* × *rubrum*	red barrenwort
十大功劳属		
湖北十大功劳	*Mahonia confusa*	Hupeh mahonia
十大功劳(狭叶十大功劳)	*Mahonia fortunei*	Chinese mahonia
日本十大功劳(阔叶十大功劳)	*Mahonia japonica* (*M. bealei*)	Japanese mahonia (leather-leaf mahonia)
南天竹属		
南天竹	*Nandina domestica*	heavenly bamboo (nandina)

大血藤科(Sargentodoxaceae)

大血藤属		
大血藤	*Sargentodoxa cuneata*	Sargent glory-vine

木通科(Lardizabalaceae)

木通属

木通	*Akebia quinata*	five-leaf akebia
三叶木通	*Akebia trifoliata*	three-leaf akebia
串果藤属		
串果藤	*Sinofranchetia chinensis*	Chinese sinofranchetia

防己科(Menispermaceae)

蝙蝠葛属

蝙蝠葛(防己藤、汉防己、山豆根)	*Menispermum dauricum*	Asiatic moonseed (Chinese moonseed)
千金藤属		
千金藤	*Stephania japonica*	tape vine

罂粟科(Papaveraceae)

花菱草属

花菱草(金英花)	*Eschscholzia californica*	California poppy
海罂粟属		
黄海罂粟	*Glaucium flavum*	yellow horned poppy (yellow hornpoppy)
博落回属		
博落回	*Macleaya cordata*	plume poppy
小果博落回	*Macleaya microcarpa*	lesser plume poppy
罂粟属		
高山罂粟	*Papaver alpinum*	alpine poppy (dwarf poppy)
冰岛罂粟(野罂粟)	*Papaver nudicaule*	Iceland poppy
东方罂粟(鬼罂粟)	*Papaver orientale*	oriental poppy
虞美人(丽春花)	*Papaver rhoeas*	corn poppy (field poppy)

罂粟	*Papaver somniferum*	opium poppy

紫堇科(Fumariaceae)

紫堇属

穆坪紫堇	*Corydalis flexuosa*	blue corydalis
刻叶紫堇	*Corydalis incisa*	purple corydalis
黄堇	*Corydalis pallida*	yellow corydalis

荷包牡丹属

流苏荷包牡丹	*Dicentra eximia*	fringed bleeding heart
美丽荷包牡丹	*Dicentra formosa*	Pacific bleeding heart (western bleeding heart)
奇妙荷包牡丹	*Dicentra peregrina*	Japanese bleeding heart
荷包牡丹	*Dicentra spectabilis* (*Lamprocapnos spectabilis*)	bleeding heart

水青树科(Tetracentraceae)

水青树属

水青树	*Tetracentron sinense*	spur leaf

连香树科(Cercidiphyllaceae)

连香树属

连香树	*Cercidiphyllum japonicum*	katsura tree

领春木科(Eupteleaceae)

领春木属

领春木	*Euptelea pleiosperma*	euptelea

悬铃木科(Platanaceae)

悬铃木属

二球悬铃木(英国梧桐)	*Platanus acerifolia*	London plane
一球悬铃木(美国梧桐)	*Platanus occidentalis*	American plane

三球悬铃木（悬铃木、法国梧桐）	*Platanus orientalis*	oriental plane

金缕梅科（Hamamelidaceae）

蜡瓣花属		
蜡瓣花	*Corylopsis sinensis* （*C. spicata*）	winter hazel
蚊母树属		
杨梅叶蚊母树	*Distylium myricoides*	blue-leaf Isu tree （evergreen witch-hazel）
蚊母树	*Distylium racemosum*	evergreen witch-hazel （Isu tree）
马蹄荷属		
马蹄荷（合掌木）	*Exbucklandia populnea*	Pipli tree
金缕梅属		
杂种金缕梅	*Hamamelis* ×*intermedia*	hybrid witch-hazel
日本金缕梅	*Hamamelis japonica*	Japanese witch-hazel
金缕梅	*Hamamelis mollis*	Chinese witch-hazel
美国金缕梅	*Hamamelis virginiana*	common witch-hazel
枫香属		
枫香	*Liquidambar formosana*	beautiful sweet gum
北美枫香	*Liquidambar styraciflua*	American sweet gum
檵木属		
檵木	*Loropetalum chinense*	Chinese fringe flower
红苞木属		
红苞木（红荷花）	*Rhodoleia championii*	Hong Kong rose

虎皮楠科（交让木科）（Daphniphyllaceae）

交让木属		
交让木	*Daphniphyllum macropodum*	false daphne

杜仲科（Eucommiaceae）

杜仲属		
杜仲	*Eucommia ulmoides*	hardy rubber tree

榆科(Ulmaceae)

糙叶树属		
糙叶树	*Aphananthe aspera*	muku tree
朴属		
小叶朴	*Celtis bungeana*	Bunge's hackberry
珊瑚朴(大果朴)	*Celtis julianae*	Julian's hackberry
朴树(沙朴)	*Celtis sinensis*	Chinese hackberry
刺榆属		
刺榆	*Hemiptelea davidii*	prickly elm (spiny elm)
青檀属		
青檀	*Pteroceltis tatarinowii*	wing hackberry
榆属		
美国榆	*Ulmus americana*	American elm
多脉榆	*Ulmus castaneifolia*	chestnut-leaf elm
春榆	*Ulmus davidiana* var. *japonica*	Japanese elm
圆冠榆	*Ulmus densa* (*U. carpinifolia* var. *umbraculifera*)	round-crown elm
荷兰榆	*Ulmus* ×*hollandica*	Dutch elm
裂叶榆(青榆)	*Ulmus laciniata*	cut-leaf elm (Manchurian elm)
欧洲白榆	*Ulmus laevis*	European white elm
脱皮榆	*Ulmus lamellosa*	Hebei elm
大果榆	*Ulmus macrocarpa*	large-fruit elm
榔榆	*Ulmus parviflora*	Chinese elm
榆树(白榆)	*Ulmus pumila*	Siberian elm
榉属		
榉树(大叶榉)	*Zelkova schneideriana*	Schneider's zelkova
光叶榉	*Zelkova* ×*serrata*	Japanese zelkova
小叶榉(大果榉)	*Zelkova sinica*	Chinese zelkova

大麻科(Cannabaceae)

葎草属

啤酒花	*Humulus lupulus*	European hop

桑科(Moraceae)

桂木属

面包树	*Artocarpus altilis* (*A. communis*)	breadfruit
菠萝蜜(波罗蜜)	*Artocarpus heterophyllus*	jackfruit

构属

构树	*Broussonetia papyrifera*	paper mulberry

柘树属

柘树	*Cudrania tricuspidata*	Chinese mulberry (silkworm thorn)

榕属

高山榕	*Ficus altissima*	council fig (lofty fig)
环纹榕	*Ficus annulata*	ringed fig (strangler fig)
孟加拉榕	*Ficus bengalensis*	banyan tree
垂叶榕	*Ficus benjamina*	weeping fig
长叶榕	*Ficus binnendijkii*	long-leaf fig (narrow-leaf fig)
无花果	*Ficus carica*	common fig
钝叶榕	*Ficus curtipes*	blunt-leaf fig
橡皮树 (印度胶榕)	*Ficus elastica*	Indian rubber tree
大琴榕(琴叶榕)	*Ficus lyrata*	fiddle-leaf fig
榕树(小叶榕)	*Ficus microcarpa*	small-fruit fig
薜荔	*Ficus pumila*	climbing fig (creeping fig)

菩提树（思维树）	*Ficus religiosa*	Indian fig （peepul tree）
三角榕	*Ficus triangularis*	natal fig （triangle fig）
黄葛树（笔管榕）	*Ficus virens* （*F. virens* var. *sublanceolata*）	spotted fig
橙桑属		
橙桑（面包刺）	*Maclura pomifera*	hedge-apple （osage-orange）
桑属		
桑树	*Morus alba*	common mulberry （white mulberry）
鸡桑	*Morus australis*	Japanese mulberry
华桑	*Morus cathayana*	Chinese mulberry
蒙桑	*Morus mongolica*	Mongolian mulberry

荨麻科（Urticaceae）

楼梯草属		
庐山楼梯草 （接骨草）	*Elatostema stewardii*	Steward's tairweed
赤车属		
吐烟花	*Pellionia repens* （*Elatostema repens*）	rainbow vine （trailing watermelon begonia）
冷水花属		
冷水花	*Pilea cadierei*	aluminium plant （watermelon plant）
巴拿马冷水花	*Pilea involucrata*	friendship plant
镜面草	*Pilea peperomioides*	Chinese money plant
皱叶冷水花	*Pilea spruceana*	friendship plant
金钱麻属		
绿珠草（婴儿泪）	*Soleirolia soleirolii*	angel's tears （baby's tears; Irish moss）

胡桃科(Juglandaceae)

山核桃属

山核桃(山胡桃)	*Carya cathayensis*	Chinese hickory
美国山核桃(薄壳山核桃)	*Carya illinoiensis*	pecan

青钱柳属

青钱柳(摇钱树)	*Cyclocarya paliurus*	wheel wingnut

胡桃属

核桃楸(胡桃楸)	*Juglans mandshurica*	Manchurian walnut
核桃(胡桃)	*Juglans regia*	common walnut (Persian walnut)

枫杨属

枫杨	*Pterocarya stenoptera*	Chinese wingnut

杨梅科(Myricaceae)

杨梅属

杨梅	*Myrica rubra*	Chinese strawberry tree (Chinese bayberry)

壳斗科(山毛榉科)(Fagaceae)

栗属

板栗	*Castanea mollissima*	Chinese chestnut

栲属

栲树(栲)	*Castanopsis fargesii*	Farges' chinkapin
苦槠(苦槠栲)	*Castanopsis sclerophylla* (*Lithocarpus chinensis*)	Chinese tan-bark oak

青冈栎属

青冈栎(青冈)	*Cyclobalanopsis glauca*	Japanese blue oak (ring-cupped oak)

山毛榉属		
欧洲山毛榉	*Fagus sylvaticus*	common beech (European beech)
石栎属		
石栎(柯)	*Lithocarpus glaber*	Japanese oak
栎属		
麻栎	*Quercus acutissima*	Japanese chestnut oak (sawtooth oak)
槲树(柞栎、波罗栎)	*Quercus dentata*	daimyo oak (Japanese emperor oak)
蒙古栎(柞树)	*Quercus mongolica*	Mongolian oak
沼生栎	*Quercus palustris*	pin oak (swamp oak)
夏栎(英国栎)	*Quercus robur*	common oak (English oak)
红槲栎	*Quercus rubra*	northern red oak
栓皮栎	*Quercus variabilis*	Chinese cork oak
弗吉尼亚栎	*Quercus virginiana*	live oak

桦木科(Betulaceae)

桤木属		
欧洲桤木	*Alnus glutinosa*	common alder
赤杨(日本桤木)	*Alnus japonica*	Japanese alder
旱冬瓜(西南桤木)	*Alnus nepalensis*	Nepal alder
桦木属		
垂枝桦(欧洲白桦)	*Betula pendula*	European white birch (silver birch)
白桦	*Betula platyphylla*	Asian white birch (Japanese white birch)

鹅耳枥属		
欧洲鹅耳枥	*Carpinus betulus*	common hornbeam (European hornbeam)
美洲鹅耳枥	*Carpinus caroliniana*	American hornbeam
鹅耳枥(北鹅耳枥)	*Carpinus turczaninowii*	Turczaninov's hornbeam
榛属		
欧洲榛	*Corylus avellana*	European filbert
榛	*Corylus heterophylla*	Siberian hazel
马氏榛	*Corylus maxima*	giant filbert

木麻黄科(Casuarinaceae)

木麻黄属		
细枝木麻黄	*Casuarina cunninghamiana*	Australian beefwood
粗枝木麻黄(银木麻黄)	*Casuarina glauca*	long-leaf beefwood

商陆科(Phytolaccaceae)

商陆属		
美国商陆	*Phytolacca americana*	common pokeberry
珊瑚珠属		
胭脂草(珊瑚珠)	*Rivina humilis*	blood berry (pigeon berry; rouge plant)

紫茉莉科(Nyctaginaceae)

叶子花属		
杂种叶子花	*Bougainvillea* ×*buttiana*	Mrs. Butt bougainvillea
光叶子花(簕杜鹃、三角梅)	*Bougainvillea glabra*	paper flower
叶子花(簕杜鹃、毛宝巾)	*Bougainvillea spectabilis*	Brazil bougainvillea (great bougainvillea)

紫茉莉属

紫茉莉	*Mirabilis jalapa*	four-o'clock flower (marvel of Peru)

腺果藤属

伞花腺果藤	*Pisonia umbellifera*	bird-lime tree

番杏科(Aizoaceae)

唐扇属

唐扇	*Aloinopsis schooneesii*	living stone

露草属

露花(露草)	*Aptenia cordifolia*	baby sun rose

银叶花属

金铃	*Argyroderma delaetii*	living rock plant

肉锥花属

少将(二裂肉锥花)	*Conophytum bilobum*	two-lobed cone-plant
神铃	*Conophytum meyeri*	Meyer's cone-plant
清姬(极小肉锥花)	*Conophytum minimum*	smallest cone-plant
黄花肉锥花	*Conophytum ornatum* (*C. flavum*)	yellow cone-plant
群碧玉(皮氏肉锥花)	*Conophytum pearsonii* (*C. minutum* var. *pearsonii*)	Pearson's cone-plant

露子花属

粉花露子花	*Delosperma cooperi* (*Mesembryanthemum cooperi*)	pink iceplant
刺叶露子花	*Delosperma echinatum* (*Mesembryanthemum echinatum*)	iceplant (pickle cactus)
白花露子花	*Delosperma herbeum* (*Mesembryanthemum herbeum*)	white iceplant

春桃玉属

奇凤玉	*Dinteranthus microspermus*	flowering stone (living stone)

松叶菊属		
松叶菊(彩虹菊)	*Dorotheanthus bellidiformis* (*Mesembryanthemum bellidiforme*)	livingstone daisy
肉黄菊属		
猫颚肉黄菊(银海波)	*Faucaria felina*	cat's jaw
虎颚肉黄菊(四海波)	*Faucaria tigrina*	tiger's jaw
棒叶花属		
白棒叶花(群玉)	*Fenestraria rhopalophylla*	window plant
橙黄棒叶花(五十铃玉)	*Fenestraria rhopalophylla* ssp. *aurantiaca*	baby's toes
光玉属		
菊光玉	*Frithia humilis*	fairy elephant's foot (window plant)
光玉(晃玉)	*Frithia pulchra*	fairy elephant's foot (window plant)
藻玲玉属		
藻玲玉	*Gibbaeum gibbosum*	gibbaeum
舌叶花属		
宝绿(佛手掌)	*Glottiphyllum linguiforme*	tongue-leaf plant
龙须海棠属		
龙须海棠(美丽日中花)	*Lampranthus spectabilis* (*Mesembryanthemum spectabile*)	trailing iceplant
生石花属		
日轮玉(奥氏生石花)	*Lithops aucampiae*	Aucamp's living stones
琥珀玉(美丽生石花)	*Lithops bella* (*L. karasmontana* ssp. *bella*)	pretty living stones
石榴玉(布氏生石花)	*Lithops bromfieldii*	Bromfield's living stones

神笛玉 （丁氏生石花）	*Lithops dinteri*	Dinter's living stones
福寿玉 （厄氏生石花）	*Lithops eberlanzii* （*L. karasmontana* ssp. *eberlanzii*）	Eberlanz's living stones
巴里玉 （何氏生石花）	*Lithops hallii*	Hall's living stones
富贵玉（露美玉、胡氏生石花）	*Lithops hookeri* （*L. turbiniformis*）	Hooker's living stones
寿丽玉 （朱氏生石花）	*Lithops julii*	Julius' living stones
花纹玉 （卡拉斯生石花）	*Lithops karasmontana*	Mts. Karas living stones
紫勋 （莱氏生石花）	*Lithops lesliei*	Leslie's living stones
招福玉 （施氏生石花）	*Lithops schwantesii*	Schwantes' living stones
日中花属		
冰叶日中花 （冰花）	*Mesembryanthemum crystallinum*	common iceplant
对叶花属		
对叶花（凤卵）	*Pleiospilos bolusii* （*Mesembryanthemum bolusii*）	mimicry plant （living rock）
密丛对叶花	*Pleiospilos compactus* （*Mesembryanthemum optatum*）	mimicry plant
帝玉 （尼氏对叶花）	*Pleiospilos nelii* （*Mesembryanthemum nelii*）	split rock plant
天女属		
天女	*Titanopsis calcarea*	jewel plant

仙人掌科（Cactaceae）

鼠尾掌属		
鼠尾掌（金纽）	*Aporocactus flagelliformis*	rat's-tail cactus

岩牡丹属		
龙舌兰岩牡丹	*Ariocarpus agavoides*	Tamaulipas living rock cactus
勃氏岩牡丹	*Ariocarpus bravoanus*	Bravo's living rock cactus
龟甲岩牡丹	*Ariocarpus fissuratus*	Chautle living rock cactus
黑岩牡丹	*Ariocarpus kotschoubeyanus*	living stone cactus
星球属		
星球	*Astrophytum asterias*	star cactus
瑞凤玉	*Astrophytum capricorne*	goat's-horn cactus
鸾凤玉	*Astrophytum myriostigma*	bishop's cap cactus
美丽星球(般若)	*Astrophytum ornatum*	bishop's cap cactus (monkshood cactus)
翁柱属		
翁柱	*Cephalocereus senilis*	old man cactus
天轮柱属		
六棱天轮柱	*Cereus hexagonus*	lady-of-the-night cactus
天轮柱(秘鲁天轮柱)	*Cereus peruvianus*	Peruvian apple cactus
顶花球属		
象牙球(象牙顶花球)	*Coryphantha elephantidens*	elephant's tooth cactus
金环蚀(白顶花球)	*Coryphantha pallida*	pale wart cactus
精美球(魏氏顶花球)	*Coryphantha werdermannii*	Jibali pincushion cactus
金琥属		
金琥	*Echinocactus grusonii*	golden barrel cactus
太平球	*Echinocactus horizonthalonius*	eagle claws cactus
神龙球	*Echinocactus parryi*	Parry's spiny cactus
绫波	*Echinocactus texensis* (*Homalocephala texensis*)	candy cactus (horse crippler)
鹿角柱属		
九刺鹿角柱	*Echinocereus enneacanthus*	strawberry hedgehog cactus

宇宙殿 (科氏鹿角柱)	*Echinocereus knippelianus*	Knippel's hedgehog cactus
三光球 (鸡冠鹿角柱)	*Echinocereus pectinatus*	comb hedgehog cactus
鹿角柱	*Echinocereus pentalophus*	lady finger cactus
硬刺鹿角柱	*Echinocereus rigidissimus*	rainbow hedgehog cactus
疏刺鹿角柱	*Echinocereus triglochidiatus*	claret cup cactus
多棱球属		
多棱球	*Echinofossulocactus crispatus* (*Stenocactus crispatus*)	brain cactus (long-spined permanent wave cactus)
仙人球属		
短刺仙人球	*Echinopsis eyriesii*	pink Easter lily cactus
仙人球	*Echinopsis oxygona* (*E. multiplex*)	Easter lily cactus
管花仙人球 (草球)	*Echinopsis tubiflora*	red Easter lily cactus
昙花属		
昙花	*Epiphyllum oxypetalum*	Dutchman's pipe cactus
月世界属		
月世界(小人帽)	*Epithelantha micromeris*	button cactus
极光球属		
极光球 (豹头、黑翠球)	*Eriosyce napina* (*Neochilenia napina*)	napin cactus
强刺球属		
琥头	*Ferocactus acanthodes* (*F. cylindraceus*)	compass barrel cactus (desert barrel cactus)
金冠龙 (金刺强刺球)	*Ferocactus chrysacanthus*	golden-spined barrel cactus
江守玉 (柯氏强刺球)	*Ferocactus emoryi* (*F. covillei*)	Coville's barrel cactus
王冠龙 (蓝灰强刺球)	*Ferocactus glaucescens*	blue barrel cactus

大虹锦（德州强刺球）	*Ferocactus hamatacanthus*	Texas barrel cactus
赤凤（墨西哥强刺球）	*Ferocactus pilosus*	Mexican fire barrel cactus
勇壮球（粗壮强刺球）	*Ferocactus robustus*	barrel cactus
龙眼球	*Ferocactus viridescens*	San Diego barrel cactus
士童属		
豹之子（小士童）	*Frailea pygmaea*	dwarf frailea
裸萼球属		
丽蛇球（达氏裸萼球）	*Gymnocalycium damsii*	Dams' chin cactus
蛇龙球	*Gymnocalycium denudatum*	spider cactus
九纹龙	*Gymnocalycium gibbosum*	chin cactus
瑞云球（米氏裸萼球）	*Gymnocalycium mihanovichii*	moon cactus（ruby ball）
红蛇球（莫氏裸萼球）	*Gymnocalycium mostii*	Most's chin cactus
天赐玉（普氏裸萼球）	*Gymnocalycium pflanzii*	Pflanz's chin cactus
天平球（斯氏裸萼球）	*Gymnocalycium spegazzinii*	Spegazzin's chin cactus
光山属		
光山	*Leuchtenbergia principis*	agave cactus
乌羽玉属		
翠冠玉（异棱拳）	*Lophophora diffusa*	peyote
乌羽玉（僧冠拳）	*Lophophora williamsii*	dumpling cactus（peyote）
乳突球属		
白花乳突球	*Mammillaria albiflora*	white-flower pincushion cactus
雪白球（雪球乳突球）	*Mammillaria candida*	snowball cactus
昆仑球（哥伦比亚乳突球）	*Mammillaria columbiana*	Columbian pincushion cactus

白龙球	*Mammillaria compressa*	compressed pincushion cactus (mother-of-hundreds)
杜威球（杜氏乳突球）	*Mammillaria duwei*	Duwe's pincushion cactus
金筒球	*Mammillaria elongata*	golden star cactus
白神球（双刺乳突球）	*Mammillaria geminispina*	twin-spined cactus
银毛球（纤细乳突球）	*Mammillaria gracilis*	thimble cactus
丽晃殿（古氏乳突球）	*Mammillaria guelzowiana*	Gülzow's pincushion cactus
雪月花（优雅乳突球）	*Mammillaria haageana* (*M. elegans*)	Haage's pincushion cactus
玉翁（哈氏乳突球）	*Mammillaria hahniana*	old-lady cactus
梦幻城（墨西哥乳突球）	*Mammillaria magnimamma* (*M. saxicola*)	Mexican pincushion cactus
白王球（帕氏乳突球）	*Mammillaria parkinsonii*	owl's-eyes cactus
白星（羽状乳突球）	*Mammillaria plumosa*	feather cactus
金松玉（黄毛球、德州乳突球）	*Mammillaria prolifera*	Texas nipple cactus
花座球属		
彩云球	*Melocactus intortus*	Turk's cap cactus
龙神柱属		
龙神柱	*Myrtillocactus geometrizans*	bilberry cactus (blue candle)
令箭荷花属		
令箭荷花	*Nopalxochia ackermannii* (*Epiphyllum ackermannii*)	red orchid cactus

仙人掌属		
仙人掌	*Opuntia dillenii*	erect prickly-pear
梨果仙人掌	*Opuntia ficus-indica*	Barbary fig (cactus pear)
黄毛掌	*Opuntia microdasys*	bunny cactus
刺翁柱属		
舍氏刺翁柱 (丽翁锦)	*Oreocereus celsianus*	old-man-of-the-Andes
特氏刺翁柱 (白云锦)	*Oreocereus trollii*	old-man-of-the-mountain
锦绣玉属		
雪晃	*Parodia haselbergii* (*Notocactus haselbergii*)	scarlet ball cactus
黄翁	*Parodia leninghausii* (*Notocactus leninghausii*)	golden ball cactus
斧突球属		
银牡丹	*Pelecyphora strobiliformis*	pinecone cactus
叶仙人掌属		
叶仙人掌 (木麒麟)	*Pereskia aculeata*	Barbados gooseberry
子孙球属		
子孙球	*Rebutia minuscula*	red crown cactus
假昙花属		
亮红仙人指	*Rhipsalidopsis rosea* (*Hatiora rosea*)	rose Easter cactus
仙人指属		
杂种仙人指	*Schlumbergera* ×*buckleyi*	Christmas cactus
仙人指	*Schlumbergera russelliana* (*Epiphyllum russellianum*)	common holiday cactus
蟹爪兰	*Schlumbergera truncata* (*Zygocactus truncatus*)	Thanksgiving cactus

蛇鞭柱属		
大花蛇鞭柱	*Selenicereus grandiflorus*	queen-of-the-night
有沟宝山属		
黑丽球	*Sulcorebutia rauschii*	Rausch's rebutia
瘤玉属		
鹤巢球	*Thelocactus rinconensis*	bird's-nest cactus
龙王球	*Thelocactus setispinus* (*Hamatocactus setispinus*)	miniature barrel cactus
姣丽球属		
紫花娇丽球	*Turbinicarpus alonsoi*	Alonzo's barrel cactus
升龙球(施氏姣丽球)	*Turbinicarpus schmiedickeanus*	Schmiedicke's barrel cactus
花笠球属		
花笠球	*Weingartia trollii* (*Rebutia trollii*)	Troll's rebutia

藜科(Chenopodiaceae)

滨藜属		
四翅滨藜	*Atriplex canescens*	four-wing saltbush
甜菜属		
甜菜(菾菜)	*Beta vulgaris*	beet
地肤属		
地肤(扫帚草)	*Kochia scoparia*	broom cypress

苋科(Amaranthaceae)

莲子草属		
五色苋(绿草、红草)	*Alternanthera bettzickiana* (*A. amoena*)	calico plant (garden joy-weed; parrot leaf)
莲子草	*Alternanthera dentata*	Joseph's coat (joy-weed)
苋属		
尾穗苋	*Amaranthus caudatus*	love-lies-bleeding (pendant amaranth)

繁穗苋	*Amaranthus cruentus* (*A. paniculatus*)	purple amaranth
雁来红	*Amaranthus tricolor*	Joseph's coat
青葙属		
头状鸡冠花	*Celosia argentea* var. *cristata* (*C. cristata*)	cockscomb
羽状鸡冠花	*Celosia argentea* var. *plumosa* (*C. plumosa*)	plume flower
穗状鸡冠花	*Celosia argentea* var. *spicata* (*C. spicata*)	flamingo feather (wheatstraw celosia)
千日红属		
千日红	*Gomphrena globosa*	globe amaranth
细叶千日红	*Gomphrena haageana*	Rio Grande globe amaranth
血苋属		
红叶苋(血苋)	*Iresine herbstii*	beefsteak plant (blood leaf)
澳洲苋属		
澳洲苋	*Ptilotus exaltatus*	pink mulla-mulla

马齿苋科(Portulacaceae)

回欢草属		
厚鳞草	*Anacampseros rufescens*	love plant (sand rose)
银蚕属		
银蚕(白蛇殿)	*Avonia papyracea* (*Anacampseros papyracea*)	avonia
露薇花属		
露薇花(琉维草)	*Lewisia cotyledon*	cliff maids (lewisia)

马齿苋属

大花马齿苋(太阳花、死不了)	*Portulaca grandiflora*	rose moss (sun plant)
马齿苋	*Portulaca oleracea*	purslane
翅荚马齿苋	*Portulaca umbraticola*	wing-pod purslane

马齿苋树属

马齿苋树	*Portulacaria afra*	elephant bush

土人参属

土人参	*Talinum paniculatum*	fame flower (jewels of Opar)

石竹科(Caryophyllaceae)

麦仙翁属

麦仙翁	*Agrostemma githago*	common corn cockle

蚤缀属

山蚤缀	*Arenaria montana*	mountain sandwort

卷耳属

密毛卷耳	*Cerastium tomentosum*	snow-in-summer

石竹属

高山石竹	*Dianthus alpinus*	alpine pink
须苞石竹(美国石竹)	*Dianthus barbatus*	sweet william
香石竹(康乃馨)	*Dianthus caryophyllus*	carnation
石竹	*Dianthus chinensis*	Chinese pink
西洋石竹(少女石竹)	*Dianthus deltoides*	maiden pink
蓝灰石竹	*Dianthus gratianopolitanus*	cheddar pink
石竹梅	*Dianthus* × *latifolius* (*D. chinensis* × *D. barbatus*)	button pink
常夏石竹(羽裂石竹)	*Dianthus plumarius*	grass pink
尖叶石竹	*Dianthus spiculifolius*	thornlike-leaf pink
瞿麦	*Dianthus superbus*	fringed pink

丝石竹属

卷耳状丝石竹	*Gypsophila cerastioides*	alpine baby's breath
霞草	*Gypsophila elegans*	annual baby's breath (showy baby's breath)
长蕊丝石竹(欧丝石竹)	*Gypsophila oldhamiana*	Oldham's baby's breath
满天星(锥花丝石竹)	*Gypsophila paniculata*	baby's breath
匍匐丝石竹	*Gypsophila repens* (*G. prostrata*)	creeping baby's breath

剪秋罗属

剪秋罗	*Lychnis* ×*arkwrightii*	Arkwright's campion
皱叶剪秋罗	*Lychnis chalcedonica*	Jerusalem cross (Maltese cross)
毛缕剪秋罗	*Lychnis coronaria*	mullein-pink (rose campion)
剪春罗(剪夏罗)	*Lychnis coronata*	crown campion
大花剪秋罗	*Lychnis fulgens*	brilliant campion
丽春花	*Lychnis* ×*haageana*	Haage's campion
剪红纱花(剪秋罗)	*Lychnis senno*	senno campion
洋剪秋罗	*Lychnis viscaria*	red German catchfly

肥皂草属

岩生肥皂草	*Saponaria ocymoides*	rock soapwort
石碱花(肥皂草)	*Saponaria officinalis*	bouncing bet (soapwort)

蝇子草属

高雪轮	*Silene armeria*	sweet william catchfly
矮雪轮	*Silene pendula*	drooping catchfly (nodding catchfly)
白玉草	*Silene uniflora*	sea campion

蓼科(Polygonaceae)

珊瑚藤属		
珊瑚藤	*Antigonon leptopus*	coral vine (mountain rose)
沙拐枣属		
沙拐枣	*Calligonum mongolicum*	desert jujube
何首乌属		
山荞麦(木藤蓼)	*Fallopia aubertii* (*Polygonum aubertii*)	Russian vine (silvervine fleeceflower)
竹节蓼属		
竹节蓼	*Homalocladium platycladum*	centipede plant (ribbon bush)
千叶兰属		
铁线草 (钮扣藤、千叶兰)	*Muehlenbeckia axillaris* (*M. complexa* var. *microphylla*)	creeping wire vine (maidenhair vine)
桃叶蓼属		
抱茎桃叶蓼	*Persicaria amplexicaulis*	mountain fleeceflower
火炭母	*Persicaria chinensis* (*Polygonum chinense*)	Chinese knotweed
东方蓼(红蓼)	*Persicaria orientalis* (*Polygonum orientale*)	kiss-me-over-the-garden-gate (prince's feather)
蓼属		
头花蓼	*Polygonum capitatum*	pink-headed knotweed
赤胫散	*Polygonum runcinatum* var. *sinense*	Chinese lobed-leaf knotweed
虎杖属		
虎杖	*Reynoutria japonica* (*Polygonum cuspidatum*)	giant knotweed (Japanese fleeceflower)
大黄属		
掌叶大黄	*Rheum palmatum* var. *tanguticum*	Chinghai rhubarb (ornamental rhubarb)

蓝雪花科(白花丹科)(Plumbaginaceae)

海石竹属

海石竹	*Armeria maritima*	sea pink
宽叶海石竹	*Armeria pseudarmeria* (*A. latifolia*)	border thrift

补血草属

中华补血草	*Limonium sinensis*	Chinese sea-lavender
补血草	*Limonium sinuatum*	notch-leaf sea-lavender

蓝雪花属

蓝雪花(蓝花丹)	*Plumbago auriculata*	Cape leadwort

五桠果科(第伦桃科)(Dilleniaceae)

五桠果属

五桠果(第伦桃)	*Dillenia indica*	elephant apple (Indian rose apple)
大花五桠果(大花第伦桃)	*Dillenia turbinata*	rose apple

芍药科(Paeoniaceae)

芍药属

芍药	*Paeonia lactiflora*	Chinese peony
药用芍药	*Paeonia officinalis*	common peony (kingsbloom)
杨山牡丹(凤丹)	*Paeonia ostii*	Osti's peony
紫斑牡丹	*Paeonia rockii*	Rock's peony
牡丹	*Paeonia* × *suffruticosa*	moutan (tree peony)
裂叶芍药(细叶芍药)	*Paeonia tenuifolia*	fern-leaf peony

金莲木科(Ochnaceae)

金莲木属

桂叶黄梅	*Ochna kirkii*	bird's eye bush (Micky Mouse plant)

山茶科(Theaceae)

山茶属

冬红山茶	*Camellia hiemalis* (*C. uraku*)	snow camellia
山茶(茶花)	*Camellia japonica*	Japanese camellia
金花茶	*Camellia nitidissima* (*C. chrysantha*)	yellow camellia
油茶	*Camellia oleifera*	tea-oil camellia
云南山茶(滇山茶)	*Camellia reticulata*	Yunnan camellia
茶梅	*Camellia sasanqua*	sasanqua camellia
茶	*Camellia sinensis*	tea
威氏山茶	*Camellia* ×*williamsii*	Williams camellia

柃木属

滨柃	*Eurya emarginata*	emarginate eurya
柃木	*Eurya japonica*	Japaneae eurya

木荷属

木荷	*Schima superba*	Chinese guger-tree

厚皮香属

日本厚皮香	*Ternstroemia japonica* (*Cleyera japonica*)	Japanese ternstroemia (sakaki)
厚皮香	*Ternstroemia gymnanthera* (*Cleyera gymnanthera*)	Chinese ternstroemia

猕猴桃科(Actinidiaceae)

猕猴桃属

猕猴桃(中华猕猴桃)	*Actinidia chinensis*	Chinese gooseberry

狗枣猕猴桃（深山木天蓼）	*Actinidia kolomikta*	kolomikta vine
葛枣猕猴桃（木天蓼）	*Actinidia polygama*	silver vine

藤黄科（山竹子科）（Clusiaceae；Guttiferae）

红厚壳属		
红厚壳（琼崖海棠、胡桐）	*Calophyllum inophyllum*	Alexandrian laurel (beauty-leaf mastwood)
书带木属		
书带木	*Clusia major* (*C. rosea*)	pitch apple (Scotch attorney)
铁力木属		
铁力木	*Mesua ferrea*	ironwood
藤黄属		
芒吉柿（山竹子）	*Garcinia mangostana*	mangosteen
岭南山竹子	*Garcinia oblongifolia*	oblong-leaf garcinia
金丝李	*Garcinia paucinervis*	few-nerve garcinia
菲岛福木（福树）	*Garcinia subelliptica*	common garcinia (happiness tree)
金丝桃属		
艳果金丝桃	*Hypericum androsaemum*	tutsan
大萼金丝桃	*Hypericum calycinum*	Aaron's beard (rose-of-Sharon)
密花金丝桃	*Hypericum densiflorum*	bushy St. John's wort
神香草叶金丝桃	*Hypericum hyssopifolium*	hyssop-leaf St. John's wort
金丝桃	*Hypericum monogynum* (*H. chinense*)	Chinese St. John's wort
贯叶金丝桃	*Hypericum perforatum*	balm-of-warrior (St. John's wort)
多叶金丝桃	*Hypericum polyphyllum*	rockery St. John's wort

杜英科(Elaeocarpaceae)

杜英属

尖叶杜英	*Elaeocarpus apiculatus*	apiculate blueberry tree
中华杜英	*Elaeocarpus chinensis*	Chinese blueberry tree
杜英	*Elaeocarpus decipiens*	Japanese blueberry tree
水石榕	*Elaeocarpus hainanensis*	Hainan blueberry tree
锯叶杜英(锡兰橄榄)	*Elaeocarpus serratus*	Ceylon olive

猴欢喜属

猴欢喜	*Sloanea sinensis*	Chinese sloanea

椴树科(Tiliaceae)

扁担杆属

扁担杆(扁担木、孩儿拳头)	*Grewia biloba* (*G. biloba* var. *parviflora*)	bilobed grewia

椴树属

美洲椴	*Tilia americana*	American linden
紫椴(籽椴)	*Tilia amurensis*	Amur linden
心叶椴(欧洲小叶椴)	*Tilia cordata*	little-leaf linden
欧洲杂种椴	*Tilia* ×*europaea*	common linden (European linden)
糯米椴	*Tilia henryana*	Henry's linden
糠椴	*Tilia mandshurica*	Manchurian linden
南京椴(菩提椴)	*Tilia miqueliana*	Japanese linden
蒙椴	*Tilia mongolica*	Mongolian linden
欧洲大叶椴	*Tilia platyphyllos*	large-leaf linden

梧桐科(Sterculiaceae)

瓶干树属

槭叶瓶干树	*Brachychiton acerifolius*	Illawarra flame tree
昆士兰瓶干树	*Brachychiton rupestris*	Queesland bottle tree

非洲芙蓉属		
非洲芙蓉	*Dombeya burgessiae* (*D. calantha*)	pink dombeya (pink wild pear)
梧桐属		
云南梧桐	*Firmiana major*	Yunnan phoenix tree
梧桐(青桐)	*Firmiana simplex* (*F. platanifolia*)	Chinese parasol tree (phoenix tree)
银叶树属		
银叶树	*Heritiera littoralis*	looking glass tree
小叶银叶树(蝴蝶树)	*Heritiera parvifolia*	Chinese butterfly tree
翅子树属		
翻白叶树(异叶翅子树)	*Pterospermum heterophyllum*	various-leaf wing-seed tree
翅苹婆属		
翅苹婆	*Pterygota alata* (*Sterculia alata*)	buddha coconut
梭罗树属		
梭罗树	*Reevesia pubescens*	common reevesia
苹婆属		
香苹婆(裂叶苹婆)	*Sterculia foetida*	hazel sterculia
假苹婆	*Sterculia lanceolata*	lance-leaf sterculia (scarlet sterculia)
苹婆(凤眼果)	*Sterculia nobilis*	China chestnut (noble bottle tree)

木棉科(Bombacaceae)

猴面包树属		
猴面包树	*Adansonia digitata*	baobab tree
木棉属		
木棉	*Bombax ceiba* (*B. malabaricum*; *Gossampinus malabarica*)	cotton tree (tree cotton)

吉贝属

白花异木棉	*Ceiba insignis* (*Chorisia insignis*)	white floss-silk tree
吉贝(美洲木棉)	*Ceiba pentandra*	kapok ceiba
美洲异木棉(美人树)	*Ceiba speciosa* (*Chorisia speciosa*)	pink floss-silk tree

瓜栗属

马拉巴栗(瓜栗)	*Pachira aquatica* (*P. macrocarpa*)	Malabar chestnut (shaving bruch tree)

锦葵科(Malvaceae)

秋葵属

黄秋葵	*Abelmoschus moschatus* (*Hibiscus abelmoschus*)	musk mallow

苘麻属

杂种金铃花	*Abutilon* ×*hybridum*	flowering maple (garden abutilon)
金铃花	*Abutilon pictum* (*A. striatum*)	Chinese lantern (flowering maple)

蜀葵属

蜀葵	*Alcea rosea* (*Althaea rosea*)	garden hollyhock (hollyhock)

罂锦葵属

罂锦葵	*Callirhoë involucrata*	poppy mallow

木槿属

红叶木槿(丽葵)	*Hibiscus acetosella*	African rose mallow (red-leaf hibiscus)
红秋葵	*Hibiscus coccineus*	scarlet hibiscus
海滨木槿	*Hibiscus hamabo*	yellow hibiscus
芙蓉葵(草芙蓉)	*Hibiscus moscheutos* (*H. palustris*)	common mallow (swamp rose mallow)

木芙蓉	*Hibiscus mutabilis*	cotton rose
朱槿(扶桑)	*Hibiscus rosa-sinensis*	Chinese hibiscus (rose-of-China)
吊灯花 (拱手花篮)	*Hibiscus schizopetalus*	fringed hibiscus
木槿	*Hibiscus syriacus*	rose-of-sharon (tree hollyhock)
黄槿	*Hibiscus tiliaceus*	linden hibiscus
花葵属		
花葵	*Lavatera arborea*	velvet tree-mallow
裂叶花葵	*Lavatera trimestris*	herb tree-mallow
马络葵属		
马络葵	*Malope trifida*	annual mallow (mallow wort)
锦葵属		
麝香葵	*Malva moschata*	musk mallow
锦葵	*Malva sylvestris*	cheese flower (high mallow; wild mallow)
赛葵属		
南非葵 (玲珑扶桑)	*Anisodontea capensis* (*Malvastrum capensis*)	Cape mallow
悬铃花属		
小悬铃花	*Malvaviscus arboreus*	sleepy mallow (wax-mallow)
垂花悬铃花	*Malvaviscus penduliflorus* (*M. arboreus* var. *penduliflorus*)	sleeping wax-mallow (Turk's cap)
花稔属		
白花花稔	*Sidalcea candida*	checker mallow (white checkerbloom)
锦葵花稔	*Sidalcea malviflora*	Greek mallow

玉蕊科(Lecythidaceae)

玉蕊属

玉蕊	*Barringtonia racemosa*	African fish killer tree (brack-water mangrove)

瓶子草科(Sarraceniaceae)

瓶子草属

黄瓶子草	*Sarracenia flava*	yellow pitcher plant (trumpets)
长叶瓶子草	*Sarracenia leucophylla*	crimson pitcher plant
瓶子草	*Sarracenia purpurea*	common pitcher plant

猪笼草科(Nepenthaceae)

猪笼草属

翼状猪笼草(红猪笼草)	*Nepenthes alata*	Malaysian pitcher plant
猪笼草	*Nepenthes mirabilis*	common swamp pitcher plant

茅膏菜科(Droseraceae)

捕蝇草属

捕蝇草	*Dionaea muscipula*	Venus flytrap

茅膏菜属

好望角茅膏菜	*Drosera capensis*	Cape sundew
茅膏菜	*Drosera peltata*	pale sundew (shield sundew)
匙叶茅膏菜	*Drosera spathulata*	spoon-leaf sundew

大风子科(Flacourtiaceae)

刺篱木属

罗比梅(紫梅)	*Flacourtia inermis*	batoko plum (governor's plum)

大风子属

海南大风子	*Hydnocarpus hainanensis*	Hainan chaulmoogra tree

山桐子属

山桐子	*Idesia polycarpa*	Igiri tree (wonder tree)

栀子皮属

栀子皮(伊桐)	*Itoa orientalis*	eastern itoa

柞木属

柞木	*Xylosma congestum* (*X. racemosum*)	dense logwood

半日花科(Cistaceae)

岩蔷薇属

岩蔷薇	*Cistus ladanifer*	crimson-spot rock-rose

半日花属

半日花	*Helianthemum apenninum*	white rock-rose

堇菜科(Violaceae)

堇菜属

角堇	*Viola cornuta*	viola
香堇	*Viola odorata*	sweet violet
紫花地丁	*Viola philippica* (*V. yedoensis*)	neat Philippine violet (Tokyo violet)
早开堇菜	*Viola prionantha*	serrate violet
里氏堇菜	*Viola riviniana*	common dog violet (European dog violet)
大花三色堇 (杂种三色堇)	*Viola* ×*wittrockiana* (*V. tricolor* var. *hortensis*)	pansy

柽柳科(Tamaricaceae)

柽柳属

柽柳	*Tamarix chinensis* (*T. juniperina*)	Chinese salt cedar (Chinese tamarisk)
翠枝柽柳	*Tamarix gracilis*	slender salt cedar (slender tamarisk)

多枝柽柳	*Tamarix ramosissima* (*T. pentandra*)	salt cedar

时钟花科(Turneraceae)

时钟花属

黄时钟花	*Turnera ulmifolia*	sage rose (yellow buttercups; yellow alder)

西番莲科(Passifloraceae)

西番莲属

西番莲(蓝花鸡蛋果)	*Passiflora caerulea*	blue-crown passionflower (passionflower)

番木瓜科(Caricaceae)

番木瓜属

番木瓜	*Carica papaya*	papaya

葫芦科(Cucurbitaceae)

黄瓜属

黄瓜	*Cucumis sativus*	cucumber

南瓜属

观赏南瓜	*Cucurbita pepo* var. *ovifera*	field pumpkin (ornamental gourd)

葫芦属

葫芦	*Lagenaria siceraria* (*L. vulgaris*)	bottle gourd (hard-shelled gourd)

秋海棠科(Begoniaceae)

秋海棠属

班氏秋海棠(大花秋海棠)	*Begonia* × *benariensis*	Benary's begonia
玻利维亚秋海棠	*Begonia boliviensis*	Bolivian begonia

波氏秋海棠	*Begonia boweri*	eyelash begonia
红花竹节秋海棠	*Begonia coccinea*	angel-wing begonia (scarlet begonia)
丽格秋海棠	*Begonia* ×*elatior* (*B.* ×*hiemalis*)	Rieger begonia
裂叶秋海棠	*Begonia heracleifolia*	star-leaf begonia
壮丽秋海棠(帝王秋海棠)	*Begonia imperialis*	imperial begonia
斑叶竹节秋海棠	*Begonia maculata*	spotted begonia
铁十字秋海棠	*Begonia masoniana*	iron cross begonia
蟆叶秋海棠	*Begonia rex* (*B.* Rex-cultorum Group)	painted leaf begonia (rex begonia)
四季秋海棠(瓜子海棠)	*Begonia* ×*semperflorens* (*B.* Semperflorens-cultorum Group)	bedding begonia (perpetual begonia)
球根秋海棠	*Begonia* ×*tuberhybrida* (*B.* ×*multiflora*; *B.* Tuberhybrida Group; *B.* Tuberosa Group)	tuberous begonia

杨柳科(Salicaceae)

柳属

白柳	*Salix alba*	white willow
垂柳	*Salix babylonica*	Babylon weeping willow
圆头柳	*Salix capitata*	capitate willow
滇柳(云南柳)	*Salix cavaleriei*	Yunnan willow
河柳(腺柳)	*Salix chaenomeloides* (*S. glandulosa*)	Japanese pussy willow
爆竹柳	*Salix fragilis*	crack willow
细柱柳(猫柳)	*Salix gracilistyla*	big-catkined willow (rosegold pussy willow)
杞柳	*Salix integra*	entire willow
银芽柳(棉花柳)	*Salix* ×*leucopithecia*	cotton willow

旱柳	*Salix matsudana*	Hankow willow (Peking willow)
杨属		
响叶杨	*Populus adenopoda*	Chinese aspen
银白杨	*Populus alba*	white poplar
北京杨	*Populus* ×*beijingensis*	Beijing poplar
新疆杨	*Populus bolleana*	Bolle's poplar
加拿大杨(加杨)	*Populus* ×*canadensis* (*P.* ×*euramericana*)	Carolina poplar
山杨	*Populus davidiana*	David's poplar
胡杨	*Populus euphratica*	Euphrates poplar
河北杨	*Populus* ×*hopeiensis*	Hopei poplar
黑杨	*Populus nigra*	black poplar
小叶杨(南京白杨)	*Populus simonii*	Chinese poplar (Simon's poplar)
毛白杨	*Populus tomentosa*	Chinese white poplar
滇杨(云南白杨)	*Populus yunnanensis*	Yunnan poplar

山柑科(Capparaceae)

醉蝶花属		
醉蝶花	*Cleome hassleriana* (*C. spinosa*)	spider flower
鱼木属		
台湾鱼木	*Crateva formosensis*	Taiwan spider-tree (Taiwan temple-tree)
鱼木	*Crateva religiosa*	spider-tree (temple-tree)
单色鱼木(树头菜)	*Crateva unilocularis*	spider-tree

十字花科(Brassicaceae; Cruciferae)

庭荠属		
高山庭荠	*Alyssum alpestre*	alpine alyssum

黄花香雪球	*Alyssum argenteum*	silver alyssum
岩庭荠	*Alyssum saxatile* (*Aurinia saxatilis*)	yellow alyssum
南芥属		
高加索南芥	*Arabis caucasica* (*A. alpina* ssp. *caucasica*)	garden arabis (wall rock-cress)
芸薹属		
羽衣甘蓝	*Brassica oleracea* var. *acephala*	flowering kale (ornamental cabbage)
青菜(小白菜)	*Brassica rapa* var. *chinensis*	Chinese cabbage
糖芥属		
西伯利亚桂竹香	*Erysimum allionii* (*Cheiranthus allionii*)	Siberian wallflower
桂竹香	*Erysimum cheiri* (*Cheiranthus cheiri*)	common wallflower
灌木状糖芥	*Erysimum suffruticosum*	shrubby wallflower
屈曲花属		
香屈曲花	*Iberis amara*	rocket candytuft
常青屈曲花	*Iberis sempervirens*	evergreen candytuft
香雪球属		
香雪球	*Lobularia maritima* (*Alyssum maritimum*)	sweet alyssum
缎花属		
缎花(钱币花)	*Lunaria annua*	dollar plant (honesty)
紫罗兰属		
紫罗兰	*Matthiola incana*	common stock
诸葛菜属		
二月蓝(诸葛菜)	*Orychophragmus violaceus*	violet orychophragmus
萝卜属		
萝卜	*Raphanus sativus*	radish

辣木科(Moringaceae)

辣木属

象脚树(辣木)	*Moringa drouhardii* (*M. thouarsii*)	bottle tree

杜鹃花科(石南科)(Ericaceae)

熊果属

地被熊果	*Arctostaphylos uva-ursi*	common bearberry

青姬木属

灰叶姬石南(安多杜鹃、仙女越橘)	*Andromeda polifolia*	bog rosemary

帚石南属

帚石南(彩萼石南)	*Calluna vulgaris*	common heather

吊钟花属

黄吊钟花(红脉吊钟花)	*Enkianthus campanulatus*	redvein enkianthus
灯笼树	*Enkianthus chinensis*	Chinese enkianthus
吊钟花(吉庆花)	*Enkianthus quinqueflorus*	Chinese new year flower

欧石南属

春花欧石南	*Erica carnea*	spring heath (winter heath)
轮叶欧石南	*Erica tetralix*	cross-leaf heath

白珠树属

匍匐白珠树	*Gaultheria procumbens*	creeping wintergreen (eastern teaberry)

山月桂属

山月桂	*Kalmia latifolia*	mountain laurel

木藜芦属

腋花木藜芦	*Leucothoë axillaris*	coastal doghobble

丽果木属		
丽果木	*Pernettya mucronata* (*Gaultheria mucronata*)	prickly heath
马醉木属		
马醉木	*Pieris japonica*	Japanese pieris (lily-of-the-valley bush)
杜鹃花属		
大白杜鹃 (大白花)	*Rhododendron decorum*	decorative rhododendron
马缨杜鹃 (马缨花)	*Rhododendron delavayi*	Delavay's rhododendron
云锦杜鹃 (天目杜鹃)	*Rhododendron fortunei*	Fortune's rhododendron
皋月杜鹃 (东亚杜鹃)	*Rhododendron indicum*	southern Indian azalea
羊踯躅(闹羊花)	*Rhododendron molle*	Chinese azalea
白花杜鹃 (毛白杜鹃)	*Rhododendron mucronatum*	snow azalea
迎红杜鹃 (蓝荆子)	*Rhododendron mucronulatum*	Korean azalea
石岩杜鹃 (久留米杜鹃、朱砂杜鹃)	*Rhododendron obtusum*	Hiryu azalea (Kurume azalea)
锦绣杜鹃	*Rhododendron pulchrum*	lovely rhododendron
杜鹃花(映山红)	*Rhododendron simsii*	red azalea (Sims' azalea)
越橘属		
越橘	*Vaccinium vitis-idaea*	cowberry (foxberry)

山榄科(Sapotaceae)

金叶树属		
星苹果	*Chrysophyllum cainito*	star-apple

蛋黄果属		
蛋黄果	*Lucuma nervosa*	canistel
人心果属		
人心果	*Manilkara zapota*	sapodilla
胶木属		
台湾胶木（大叶山榄）	*Palaquium formosanum*	Taiwan nato-tree

柿树科（Ebenaceae）

柿树属		
瓶兰花（金弹子）	*Diospyros armata*	armour persimmon
乌柿	*Diospyros cathayensis* (*D. sinensis*)	Chinese persimmon
毛柿（台湾黑檀）	*Diospyros discolor*	Taiwan persimmon
象牙树（铁柿）	*Diospyros ferrea*	ironwood (Philippine persimmon)
柿树	*Diospyros kaki*	Japanese persimmon
君迁子（软枣、黑枣）	*Diospyros lotus*	date plum
枫港柿（红紫檀）	*Diospyros vaccinioides*	small persimmon

安息香科（野茉莉科）（Styracaceae）

银钟花属		
银钟花	*Halesia carolina*	Carolina silverbell
白辛树属		
小叶白辛树	*Pterostyrax corymbosus*	little epaulette tree
野茉莉属		
野茉莉	*Styrax japonicus*	Japanese snowbell (snowbell tree)
玉铃花	*Styrax obassia*	fragrant snowbell

山矾科（Symplocaceae）

山矾属		
华山矾	*Symplocos chinensis*	Chinese sweetleaf

白檀	*Symplocos paniculata*	sapphire sweetleaf

紫金牛科(Myrsinaceae)

紫金牛属

朱砂根(万两金)	*Ardisia crenata*	coralberry (spiceberry)
百两金	*Ardisia crispa*	coralberry (spiceberry)
东方紫金牛(春不老)	*Ardisia elliptica* (*A. squamulosa*)	shoe-button
紫金牛	*Ardisia japonica*	dogberry (marlberry)
虎舌红(红毛毡)	*Ardisia mamillata*	teat-shaped ardisia

报春花科(Primulaceae)

琉璃繁缕属

琉璃繁缕	*Anagallis arvensis*	red pimpernel (scarlet pimpernel)
蓝花琉璃繁缕	*Anagallis monelli*	blue pimpernel

仙客来属

常春藤叶仙客来	*Cyclamen hederifolium*	hardy cyclamen (ivy-leaf cyclamen)
仙客来(兔耳花)	*Cyclamen persicum*	Persian cyclamen

珍珠菜属

过路黄	*Lysimachia nummularia*	creeping Jenny (moneywort)
黄花珍珠菜	*Lysimachia punctata*	spotted loosestrife (yellow loosestrife)

报春花属

头序报春(头状樱草)	*Primula capitata*	Asiatic primrose (capitata primrose)
球花报春	*Primula denticulata*	drumstick primrose

高报春（牛舌樱草）	*Primula elatior*	oxlip primrose
小报春（田埂报春）	*Primula forbesii*	baby primrose
报春花	*Primula malacoides*	fairy primrose
四季报春	*Primula obconica*	German primrose（poison primrose；top primrose）
多花报春	*Primula* ×*polyantha*（*Primula* ×*acaulis*）	English primrose
藏报春	*Primula sinensis*	Chinese primrose
高穗报春	*Primula vialii*	Chinese pagoda primrose（poker primrose）
欧洲报春	*Primula vulgaris*	common primrose

海桐科（Pittosporaceae）

海桐属

台湾海桐	*Pittosporum pentandrum*（*P. formosanum*）	Taiwanese cheesewood
海桐	*Pittosporum tobira*	Japanese mock-orange（Japanese pittosporum；tobira）

八仙花科（绣球花科）（Hydrangeaceae）

溲疏属

溲疏（圆齿溲疏）	*Deutzia crenata*	crenate deutzia
小溲疏	*Deutzia gracilis*	slender deutzia
大花溲疏	*Deutzia grandiflora*	early deutzia
壮丽溲疏	*Deutzia* ×*magnifica*	showy deutzia
小花溲疏	*Deutzia parviflora*	Mongolian deutzia
钟花溲疏	*Deutzia* ×*rosea*	rose deutzia
糙叶溲疏	*Deutzia scabra*	fuzzy deutzia

八仙花属

藤八仙花	*Hydrangea anomala* ssp. *petiolaris*	climbing hydrangea

光滑八仙花（树状八仙花）	*Hydrangea arborescens*	smooth hydrangea
八仙花（绣球花）	*Hydrangea macrophylla*	big-leaf hydrangea
圆锥八仙花（水亚木）	*Hydrangea paniculata*	panicle hydrangea
栎叶八仙花	*Hydrangea quercifolia*	oak-leaf hydrangea
山梅花属		
西洋山梅花	*Philadelphus coronarius*	sweet mock-orange
山梅花	*Philadelphus incanus*	grey mock-orange
太平花（京山梅花）	*Philadelphus pekinensis*	Peking mock-orange
东北山梅花	*Philadelphus schrenkii*	Schrenk's mock-orange
钻地风属		
钻地风	*Schizophragma integrifolium*	climbing hydrangea vine

茶藨子科（醋栗科）（Grossulariaceae）

鼠刺属		
台湾鼠刺	*Itea oldhamii*	Taiwan sweetspire
弗吉尼亚鼠刺	*Itea virginica*	Virginia sweetspire
茶藨子属		
美洲茶藨子	*Ribes americanum*	American black currant
东北茶藨子	*Ribes mandshuricum*	mountain currant
多花茶藨子	*Ribes multiflorum*	Russian currant
香茶藨子（黄花茶藨子）	*Ribes odoratum*	buffalo currant（clove currant）
英吉利茶藨子	*Ribes palczewskii*	Palczewski's currant
美丽茶藨子	*Ribes pulchellum*	beautiful currant
红茶藨子	*Ribes rubrum*	northern red currant

景天科（Crassulaceae）

天锦章属		
天锦章	*Adromischus cristatus*	crinkle-leaf plant

莲花掌属		
莲花掌	*Aeonium arboreum*	tree aeonium
红缘莲花掌	*Aeonium haworthii*	Haworth's aeonium (pinwheel)
毛叶莲花掌	*Aeonium simsii*	Sims' aeonium
匙叶莲花掌(翠花掌)	*Aeonium spathulatum*	spoon-leaf aeonium
明镜(平叶莲花掌)	*Aeonium tabuliforme*	dinner plate aeonium
托盘莲花掌(假明镜)	*Aeonium undulatum*	stalked aeonium (saucer plant)
大叶莲花掌	*Aeonium urbicum*	saucer plant
银波锦属		
圆叶银波锦	*Cotyledon orbiculata*	pig's ear
毛叶银波锦(熊童子)	*Cotyledon tomentosa*	bear's paw
银波锦	*Cotyledon undulata*	silver crown (silver ruffles)
青锁龙属		
燕子掌	*Crassula argentea*	jade plant
玉椿(巴氏青锁龙)	*Crassula barklyi*	rattlesnake tail
神刀(镰叶青锁龙)	*Crassula falcata* (*C. perfoliata* var. *falcata*)	airplane plant
青锁龙	*Crassula muscosa* (*C. lycopodioides*)	watch chain plant
串钱景天	*Crassula perforata*	string-of-buttons
绿塔	*Crassula pyramidalis*	pagoda mini jade
岩生青锁龙	*Crassula rupestris*	rosary vine
玉树	*Crassula tetragona*	miniature pine tree

石莲花属		
静夜 (德氏石莲花)	*Echeveria derenbergii*	baby echeveria (painted lady)
月影 (优雅石莲花)	*Echeveria elegans*	Mexican snowball (white Mexican rose)
石莲花	*Echeveria glauca*	blue echeveria
白毛石莲花	*Echeveria leucotricha*	chenille plant
鲜红石莲花	*Echeveria peacockii*	Peacock's echeveria
绒毛掌	*Echeveria pulvinata*	plush plant
八宝掌	*Echeveria secunda*	hens-and-chicks
风车草属		
风车草	*Graptopetalum paraguayense*	ghost plant (mother of pearl plant)
姬秋丽 (门氏风车草)	*Graptopetalum mendozae*	Mendoza's ghost plant
伽蓝菜属		
长寿花 (矮生伽蓝菜)	*Kalanchoë blossfeldiana*	flaming Katy (Christmas kalanchoe)
大叶落地生根	*Kalanchoë daigremontiana*	Mexican hat plant
棒叶景天 (细叶落地生根)	*Kalanchoë delagoensis* (*K. verticillata*)	chandelier plant (mother of thousands)
落地生根	*Kalanchoë pinnata*	air plant (life plant; miracle leaf)
月兔耳 (褐斑伽蓝菜)	*Kalanchoë tomentosa*	panda plant (pussy ears)
厚叶草属		
厚叶草	*Pachyphytum oviferum*	moon stones
景天属		
苔景天(石景天)	*Sedum acre*	mossy stonecrop (wallpepper; yellow stonecrop)
费菜(景天三七)	*Sedum aizoon*	aizoon stonecrop
白景天	*Sedum album*	white stonecrop

岩生景天	*Sedum cauticola* (*Hylotelephium cauticola*)	cliff-dwelling stonecrop
科西嘉景天（厚叶景天）	*Sedum dasyphyllum*	Corsican stonecrop (thick-leaf stonecrop)
凹叶景天	*Sedum emarginatum*	Chinese sedum (emarginate stonecrop)
勘察加费菜	*Sedum kamtschaticum*	Kamschatka stonecrop (orange stonecrop)
佛甲草（白草）	*Sedum lineare*	carpet sedum (needle stonecrop)
松绿景天	*Sedum lucidum*	shining stonecrop
小景天	*Sedum lydium*	least stonecrop (mossy stonecrop)
圆叶景天	*Sedum makinoi*	Japanese stonecrop
翡翠景天（松鼠尾）	*Sedum morganianum*	burro's-tail (donkey-tail)
小松绿（球松）	*Sedum multiceps*	miniature Joshua tree
松塔景天	*Sedum nicaeense*	pale stonecrop
厚叶景天	*Sedum pachyphyllum*	jelly bean plant (many fingers)
藓状景天（柳叶景天）	*Sedum polytrichoides*	moss-like stonecrop
反曲景天	*Sedum reflexum* (*S. rupestre*)	blue stonecrop (rock stonecrop)
淡红景天	*Sedum rubens*	red stonecrop
垂盆草	*Sedum sarmentosum*	stringy stonecrop (whorled stonecrop)
灰毛费菜	*Sedum selskianum*	Amur stonecrop
六棱景天（六角景天）	*Sedum sexangulare*	tasteless stonecrop
八宝景天（长药八宝）	*Sedum spectabile* (*Hylotelephium spectabile*)	butterfly stonecrop

高加索景天 (假景天)	*Sedum spurium*	Caucasian stonecrop
紫景天	*Sedum telephium* (*Hylotelephium telephium*)	orpine (purple stonecrop; witch's moneybags)
林地景天	*Sedum ternatum*	wild stonecrop (woodland stonecrop)
长生草属		
珠网长生草	*Sempervivum arachnoideum*	cobweb houseleek (spiderweb houseleek)
纤毛长生草	*Sempervivum ciliosum*	hens and chicks (houseleek)
大花长生草	*Sempervivum grandiflorum*	large-flower houseleek
长生草	*Sempervivum tectorum*	common houseleek (roof houseleek)
齐花山景天属		
齐花山景天 (美丽风车草)	*Tacitus bellus* (*Graptopetalum bellus*)	chihuahua flower

虎耳草科(Saxifragaceae)

落新妇属		
阿氏落新妇 (杂种落新妇)	*Astilbe* × *arendsii*	Arends' astilbe
落新妇	*Astilbe chinensis*	Chinese astilbe
泡盛草 (日本落新妇)	*Astilbe japonica*	Japanese astilbe
单叶落新妇	*Astilbe simplicifolia*	star astilbe
岩白菜属		
厚叶岩白菜 (心叶岩白菜)	*Bergenia crassifolia* (*B. cordifolia*)	elephant's-ears (pigsqueak)
矾根属		
美洲矾根	*Heuchera americana*	American alumroot

小花矾根	*Heuchera micrantha*	small-flower alumroot
红花矾根	*Heuchera sanguinea*	coralbells
绒毛矾根	*Heuchera villosa*	hairy alumroot
泡沫花属		
白泡沫花	×*Heucherella alba*	white foamy flower
泡沫花	×*Heucherella tiarelloides*	foamy flower
鬼灯檠属		
羽叶鬼灯檠	*Rodgersia pinnata*	feather-leaf rodgersia
鬼灯檠	*Rodgersia podophylla*	bronze-leaf rodgersia
虎耳草属		
阿氏虎耳草（杂种虎耳草）	*Saxifraga* ×*arendsii*	Arends' rockfoil
虎耳草	*Saxifraga stolonifera*	creeping rockfoil
黄水枝属		
心叶黄水枝	*Tiarella cordata*	Allegheny foamflower

蔷薇科(Rosaceae)

羽衣草属		
柔毛羽衣草（柔毛斗篷草）	*Alchemilla mollis*	common lady's mantle
唐棣属		
桤叶唐棣	*Amelanchier alnifolia*	Pacific serviceberry (Saskatoon serviceberry)
加拿大唐棣	*Amelanchier canadensis*	shadblow serviceberry (ticket serviceberry)
大花唐棣	*Amelanchier* ×*grandiflora*	apple serviceberry
平滑唐棣	*Amelanchier laevis*	Allegheny serviceberry
唐棣	*Amelanchier sinica*	Chinese serviceberry
山楸梅属		
山楸梅（红果腺肋花楸）	*Aronia arbutifolia* (*Photinia pyrifolia*)	red chokeberry
黑果腺肋花楸	*Aronia melanocarpa* (*Photinia melanocarpa*)	black chokeberry

假升麻属		
矮假升麻	*Aruncus aethusifolius*	dwarf Korean goat's beard
假升麻	*Aruncus dioicus*	goat's beard
木瓜属		
木瓜海棠 (毛叶木瓜)	*Chaenomeles cathayensis* (*C. lagenaria* var. *cathayensis*)	hairy-leaf flowering quince
日本贴梗海棠 (倭海棠)	*Chaenomeles japonica*	dwarf flowering quince (Japanese flowering quince)
木瓜	*Chaenomeles sinensis*	Chinese flowering quince
贴梗海棠	*Chaenomeles speciosa* (*Chaenomeles lagenaria*)	common flowering quince
绚丽贴梗海棠	*Chaenomeles* ×*superba*	hybrid flowering quince
栒子属		
灰栒子	*Cotoneaster acutifolius*	Peking cotoneaster
匍匐栒子	*Cotoneaster adpressus*	creeping cotoneaster
矮生栒子	*Cotoneaster dammeri*	bearberry cotoneaster
散生栒子	*Cotoneaster divaricatus*	spreading cotoneaster
粉叶栒子	*Cotoneaster glaucophyllus*	large-leaf cotoneaster (grey-leaf cotoneaster)
平枝栒子	*Cotoneaster horizontalis*	rock cotoneaster
小叶栒子	*Cotoneaster microphyllus*	little-leaf cotoneaster
水栒子 (多花栒子)	*Cotoneaster multiflorus*	many-flower cotoneaster
柳叶栒子	*Cotoneaster salicifolius*	willow-leaf cotoneaster
山楂属		
野山楂	*Crataegus cuneata*	Japanese hawthorn
欧洲山楂 (欧洲平滑山楂)	*Crataegus laevigata* (*C. oxyacantha*)	English hawthorn
英国山楂	*Crataegus monogyna*	common hawthorn
山楂	*Crataegus pinnatifida*	Chinese hawthorn
蛇莓属		
蛇莓	*Duchesnea indica*	Indian mock strawberry

枇杷属		
枇杷	*Eriobotrya japonica*	Japanese loquat
白鹃梅属		
白鹃梅	*Exochorda racemosa*	common pearlbush
齿叶白鹃梅	*Exochorda serratifolia*	serrate-leaf pearlbush
蚊子草属		
槭叶蚊子草	*Filipendula purpurea*	Japanese meadowsweet
红花蚊子草	*Filipendula rubra*	queen-of-the-prairie
六瓣蚊子草	*Filipendula vulgaris*	dropwort
草莓属		
草莓	*Fragaria* ×*ananassa*	garden strawberry
棣棠属		
棣棠	*Kerria japonica*	Japanese rose
海棠属		
花红 (沙果、林檎)	*Malus asiatica*	ringo crab-apple
垂丝海棠	*Malus halliana*	Hall's crab-apple
湖北海棠	*Malus hupehensis*	Hupeh crab-apple (tea crab-apple)
小果海棠 (西府海棠)	*Malus* ×*micromalus*	midget crab-apple
海棠果	*Malus prunifolia*	pear-leaf crab-apple (plum-leaf crab-apple)
苹果	*Malus pumila* (*M. domestica*)	apple
海棠花	*Malus spectabilis*	Chinese crab-apple (Chinese flowering crab-apple)
石楠属		
椤木石楠(椤木)	*Photinia davidsoniae*	Davidson's photinia
费氏石楠	*Photinia* ×*fraseri*	Fraser's photinia
光叶石楠	*Photinia glabra*	Japanese photinia
石楠	*Photinia serrulata* (*P. serratifolia*)	Chinese hawthorn (Christmas berry)

风箱果属		
北美风箱果	*Physocarpus opulifolius*	common ninebark (eastern ninebark)
委陵菜属		
鹅绒委陵菜	*Potentilla anserina*	common silverweed (silverweed cinquefoil)
匐枝委陵菜	*Potentilla flagellaris*	runnery cinquefoil
金露梅(金老梅)	*Potentilla fruticosa* (*Dasiphora fruticosa*)	bush cinquefoil (shrubby cinquefoil)
银露梅(银老梅)	*Potentilla glabra* (*Dasiphora glabra*)	glabrous cinquefoil
扁核木属		
东北扁核木	*Prinsepia sinensis*	cherry prinsepia
李属		
巴旦杏(扁桃)	*Prunus amygdalus* (*P. dulcis*; *Amygdalus communis*)	almond
杏	*Prunus armeniaca* (*Armeniaca vulgaris*)	common apricot
欧洲甜樱桃	*Prunus avium* (*Cerasus avium*)	sweet cherry (wild cherry)
山樱花(钟花樱)	*Prunus campanulata* (*Cerasus campanulata*)	bell-flower cherry (Taiwan cherry)
樱李	*Prunus cerasifera*	cherry plum
高盆樱	*Prunus cerasoides* (*Cerasus cerasoides*)	dwarf cherry (wild Himalayan cherry)
紫叶矮樱	*Prunus* ×*cistena*	purple-leaf sand cherry
山桃	*Prunus davidiana* (*Amygdalus davidiana*)	David's peach
欧洲李(西洋李)	*Prunus domestica*	European plum (plum)
麦李	*Prunus glandulosa* (*Cerasus glandulosa*)	almond cherry (dwarf flowering almond)

欧李	*Prunus humilis* (*Cerasus humilis*)	Chinese plum-cherry
郁李	*Prunus japonica* (*Cerasus japonica*)	Japanese bush cherry
寒樱	*Prunus* ×*kanzakura* (*Cerasus* ×*kanzakura*)	cold cherry
日本晚樱(里樱)	*Prunus lannesiana* (*P. serrulata* var. *lannesiana*; *Cerasus serrulata* var. *lannesiana*)	Japanese late cherry
山桃稠李 (斑叶稠李)	*Prunus maackii* (*Padus maackii*)	Amur cherry (Manchurian cherry)
东北杏	*Prunus mandshurica* (*Armeniaca mandshurica*)	Manchurian apricot
梅	*Prunus mume* (*Amygdalus mume*)	Japanese apricot (mei flower)
稠李	*Prunus padus* (*Padus avium*)	European bird cherry
桃	*Prunus persica* (*Amygdalus persica*)	common peach
樱桃	*Prunus pseudocerasus* (*Cerasus pseudocerasus*)	Chinese sour cherry
李	*Prunus salicina*	Japanese plum
大山樱	*Prunus sargentii* (*Cerasus sargentii*)	Sargent's cherry
樱花	*Prunus serrulata* (*Cerasus serrulata*)	Japanese flowering cherry
山杏	*Prunus sibirica* (*Armeniaca sibirica*)	Siberian apricot
日本早樱 (彼岸樱)	*Prunus* ×*subhirtella* (*Cerasus* ×*subhirtella*)	spring cherry

毛樱桃	*Prunus tomentosa* (*Cerasus tomentosa*)	downy cherry (Nanking cherry)
榆叶梅	*Prunus triloba* (*Amygdalus triloba*)	flowering almond
美洲稠李	*Prunus virginiana* (*Padus virginiana*)	common choke cherry (Virginia bird-cherry)
东京樱花(江户樱花)	*Prunus* ×*yedoensis* (*Cerasus* ×*yedoensis*)	Yoshino cherry
火棘属		
窄叶火棘	*Pyracantha angustifolia*	orange firethorn
全缘火棘	*Pyracantha atalantioides*	Chinese firethorn
欧亚火棘	*Pyracantha coccinea*	scarlet firethorn
细圆齿火棘	*Pyracantha crenulata*	Himalayan firethorn
火棘	*Pyracantha fortuneana* (*P. crenato-serrata*)	Yunnan firethorn
台湾火棘	*Pyracantha koidzumii*	Formosa firethorn
梨属		
杜梨(棠梨)	*Pyrus betulifolia*	birch-leaf pear
白梨	*Pyrus bretschneideri*	Chinese pear
豆梨	*Pyrus calleryana*	Callery's pear
沙梨	*Pyrus pyrifolia*	sand pear
秋子梨	*Pyrus ussuriensis*	Mongolian pear
石斑木属		
石斑木(春花)	*Rhaphiolepis indica*	Indian hawthorn
厚叶石斑木(车轮梅)	*Rhaphiolepis umbellata*	Yeddo hawthorn
鸡麻属		
鸡麻	*Rhodotypos scandens*	black jetbead
月季属		
木香	*Rosa banksiae*	Lady Banks' rose
硕苞蔷薇	*Rosa bracteata*	Macartney rose
百叶蔷薇	*Rosa centifolia*	cabbage rose

月季	*Rosa chinensis*	China rose
法国蔷薇	*Rosa gallica*	French rose
黄蔷薇	*Rosa hugonis*	Father Hugo rose
金樱子	*Rosa laevigata*	Cherokee rose
野蔷薇	*Rosa multiflora*	Japanese rose
香水月季	*Rosa* ×*odorata*	tea rose
报春刺玫	*Rosa primula*	Afghan yellow rose
缫丝花（刺梨）	*Rosa roxburghii*	chestnut rose
玫瑰	*Rosa rugosa*	rugosa rose (Turkestan rose)
光叶蔷薇	*Rosa wichuraiana*	memorial rose (sunshine rose)
黄刺玫	*Rosa xanthina*	Manchurian rose
悬钩子属		
山楂叶悬钩子（牛叠肚、牛迭肚）	*Rubus crataegifolius*	hawthorn raspberry
酴醾（佛见笑）	*Rubus rosifolius* var. *coronarius* (*R. commersonii*)	double rose-leaf raspberry
地榆属		
日本地榆	*Sanguisorba obtusa*	Japanese burnet
地榆	*Sanguisorba officinalis*	garden burnet (great burnet)
细叶地榆	*Sanguisorba tenuifolia*	Siberian burnet
珍珠梅属		
珍珠梅	*Sorbaria kirilowii*	false spirea
东北珍珠梅	*Sorbaria sorbifolia*	Ural false spirea
花楸属		
水榆花楸	*Sorbus alnifolia*	alder-leaf whitebeam (Korean whitebeam)
美洲花楸	*Sorbus americana*	American mountain ash
欧洲花楸（瑞典花楸）	*Sorbus aucuparia*	European mountain ash (rowan)

艳丽花楸	*Sorbus decora*	northern mountain ash (showy mountain ash)
湖北花楸	*Sorbus hupehensis*	Hupeh mountain ash
百花花楸(花楸树)	*Sorbus pohuashanensis*	Pohuashan mountain ash
绣线菊属		
珍珠绣球(绣球绣线菊)	*Spiraea blumei*	Blume's spirea
杂种绣线菊	*Spiraea* ×*bumalda*	Bumaldus spirea (Japanese spirea)
麻叶绣线菊	*Spiraea cantoniensis*	double bridal-wreath (Reeves' spirea)
日本绣线菊(粉花绣线菊)	*Spiraea japonica*	Japanese spirea
笑靥花	*Spiraea prunifolia*	bridal-wreath
土庄花(柔毛绣线菊)	*Spiraea pubescens*	pubescent spirea
柳叶绣线菊(绣线菊)	*Spiraea salicifolia*	willow-leaf spirea
珍珠花(喷雪花)	*Spiraea thunbergii*	foam-of-May
三桠绣球(三桠绣线菊)	*Spiraea trilobata*	Asian meadowsweet (threelobe spirea)
菱叶绣线菊	*Spiraea* ×*vanhouttei*	bridal-wreath (van Houtte's spirea)
野珠兰属		
野珠兰(华空木、小米空木)	*Stephanandra chinensis*	Chinese stephanandra

含羞草科(Mimosaceae)

金合欢属		
大叶相思(耳荚相思)	*Acacia auriculiformis*	ear-pod wattle

相思树 （台湾相思）	*Acacia confusa* （*A. richii*）	small Philippine acacia （Taiwan acacia）
银荆树（鱼骨松）	*Acacia dealbata* （*A. decurrens* var. *dealbata*）	mimosa tree （silver wattle）
绿荆树	*Acacia decurrens*	early black wattle （green wattle）
金合欢（鸭皂树）	*Acacia farnesiana*	mealy wattle （sweet acacia）
马占相思	*Acacia mangium*	black wattle （hickory wattle）
黑荆树 （澳洲金合欢）	*Acacia mearnsii* （*A. decurrens* var. *mollis*）	late black wattle
海红豆属		
小果海红豆 （小果孔雀豆）	*Adenanthera microsperma* （*A. pavonina* var. *microsperma*）	bead tree （peacock tree）
合欢属		
南洋楹	*Albizia falcata* （*A. falcataria*； *Falcataria moluccana*）	Molucca albizia
合欢	*Albizia julibrissin*	Persian acacia （pink siris）
大叶合欢 （阔荚合欢）	*Albizia lebbeck*	siris tree （white siris）
朱缨花属		
红粉扑花	*Calliandra emarginata*	pink powderpuff
绵毛叶朱缨花 （艳红合欢）	*Calliandra eriophylla*	fairy duster （mock mesquite）
朱缨花（美蕊花）	*Calliandra haematocephala*	powderpuff
小朱缨花 （粉扑花）	*Calliandra surinamensis*	pink-and-white powderpuff

象耳豆属		
青皮象耳豆	*Enterolobium contortisiliquum*	pacara ear-pod tree
红皮象耳豆 (象耳豆)	*Enterolobium cyclocarpum*	ear-pod tree (elephant's ear)
银合欢属		
银合欢	*Leucaena leucocephala*	white leadtree (white popinac)
含羞草属		
含羞草	*Mimosa pudica*	sensitive plant (touch-me-not)
雨豆树属		
雨豆树(雨树)	*Samanea saman* (*Albizia saman*)	rain tree (saman tree)

苏木科(云实科)(Caesalpiniaceae)

缅茄属		
缅茄	*Afzelia xylocarpa*	pod mahogany
羊蹄甲属		
白花羊蹄甲	*Bauhinia acuminata*	white orchid-tree
红花羊蹄甲 (艳紫荆)	*Bauhinia* × *blakeana*	Hong Kong orchid-tree
橙红羊蹄甲 (南非羊蹄甲)	*Bauhinia galpinii* (*B. punctata*)	red orchid-tree
橙羊蹄甲藤 (素心花藤)	*Bauhinia kockiana*	red trailing bauhinia
紫羊蹄甲	*Bauhinia purpurea*	purple orchid-tree
黄花羊蹄甲	*Bauhinia tomentosa*	yellow orchid-tree
洋紫荆 (宫粉羊蹄甲)	*Bauhinia variegata*	variegated orchid-tree
云实属		
云实	*Caesalpinia decapetala* (*C. sepiaria*)	Mysore thorn

洋金凤(金凤花)	*Caesalpinia pulcherrima*	flower fence (peacock flower)
决明属		
翅果铁刀木(翅荚决明)	*Cassia alata*	Christmas senna (popcorn senna)
双荚黄槐(双荚决明)	*Cassia bicapsularis*	Christmas senna (winter cassia)
伞房决明	*Cassia corymbosa*	Argentina senna (common tree senna)
腊肠树(波斯皂荚)	*Cassia fistula*	golden shower tree
光叶决明	*Cassia floribunda* (*C. laevigata*)	golden showy cassia
粉花山扁豆	*Cassia grandis*	pink shower tree
爪哇决明(爪哇山扁豆)	*Cassia javanica*	apple-blossom cassia
节果决明	*Cassia nodosa*	pink-and-white shower tree
粉花决明	*Cassia roxburghii*	rose shower tree
铁刀木(黑心树)	*Cassia siamea*	Siamese senna
美丽山扁豆	*Cassia spectabilis*	yellow shower tree
黄槐(粉叶决明)	*Cassia surattensis*	glossy shower tree
紫荆属		
加拿大紫荆	*Cercis canadensis*	eastern redbud
紫荆(满条红)	*Cercis chinensis*	Chinese redbud
湖北紫荆(巨紫荆、云南紫荆)	*Cercis glabra* (*C. gigantea*; *C. yunnanensis*)	giant redbud (Yunnan redbud)
垂丝紫荆	*Cercis racemosa*	chain-flower redbud
南欧紫荆	*Cercis siliquastrum*	Judas tree
凤凰木属		
凤凰木	*Delonix regia*	peacock flower

格木属		
格木	*Erythrophleum fordii*	Ford's erythrophleum
皂荚属		
山皂荚	*Gleditsia japonica*	Japanese honey locust
皂荚(皂角)	*Gleditsia sinensis*	Chinese honey locust
美国皂荚	*Gleditsia triacanthos*	common honey locust
肥皂荚属		
肥皂荚	*Gymnocladus chinensis*	Chinese coffee tree
美国肥皂荚	*Gymnocladus dioicus*	Kentucky coffee tree
墨水树属		
墨水树	*Haematoxylum campechianum*	bloodwood tree (logwood; Campeche wood)
扁轴木属		
扁轴木	*Parkinsonia aculeata*	Jerusalem thorn
盾柱木属		
盾柱木(双翼豆)	*Peltophorum pterocarpum*	yellow flamboyant (yellow flame-tree)
银珠(油楠)	*Peltophorum tonkinense*	Vietnamese yellow flamboyant (Vietnamese yellow flame-tree)
无忧花属		
无忧花	*Saraca asoca* (*S. indica*)	Indian saraca (sorrowless tree)
中国无忧花	*Saraca dives* (*S. chinensis*)	Chinese saraca
罗望子属		
罗望子(酸豆)	*Tamarindus indica*	Tamarind tree
翅荚木属		
翅荚木(任豆)	*Zenia insignis*	common zenia

蝶形花科(Fabaceae; Leguminosae)

紫穗槐属		
紫穗槐	*Amorpha fruticosa*	bastard indigo

落花生属		
蔓花生(金花生)	*Arachis duranensis*	ground peanut
蓝靛属		
蓝靛	*Baptisia australis*	blue wild indigo (false indigo)
锦鸡儿属		
金雀梅	*Caragana frutex*	Russian pea shrub
柠条(毛条)	*Caragana korshinskii*	Korshinsky's pea shrub
小叶锦鸡儿	*Caragana microphylla*	little-leaf pea shrub
红花锦鸡儿(金雀儿)	*Caragana rosea*	rose pea shrub (rose peatree)
树锦鸡儿	*Caragana sibirica* (*C. arborescens*)	Siberian pea shrub
锦鸡儿	*Caragana sinica*	Chinese pea shrub
乌苏里锦鸡儿	*Caragana ussuriensis*	Ussurian pea shrub
栗豆树属		
栗豆树(绿元宝)	*Castanospermum australe*	Moreton Bay chestnut
香槐属		
黄香槐	*Cladrastis lutea*	American yellow-wood
翅荚香槐	*Cladrastis platycarpa*	Japanese yellow-wood
小花香槐	*Cladrastis sinensis*	Chinese yellow-wood
蝶豆属		
蝶豆	*Clitoria ternatea*	blue-pea (butterfly-pea)
鱼鳔槐属		
鱼鳔槐	*Colutea arborescens*	common bladder-senna
红花鱼鳔槐	*Colutea* ×*media*	orange bladder-senna
小冠花属		
多变小冠花	*Coronilla varia*	crown vetch
金雀花属		
金雀花	*Cytisus scoparius*	common broom (Scotch broom)

黄檀属		
降香黄檀	*Dalbergia odorifera*	fragrant rosewood
印度黄檀	*Dalbergia sissoo*	Indian rosewood
刺桐属		
珊瑚刺桐	*Erythrina* × *bidwillii*	Bidwill's coral-bean
龙牙花（珊瑚刺桐）	*Erythrina corallodendron*	common coral-bean
鸡冠刺桐	*Erythrina crista-galli*	cockspur coral-bean
象牙花	*Erythrina speciosa*	coral shrub
刺桐（象牙红）	*Erythrina variegata* (*E. indica*)	Indian coral-bean
染料木属		
染料木（金雀花）	*Genista tinctoria*	Dyer's broom (Dyer's greenweed)
盐豆木属		
盐豆木	*Halimodendron halodendron*	common salt tree (Russian salt tree)
木蓝属		
庭藤木蓝（庭藤）	*Indigofera decora*	Chinese indigo
花木蓝（吉氏木蓝）	*Indigofera kirilowii*	Kirilov's indigo
扁豆属		
扁豆	*Lablab purpureus*	hyacinth bean
金链花属		
金链花（毒豆）	*Laburnum anagyroides*	common laburnum (golden chain)
香豌豆属		
阔叶山黧豆（宿根香豌豆）	*Lathyrus latifolius*	perennial pea
香豌豆	*Lathyrus odoratus*	sweet pea
胡枝子属		
胡枝子	*Lespedeza bicolor*	shrub bush clover (shrub lespedeza)

中华垂花胡枝子	*Lespedeza thunbergii* ssp. *cathayana* (*L. penduliflora* ssp. *cathayana*)	Chinese bush clover
百脉根属		
百脉根	*Lotus corniculatus*	birdsfoot trefoil
羽扇豆属		
二色羽扇豆	*Lupinus hartwegii*	Hartweg's lupine
黄羽扇豆	*Lupinus luteus*	yellow lupine
多叶羽扇豆	*Lupinus polyphyllus*	garden lupine
马鞍树属		
朝鲜槐	*Maackia amurensis*	Amur maackia
马鞍树	*Maackia hupehensis*	Hupeh maackia
苜蓿属		
紫花苜蓿	*Medicago sativa*	alfalfa
鸡血藤属		
香花崖豆藤	*Millettia dielsiana*	Diels' evergreen wisteria
小叶鱼藤	*Millettia pulchra* var. *microphylla*	little-leaf evergreen wisteria
鸡血藤	*Millettia reticulata*	leather-leaf evergreen wisteria
黧豆属		
白花油麻藤（禾雀花）	*Mucuna birdwoodiana*	Birdwood's velvet bean
常春油麻藤	*Mucuna sempervirens*	evergreen velvet bean
红豆属		
花榈木	*Ormosia henryi*	bead tree (necklace tree)
海南红豆	*Ormosia pinnata*	Hainan bead tree (Hainan necklace tree)
菜豆属		
红花菜豆（荷包豆）	*Phaseolus coccineus*	scarlet runner bean

水黄皮属		
水黄皮	*Pongamia pinnata*	poonga-oil tree
紫檀属		
紫檀(印度紫檀)	*Pterocarpus indicus*	Burmese rosewood
小叶紫檀	*Pterocarpus santalinus*	red sandal-wood
刺槐属		
香花槐	*Robinia* ×*ambigua*	pink locust
毛刺槐(江南槐)	*Robinia hispida*	bristly locust (rose acacia)
刺槐	*Robinia pseudoacacia*	black locust (common locust)
田菁属		
大花田菁	*Sesbania grandiflora*	hummingbird tree (scarlet wisteria)
槐属		
白刺花	*Sophora davidii* (*S. viciifolia*)	David's mountain laurel (shrub pagoda tree)
槐树(国槐)	*Sophora japonica*	Chinese scholar-tree (Japanese pagoda tree)
四翅槐	*Sophora tetraptera*	four-wing sophora
鹰爪豆属		
鹰爪豆	*Spartium junceum*	Spanish broom
三叶草属		
杂三叶草(杂车轴草)	*Trifolium* ×*hybridum*	alsike clover (Swedish clover)
绛三叶草(绛车轴草)	*Trifolium incarnatum*	crimson clover
红三叶草(红车轴草)	*Trifolium pratense*	red clover
白三叶草(白车轴草)	*Trifolium repens*	white clover
豇豆属		
豇豆	*Vigna unguiculata*	cow pea

紫藤属

多花紫藤（日本紫藤）	*Wisteria floribunda*	Japanese wisteria
紫藤	*Wisteria sinensis*	Chinese wisteria
白花藤萝	*Wisteria venusta*	silky wisteria
藤萝	*Wisteria villosa*	villous wisteria

胡颓子科（Elaeagnaceae）

胡颓子属

佘山胡颓子（羊奶子）	*Elaeagnus argyi*	Argy's silverberry
沙枣（桂香柳）	*Elaeagnus angustifolia*	Russian olive (Russian silverberry)
杂种胡颓子	*Elaeagnus* ×*ebbingei*	Ebbinge's silverberry
木半夏	*Elaeagnus multiflora*	cherry silverberry
福建胡颓子	*Elaeagnus oldhamii*	Oldham's silverberry
胡颓子	*Elaeagnus pungens*	silverthorn (thorny olive)
秋胡颓子（牛奶子）	*Elaeagnus umbellata*	Japanese silverberry

沙棘属

沙棘（中国沙棘）	*Hippophaë rhamnoides* ssp. *sinensis*	Chinese sea buckthorn

山龙眼科（Proteaceae）

班克木属

羽叶班克木	*Banksia brownii*	feather-leaf banksia

银桦属

红花银桦	*Grevillea banksii*	red silky oak
银桦	*Grevillea robusta*	silky oak (silver oak)

哈克木属		
哈克木	*Hakea acicularis* (*H. sericea*)	needle-bush (silky hakea)
银树属		
银树(木百合)	*Leucadendron argenteum*	silver tree
针垫花属		
针垫花	*Leucospermum cordifolium*	pincushion protea
帝王花属		
蓟花帝王花	*Protea cynaroides*	king protea
榄叶帝王花	*Protea neriifolia*	oleander-leaf protea
泰洛帕属		
红火球帝王花(极美泰洛帕)	*Telopea speciosissima*	New South Wales waratah (waratah)

小二仙草科(Haloragaceae)

狐尾藻属		
狐尾藻	*Myriophyllum verticillatum*	whorl-leaf water-milfoil

千屈菜科(Lythraceae)

萼距花属		
紫萼距花(紫雪茄花)	*Cuphea articulata*	purple-flower cuphea
萼距花	*Cuphea hookeriana*	Hooker's cuphea
细叶萼距花(细叶雪茄花)	*Cuphea hyssopifolia*	false heather (Mexican heather)
雪茄花(萼距花)	*Cuphea ignea*	cigar flower
平卧萼距花(草紫薇)	*Cuphea procumbens*	procumbent cuphea
黄薇属		
黄薇	*Heimia myrtifolia*	shrubby yellowcrest (sinicuichi)
紫薇属		
多花紫薇	*Lagerstroemia floribunda*	Thai crape-myrtle

紫薇	*Lagerstroemia indica*	common crape-myrtle (Indian lilac)
大叶紫薇(大花紫薇)	*Lagerstroemia speciosa*	queen's crape-myrtle
南紫薇	*Lagerstroemia subcostata*	Chinese crape-myrtle
指甲花属		
散沫花(指甲花)	*Lawsonia inermis*	broad Egyptian privet (henna)
千屈菜属		
千屈菜	*Lythrum salicaria*	common loosestrife (purple loosestrife)
帚枝千屈菜	*Lythrum virgatum*	European wand loosestrife
虾子花属		
虾子花	*Woodfordia fruticosa*	fire-flame bush

瑞香科(Thymelaeaceae)

沉香属		
沉香	*Aquilaria sinensis*	incense tree
瑞香属		
尖瓣瑞香	*Daphne acutiloba*	sharp-lobed daphne
芫花	*Daphne genkwa*	lilac daphne
瑞香	*Daphne odora*	fragrant daphne (winter daphne)
甘肃瑞香	*Daphne tangutica*	Tangut daphne
结香属		
结香(三椏)	*Edgeworthia chrysantha*	oriental paperbush

桃金娘科(Myrtaceae)

红千层属		
橙花红千层(橘香红千层)	*Callistemon citrinus*	scarlet bottlebrush
杂种红千层	*Callistemon* ×*hybridus*	hybrid bottlebrush

红千层	*Callistemon rigidus*	stiff bottlebrush
柳叶红千层	*Callistemon salignus*	willow-leaf bottlebrush
美丽红千层	*Callistemon speciosus*	beautiful bottlebrush
垂枝红千层（串钱柳）	*Callistemon viminalis*	weeping bottlebrush
蜡花属		
蜡花（玉梅、西澳蜡花）	*Chamelaucium uncinatum*	Geraldton wax flower
水榕属		
水翁（水榕）	*Cleistocalyx operculatus* (*C. nervosum*)	lidded cleistocalyx
桉属		
赤桉	*Eucalyptus camaldulensis*	red gum
银桉	*Eucalyptus cinerea*	silver dollar tree
柠檬桉	*Eucalyptus citriodora*	lemon scented gum
窿缘桉	*Eucalyptus exserta*	Bendo eucalyptus (Queensland peppermint)
红花桉	*Eucalyptus ficifolia*	red flowering gum (scarlet flowering gum)
蓝桉	*Eucalyptus globulus*	blue gum
冈尼桉	*Eucalyptus gunnii*	cider gum (hardy silver gum)
直干蓝桉（美登桉）	*Eucalyptus maidenii*	Maiden's gum
大叶桉	*Eucalyptus robusta*	swamp manogany (swamp messmate)
柳叶桉	*Eucalyptus saligna*	Sydney blue gum
细叶桉	*Eucalyptus tereticornis*	forest red gum (grey gum)
尾叶桉	*Eucalyptus urophylla*	Timor mountain gum (Timor white gum)

番樱桃属		
番樱桃(红果仔)	*Eugenia uniflora*	Brazilian cherry (Surinam cherry)
菲油果属		
菲油果	*Feijoa sellowiana*	pineapple guava
松红梅属		
松红梅	*Leptospermum scoparium*	broom tea-tree
白千层属		
白千层	*Melaleuca quinquenervia*	paperbark tea tree
拟香桃木属		
拟香桃木(嘉宝果)	*Myrciaria cauliflora*	Brazilian grape tree
香桃木属		
香桃木(茂树)	*Myrtus communis*	common myrtle
番石榴属		
番石榴	*Psidium guajava*	apple guava (common guava)
桃金娘属		
桃金娘	*Rhodomyrtus tomentosa*	downy rose myrtle
蒲桃属		
海南蒲桃(乌墨)	*Syzygium cumini*	Java plum
台湾蒲桃(台湾赤楠)	*Syzygium formosanum*	Taiwan eugenia
蒲桃	*Syzygium jambos*	Malabar plum (rose apple)
黄金蒲桃	*Syzygium polyanthum* (*Eugenia polyantha*)	Indonesian bay-leaf
长红木(红心树)	*Syzygium rubrum* (*S. campanulatum*; *Eugenia myrtifolia*)	bush cherry
洋蒲桃(莲雾)	*Syzygium samarangense*	Java apple (wax apple)
红胶木属		
红胶木	*Tristania conferta*	brush box

石榴科(Punicaceae)

石榴属

石榴(安石榴)	*Punica granatum*	pomegranate

柳叶菜科(Onagraceae)

倒挂金钟属

倒挂金钟	*Fuchsia* ×*hybrida*	common fuchsia

山桃草属

山桃草	*Gaura lindheimeri* (*Oenothera lindheimeri*)	appleblossom grass

送春花属

送春花(古代稀)	*Godetia amoena* (*G. grandiflora*; *Clarkia amoena*)	satin flower

月见草属

月见草	*Oenothera biennis*	common evening primrose (evening star)
红萼月见草(黄花月见草)	*Oenothera glazioviana* (*O. erythrosepala*; *O. lamarckiana*)	red-sepal evening primrose
大果月见草(密苏里月见草)	*Oenothera missouriensis* (*O. macrocarpa*)	Missouri evening primrose
美丽月见草	*Oenothera speciosa* (*O. berlandieri*)	pink evening primrose
香待宵草	*Oenothera stricta* (*O. odorata*)	fragrant evening primrose
灌木月见草	*Oenothera tetragona* (*O. fruticosa*)	narrow-leaf evening primrose

野牡丹科(Melastomataceae)

酸脚杆属

台湾酸脚杆(台湾野牡丹藤)	*Medinilla formosana*	Taiwan medinilla

粉苞酸脚杆（宝莲灯）	*Medinilla magnifica*	rose grape (showy medinilla)
野牡丹属		
野牡丹	*Melastoma candidum*	Asian melastome
毛棯	*Melastoma sanguineum*	fox-tongued melastome (red melastome)
荣丛花属		
角茎野牡丹	*Tibouchina granulosa*	purple glory tree
巴西野牡丹（荣丛花、蒂牡花）	*Tibouchina urvilleana* (*T. semidecandra*)	glory bush (princess flower)

使君子科(Combretaceae)

使君子属		
使君子	*Quisqualis indica*	rangoon creeper
榄仁树属		
阿江榄仁树	*Terminalia arjuna*	arjun tree
菲律宾榄仁树	*Terminalia calamansanai*	Philippine almond
榄仁树	*Terminalia catappa*	Indian almond
小叶榄仁树（非洲榄仁树、雨伞树）	*Terminalia mantaly*	Madagascar almond (umbrella tree)
千果榄仁树	*Terminalia myriocarpa*	East Indian almond

蓝果树科(紫树科)(Nyssaceae)

喜树属		
喜树（千丈树）	*Camptotheca acuminata*	cancer tree (happy tree)
珙桐属		
珙桐（鸽子树）	*Davidia involucrata*	dove-tree (handkerchief tree)
紫树属		
蓝果树（紫树）	*Nyssa sinensis*	Chinese tupelo

多花紫树（北美紫树）	*Nyssa sylvatica*	black gum tupelo

山茱萸科(Cornaceae)

桃叶珊瑚属

桃叶珊瑚	*Aucuba chinensis*	Chinese aucuba
东瀛珊瑚(青木)	*Aucuba japonica*	Japanese laurel

梾木属

红瑞木	*Cornus alba* (*Swida alba*)	Tatarian dogwood
加拿大梾木	*Cornus canadensis*	bunchberry (creeping dogwood)
头状四照花	*Cornus capitata* (*Dendrobenthamia capitata*)	Bentham's cornel (Himalayan flowering dogwood)
灯台树(瑞木)	*Cornus controversa*	giant dogwood (table dogwood)
美国四照花	*Cornus florida* (*Dendrobenthamia florida*)	flowering dogwood
四照花	*Cornus kousa* var. *chinensis* (*Dendrobenthamia japonica* var. *chinensis*)	Chinese dogwood
欧洲山茱萸	*Cornus mas* (*Macrocarpium mas*)	cornelian cherry
山茱萸	*Cornus officinalis* (*Macrocarpium officinale*)	Japanese cornelian cherry
偃伏梾木	*Cornus stolonifera* (*C. sericea*)	red osier dogwood
毛梾木(车梁木)	*Cornus walteri* (*Swida walteri*)	Walter's dogwood
光皮梾木	*Cornus wilsoniana* (*Swida wilsoniana*)	Wilson's dogwood

卫矛科(Celastraceae)

南蛇藤属

南蛇藤	*Celastrus orbiculatus*	oriental bittersweet

卫矛属		
卫矛	*Euonymus alatus*	winged euonymus (winged spindle)
扶芳藤	*Euonymus fortunei*	winter creeper
大花卫矛	*Euonymus grandiflorus*	large-flower euonymus
冬青卫矛 (大叶黄杨)	*Euonymus japonicus*	evergreen spindle (evergreen euonymus)
胶东卫矛	*Euonymus kiautschovicus*	creeping strawberry bush (spreading euonymus)
丝棉木 (明开夜合)	*Euonymus maackii* (*E. bungeanus*)	winterberry euonymus
美登木属		
美登木	*Maytenus hookeri*	Hooker's mayten
冬青科(Aquifoliaceae)		
冬青属		
欧洲冬青	*Ilex aquifolium*	English holly (common holly)
密叶冬青	*Ilex* ×*attenuata*	hybrid holly
冬青	*Ilex chinensis* (*I. purpurea*)	kashi holly (purple-flower holly)
枸骨	*Ilex cornuta*	Chinese holly
钝齿冬青	*Ilex crenata*	Japanese holly
大叶冬青 (苦丁茶)	*Ilex latifolia*	luster-leaf holly
小果冬青	*Ilex micrococca*	small-fruit holly
美国冬青	*Ilex opaca*	American holly
铁冬青	*Ilex rotunda*	Lord's holly
落霜红	*Ilex serrata*	fine-tooth holly (Japanese winterberry)
浙江冬青 (温州冬青)	*Ilex zhejiangensis* (*I. wenchowensis*)	Zhejiang holly

黄杨科(Buxaceae)

黄杨属

雀舌黄杨 (匙叶黄杨)	*Buxus bodinieri*	Bodinier's box
华南黄杨	*Buxus harlandii*	Harland's box
小叶黄杨	*Buxus microphylla*	dwarf box
朝鲜黄杨	*Buxus microphylla* var. *koreana*	Korean box
锦熟黄杨	*Buxus sempervirens*	common box
黄杨(瓜子黄杨)	*Buxus sinica* (*B. microphylla* var. *sinica*)	Chinese box

富贵草属

富贵草 (顶花板凳果)	*Pachysandra terminalis*	Japanese pachysandra (Japanese spurge)

野扇花属

野扇花 (清香桂、冬桂)	*Sarcococca ruscifolia*	fragrant sweet box

大戟科(Euphorbiaceae)

铁苋属

红穗铁苋 (狗尾红)	*Acalypha hispida*	red-hot cat's-tail
红叶铁苋(红桑)	*Acalypha wilkesiana*	copper leaf

山麻杆属

山麻杆	*Alchornea davidii*	David's Christmas bush

石栗属

石栗	*Aleurites moluccana*	candle nut (Indian walnut)

五月茶属

五月茶	*Antidesma bunius*	Chinese laurel

重阳木属

秋枫	*Bischofia javanica* (*B. trifolia*)	bishop wood

重阳木	*Bischofia polycarpa*	Chinese bishop wood
黑面神属		
雪花木(山漆茎)	*Breynia disticha* (*B. nivosa*)	Hawaiian snow bush
小叶山漆茎(钝叶黑面神)	*Breynia retusa*	cup saucer plant
蝴蝶果属		
蝴蝶果	*Cleidiocarpon cavaleriei*	butterfly-fruit
变叶木属		
变叶木(洒金榕)	*Codiaeum variegatum*	garden croton (south sea laurel)
大戟属		
火殃勒	*Euphorbia antiquorum*	triangular spurge
肖黄栌(紫锦木)	*Euphorbia cotinifolia*	Mexican shrubby spurge (red euphorbia)
猫眼草(泽漆)	*Euphorbia helioscopia*	sun spurge
猩猩草	*Euphorbia heterophylla*	Mexican fireplant
冲天阁	*Euphorbia ingens*	candelabra tree
蛇皮掌	*Euphorbia lactea*	elkhorn (mottled spurge)
丝瓜掌	*Euphorbia mammillaris*	Indian corn cob
银边翠(高山积雪)	*Euphorbia marginata*	snow-on-the-mountain
铁海棠(麒麟阁)	*Euphorbia milii*	crown-of-thorns (Christ plant)
金刚纂	*Euphorbia neriifolia*	hedge euphorbia (Indian spurge tree)
布纹球	*Euphorbia obesa*	basketball plant
多色大戟	*Euphorbia polychroma*	cushion spurge
一品红(圣诞红)	*Euphorbia pulcherrima*	poinsettia
姬麒麟	*Euphorbia submammillaris*	nipple-like spurge
琉璃晃	*Euphorbia suzannae*	Suzanne's spurge

光棍树(绿珊瑚)	*Euphorbia tirucalli*	firestick plants (Indian tree spurge; milk bush; pensil tree)
彩云阁	*Euphorbia trigona*	African milk tree
海漆属		
红背桂(青紫木)	*Excoecaria cochinchinensis*	Chinese croton
麻疯树属		
麻疯树(羔桐)	*Jatropha curcas*	Barbados nut (purging nut)
细裂叶珊瑚桐	*Jatropha multifida*	coral plant
琴叶珊瑚(日日樱)	*Jatropha pandurifolia*	fiddlehead jatropha
佛肚树(玉树珊瑚)	*Jatropha podagrica*	bottleplant shrub (Buddha belly plant)
血桐属		
血桐	*Macaranga tanarius*	parasol-leaf tree
木薯属		
木薯	*Manihot esculenta*	cassava
红雀珊瑚属		
红雀珊瑚(龙凤木)	*Pedilanthus tithymaloides*	bird cactus (ribbon cactus)
叶下珠属		
锡兰叶下珠(瘤腺叶下珠)	*Phyllanthus myrtifolius*	mouse-tail shrub
蓖麻属		
蓖麻	*Ricinus communis*	castor bean (castor-oil plant)
乌桕属		
白乳木(白木乌桕)	*Sapium japonicum*	Japanese tallow tree
乌桕	*Sapium sebiferum*	Chinese tallow tree

油桐属

油桐	*Vernicia fordii* (*Aleurites fordii*)	tung-oil tree
木油桐(千年桐)	*Vernicia montana* (*Aleurites montana*)	mu-oil tree

鼠李科(Rhamnaceae)

美洲茶属

美洲茶	*Ceanothus americanus*	New Jersey tea

马甲子属

马甲子(铁篱笆)	*Paliurus ramosissimus*	thorny wingnut
滨枣	*Paliurus spina-christi*	Christ thorn

雀梅藤属

雀梅藤(对节刺)	*Sageretia thea*	Chinese sweetplum (pauper's-tea)

枣属

枣	*Ziziphus jujuba*	Chinese date

火筒树科(Leeaceae)

火筒树属

台湾火筒树	*Leea guineensis*	Manila leea

葡萄科(Vitaceae)

蛇葡萄属

乌头叶蛇葡萄	*Ampelopsis aconitifolia*	monkshood vine
白蔹	*Ampelopsis japonica*	Japanese peppervine

粉藤属

栎叶粉藤(菱叶粉藤)	*Cissus rhombifolia*	grape ivy (oak-leaf ivy)
花叶粉藤(青紫葛)	*Cissus javana* (*C. discolor*)	rex begonia vine

地锦属

异叶地锦(异叶爬山虎)	*Parthenocissus dalzielii*	Dalziel's creeper

花叶地锦 (川鄂爬山虎)	*Parthenocissus henryana*	Chinese Virginia creeper (silvervein creeper)
美国地锦 (美国爬山虎)	*Parthenocissus quinquefolia*	Virginia creeper (woodbine)
地锦(爬山虎)	*Parthenocissus tricuspidata*	Japanese creeper
葡萄属		
山葡萄	*Vitis amurensis*	Amur grape
葡萄	*Vitis vinifera*	common grape

亚麻科(Linaceae)

亚麻属		
黄亚麻	*Linum flavum*	golden flax
花亚麻	*Linum grandiflorum*	large-flower flax
宿根亚麻 (蓝亚麻)	*Linum perenne*	perennial flax
石海椒属		
石海椒(迎春柳)	*Reinwardtia indica*	Indian yellow flax
青篱柴属		
青篱柴	*Tirpitzia sinensis*	Chinese tirpitzia

金虎尾科(Malpighiaceae)

金虎尾属		
金虎尾 (刺叶金虎尾)	*Malpighia coccigera*	miniature holly
大果金虎尾 (西印度樱桃)	*Malpighia glabra*	Barbados cherry (West Indian cherry)
金英树属		
金英树	*Thryallis glauca* (*Galphimia glauca*)	gold shower

省沽油科(Staphyleaceae)

野鸦椿属		
野鸦椿	*Euscaphis japonica*	sweetheart tree

省沽油属		
省沽油	*Staphylea holocarpa*	bladdernut
银鹊树属		
银鹊树(瘿椒树)	*Tapiscia sinensis*	Chinese false pistache

无患子科(Sapindaceae)

风船葛属		
风船葛	*Cardiospermum halicacabum*	balloon vine
龙眼属		
龙眼(桂圆)	*Dimocarpus longan*	longan
栾树属		
复羽叶栾树	*Koelreuteria bipinnata*	southern golden-rain tree
全缘叶栾树(山膀胱)	*Koelreuteria bipinnata* var. *integrifolia* (*K. integrifolia*)	entire-leaf golden-rain tree
台湾栾树(苦苓舅)	*Koelreuteria henryi* (*K. elegans* ssp. *formosana*)	Taiwan golden-rain tree
栾树	*Koelreuteria paniculata*	panicled golden-rain tree
荔枝属		
荔枝	*Litchi chinensis*	lychee
无患子属		
无患子	*Sapindus mukorossi*	Chinese soapberry
文冠果属		
文冠果	*Xanthoceras sorbifolia*	yellowhorn

七叶树科(Hippocastanaceae)

七叶树属		
杂种七叶树(红花七叶树)	*Aesculus* ×*carnea*	red horse-chestnut
七叶树(梭罗树)	*Aesculus chinensis*	Chinese horse-chestnut
天师栗(猴板栗)	*Aesculus chinensis* var. *wilsonii* (*A. wilsonii*)	Wilson's horse-chestnut

欧洲七叶树	*Aesculus hippocastanum*	common horse-chestnut
红花七叶树	*Aesculus pavia*	firecracker plant (red buckeye)
日本七叶树	*Aesculus turbinata*	Japanese horse-chestnut

槭树科(Aceraceae)

槭属

三角槭(三角枫)	*Acer buergerianum*	trident maple
栓皮槭	*Acer campestre*	field maple
梓叶槭(梓叶枫)	*Acer catalpifolium* (*A. amplum* ssp. *catalpifolium*)	catalpla maple
樟叶槭(樟叶枫)	*Acer coriaceifolium* (*A. cinnamomifolium*)	southern maple (Yunnan maple)
青榨槭(青榨枫)	*Acer davidii*	David's maple
罗浮槭(红翅槭)	*Acer fabri*	Faber's maple
自由人槭	*Acer* ×*freemanii*	Freeman maple
血皮槭(血皮枫)	*Acer griseum*	paperbark maple
三叶槭(建始槭)	*Acer henryi*	Henry's maple
日本槭(舞扇槭)	*Acer japonicum*	full moon maple
白牛槭(东北槭)	*Acer mandshuricum*	Manchurian maple
复叶槭(羽叶槭)	*Acer negundo*	ash-leaf maple
鸡爪槭(鸡爪枫)	*Acer palmatum*	Japanese maple
五角枫(色木槭)	*Acer pictum* ssp. *mono* (*A. mono*)	painted maple
挪威槭	*Acer platanoides*	Norway maple
欧亚槭	*Acer pseudoplatanus*	planetree maple (Sycamore maple)
红花槭(美国红槭)	*Acer rubrum*	red maple (swamp maple)
银白槭	*Acer saccharinum*	silver maple

糖槭	*Acer saccharum*	sugar maple
青枫 (台湾五角枫)	*Acer serrulatum*	Taiwan maple
中华槭(中华枫)	*Acer sinense*	Chinese maple
茶条槭(茶条枫)	*Acer tataricum* ssp. *ginnala* (*A. ginnala*)	Amur maple
拧筋槭(三花槭)	*Acer triflorum*	rough-barked maple
元宝枫(平基槭)	*Acer truncatum*	purpleblow maple (Shandong maple)
三峡槭(三峡枫)	*Acer wilsonii*	Wilson's maple

橄榄科(Burseraceae)

橄榄属

橄榄(白榄)	*Canarium album*	white Canary-tree (white Chinese olive)

漆树科(Anacardiaceae)

南酸枣属

南酸枣(五眼果)	*Choerospondias axillaris*	Nepali hog plum

黄栌属

欧洲黄栌	*Cotinus coggygria*	common smoketree
黄栌	*Cotinus coggygria* var. *cinerea*	ash-coloured smoketree

人面子属

人面子(银棯)	*Dracontomelon duperreanum*	Indochina dragon-plum

杧果属

杧果(芒果)	*Mangifera indica*	common mango
扁桃	*Mangifera persiciformis*	peach-form mango

黄连木属

黄连木(楷木)	*Pistacia chinensis*	Chinese pistache
阿月浑子	*Pistacia vera*	pistachio
清香木	*Pistacia weinmanniifolia*	Yunnan pistache

盐肤木属		
盐肤木	*Rhus chinensis*	Chinese sumac (nutgall tree)
火炬树(鹿角漆)	*Rhus typhina*	stag's-horn sumac
肉托果属		
台东漆(大果漆)	*Semecarpus longifolius* (*S. gigantifolius*)	large-leaf marking-nut tree

苦木科(Simaroubaceae)

臭椿属		
臭椿	*Ailanthus altissima*	tree-of-heaven

楝科(Meliaceae)

米兰属		
四季米兰	*Aglaia duperreana*	Duperré's perfume tree
米兰(树兰)	*Aglaia odorata*	Chinese perfume tree
山楝属		
大叶山楝	*Aphanamixis grandifolia*	large-leaf aphanamixis
洋椿属		
南美香椿	*Cedrela odorata*	cigarbox wood (red cedar)
麻楝属		
麻楝	*Chukrasia tabularis* (*C. velutina*)	Burmese almondwood (Indian mahogany)
非洲楝属		
非洲楝(非洲桃花心木)	*Khaya senegalensis*	khaya (Senegal mahogany)
楝属		
苦楝(楝树)	*Melia azedarach*	bead tree (Persian lilac)
川楝	*Melia toosendan*	Szechuan Chinaberry
桃花心木属		
大叶桃花心木	*Swietenia macrophylla*	Honduras mahogany

桃花心木	*Swietenia mahagoni*	West Indian mahogany
香椿属		
香椿	*Toona sinensis* (*Cedrela sinensis*)	Chinese cedar
芸香科(Rutaceae)		
酒饼簕属		
酒饼簕(东风橘)	*Atalantia buxifolia*	box-leaf atalantia
墨西哥橘属		
墨西哥橘	*Choisya ternata*	Mexican orange
柑橘属		
酸橙 (代代花、甜橙、橙)	*Citrus* ×*aurantium* (*Citrus* ×*amara*; *C.* ×*sinensis*)	bitter orange (daidaihua; sweet orange)
金柑(金橘、 金豆、月月橘)	*Citrus japonica* (*Fortunella crassifolia*; *F. japonica*; *F. margarita*; *F. obovata*; *F. venosa*)	oval kumquat (round kumquat; sweet kumquat)
柠檬	*Citrus* ×*limon*	lemon
柚	*Citrus maxima* (*C. grandis*)	pomelo
香橼(枸橼)	*Citrus medica*	citron
四季橘	*Citrus* ×*microcarpa* (*C.* ×*madurensis*; *C.* ×*mitis*)	calamondin (golden lime)
柑橘	*Citrus reticulata*	Mandarin orange
枳(枸橘)	*Citrus trifoliata* (*Poncirus trifoliata*)	bitter orange (hardy orange)
白鲜属		
白鲜	*Dictamnus albus*	burning bush (gas plant)
九里香属		
九里香	*Murraya exotica*	orange jasmine

黄檗属		
黄檗(黄波罗)	*Phellodendron amurense*	Amur cork tree
榆橘属		
榆橘	*Ptelea trifoliata*	common hoptree (water-ash)
芸香属		
芸香	*Ruta graveolens*	common rue
茵芋属		
日本茵芋	*Skimmia japonica*	Japanese skimmia
茵芋	*Skimmia reevesiana*	Reeves skimmia
四数花属		
臭檀(北吴茱萸)	*Tetradium daniellii* (*Evodia daniellii*)	bee bee tree (Korean evodia)
楝叶吴萸	*Tetradium glabrifolium* (*Evodia glabrifolia*; *E. meliifolia*)	dyebark evodia
花椒属		
胡椒木	*Zanthoxylum piperitum*	Japanese pepper (Japanese prickly-ash)

酢浆草科(Oxalidaceae)

阳桃属		
阳桃(杨桃、洋桃、五敛子)	*Averrhoa carambola*	carambola (starfruit)
酢浆草属		
大花酢浆草	*Oxalis bowiei*	Bowie's wood-sorrel (Cape shamrock)
酢浆草	*Oxalis corniculata*	creeping wood-sorrel (yellow-sorrel)
多花酢浆草 (紫花酢浆草)	*Oxalis corymbosa* (*O. martiana*)	pink shamrock
黄花酢浆草	*Oxalis pes-caprae*	African wood-sorrel (Cape sorrel)

红花酢浆草	*Oxalis rubra* (*O. articulata*)	pink-sorrel (windowbox wood-sorrel)
三角紫叶酢浆草	*Oxalis triangularis*	false shamrock (purple shamrock)

牻牛儿苗科(Geraniaceae)

老鹳草属

剑桥老鹳草	*Geranium* ×*cantabrigiense*	Cambridge cranesbill
克氏老鹳草	*Geranium clarkei*	Clarke's cranesbill
喜马拉雅老鹳草	*Geranium himalayense*	Himalayan cranesbill (lilac cranesbill)
斑纹老鹳草	*Geranium maculatum*	spotted cranesbill
雄伟老鹳草	*Geranium* ×*magnificum*	showy cranesbill
草原老鹳草	*Geranium pratensis*	meadow cranesbill
血红老鹳草(红花老鹳草)	*Geranium sanguineum*	bloody cranesbill

天竺葵属

皱叶天竺葵	*Pelargonium crispum*	lemon-scented geranium
天竺葵	*Pelargonium* ×*hortorum*	common geranium (garden geranium)
盾叶天竺葵	*Pelargonium peltatum*	ivy-leaf geranium
大花天竺葵	*Pelargonium grandiflorum* (*P. domesticum*; *P.* ×*regale*)	fancy geranium (French geranium; regal geranium; show geranium)
蹄纹天竺葵	*Pelargonium zonale*	horse-shoe geranium

旱金莲科(Tropaeolaceae)

旱金莲属

旱金莲	*Tropaeolum majus*	garden nasturtium
小旱金莲	*Tropaeolum minus*	dwarf nasturtium

凤仙花科(Balsaminaceae)

凤仙花属

凤仙花(指甲花)	*Impatiens balsamina*	garden balsam

新几内亚凤仙	*Impatiens hawkeri* (*I.* New Guinea Group)	New Guinea impatiens
非洲凤仙	*Impatiens walleriana* (*I. holstii*, *I. sultanii*)	busy Lizzy impatiens

五加科(Araliaceae)

楤木属		
楤木	*Aralia chinensis*	Chinese angelica tree
辽东楤木 (龙牙楤木)	*Aralia elata*	Japanese angelica tree
熊掌木属		
熊掌木	×*Fatshedera lizei*	aralia ivy (tree ivy)
八角金盘属		
八角金盘	*Fatsia japonica*	Japanese fatsia
常春藤属		
加那利常春藤	*Hedera canariensis*	Algerian ivy
洋常春藤	*Hedera helix*	English ivy
中华常春藤	*Hedera nepalensis* var. *sinensis*	Chinese ivy
菱叶常春藤	*Hedera rhombea*	Japanese ivy
幌伞枫属		
幌伞枫(富贵树)	*Heteropanax fragrans*	fragrant heteropanax
刺楸属		
刺楸	*Kalopanax septemlobus*	prickly castor oil tree
南洋森属		
圆叶南洋森	*Polyscias balfouriana*	Balfour's aralia (dinner plate aralia)
线叶南洋森	*Polyscias filicifolia*	fern-leaf aralia
复羽叶南洋森	*Polyscias fruticosa*	Ming aralia
南洋森(福禄桐)	*Polyscias guilfoylei*	geranium-leaf aralia (wild coffee)
鹅掌柴属		
澳洲鸭脚木	*Schefflera actinophlla* (*Brassaia actinophylla*)	Queensland umbrella tree

鹅掌藤	*Schefflera arboricola*	dwarf umbrella tree
穗序鹅掌柴	*Schefflera delavayi*	Delavay's umbrella tree
孔雀木	*Schefflera elegantissima* (*Dizygotheca elegantissima*)	false aralia (finger aralia)
鹅掌柴	*Schefflera heptaphylla* (*S. octophylla*)	ivy tree
手树	*Schefflera veitchii* (*Dizygotheca veitchii*)	thread-leaf false aralia
通脱木属		
通脱木(通草)	*Tetrapanax papyrifer*	rice-paper plant
刺通草属		
刺通草	*Trevesia palmata*	snowflake aralia (snowflake plant)

伞形科(Apiaceae; Umbelliferae)

羊角芹属		
羊角芹	*Aegopodium podagraria*	bishop's goutweed (ground-elder)
阿米芹属		
大阿米芹	*Ammi majus*	bishop's weed (bullwort)
阿米芹	*Ammi visnaga*	bishop's weed (toothpick-plant)
莳萝属		
莳萝	*Anethum graveolens*	dill
星芹属		
大星芹	*Astrantia major*	black masterwort (great masterwort)
柴胡属		
圆叶柴胡	*Bupleurum rotundifolium*	round-leaf hare's ear (thoroughwax)

刺芹属		
高山刺芹	*Eryngium alpinum*	alpine sea holly (queen-of-the-Alps)
刺芹	*Eryngium leavenworthii*	Leavenworth's eryngo
扇叶刺芹	*Eryngium planum*	flat-leaf eryngo (tall eryngo)
茴香属		
茴香	*Foeniculum vulgare*	sweet fennel
天胡荽属		
天胡荽	*Hydrocotyle sibthorpioides*	lawn pennywort
饰带花属		
蓝饰带花(翠珠花)	*Trachymene coerulea*	blue lace flower

马钱科(Loganiaceae)

灰莉属		
灰莉	*Fagraea ceilanica*	perfume flower tree

龙胆科(Gentianaceae)

草原龙胆属		
草原龙胆(洋桔梗)	*Eustoma grandiflorum* (*E. russelianum*)	lisianthus (prairie gentian)
藻百年属		
藻百年(爱克花)	*Exacum affine*	Persian violet
莕菜属		
莕菜(荇菜)	*Nymphoides peltata*	fringed waterlily (yellow floating hearts)

夹竹桃科(Apocynaceae)

沙漠玫瑰属		
沙漠玫瑰	*Adenium obesum*	desert rose
黄蝉属		
紫蝉	*Allamanda blanchetii*	purple allamanda (violet allamanda)

软枝黄蝉	*Allamanda cathartica*	common allamanda (golden trumpet)
黄蝉	*Allamanda schottii* (*A. neriifolia*)	bushy allamanda (shrub allamanda)
鸡骨常山属		
盆架树	*Alstonia rostrata* (*Winchia calophylla*)	pretty-leaf winchia
黑板树(糖胶树)	*Alstonia scholaris*	devil's tree
罗布麻属		
罗布麻	*Apocynum venetum*	prairie dogbane (Indian hemp)
清明花属		
清明花	*Beaumontia grandiflora*	Easter lily vine (Herald's trumpet)
假虎刺属		
刺黄果 (瓜子金、假虎刺)	*Carissa congesta* (*C. carandas*)	karanda
大花假虎刺	*Carissa macrocarpa* (*C. grandiflora*)	natal plum
长春花属		
长春花	*Catharanthus roseus* (*Vinca rosea*)	vinca
海杧果属		
海杧果(海檬果)	*Cerbera manghas*	pink-eyed pong (pong tree; sea mongo)
文藤属		
飘香藤(红皱藤)	*Mandevilla* ×*amabilis*	Chilean jasmine (lovely mandevilla)
红蝉(双腺花)	*Mandevilla sanderi*	Brazilian jasmine (Sander's mandevilla)
夹竹桃属		
夹竹桃	*Nerium oleander* (*N. indicum*)	common oleander (sweet-scented oleander)

棒槌树属		
非洲霸王树（棒槌树、长茎瓶干树）	*Pachypodium lamerei*	Madagascar palm
吉氏棒槌树（非洲霸王树）	*Pachypodium geayi*	Madagascar palm
鸡蛋花属		
鸡蛋花（红鸡蛋花）	*Plumeria rubra*	pagoda tree (red jasmine)
狗牙花属		
单瓣狗牙花（单瓣马茶花）	*Tabernaemontana divaricata* (*Ervatamia divaricata*)	crape jasmine
南洋马茶花	*Tabernaemontana pandacaqui* (*Ervatamia pandacaqui*)	banana bush
黄花夹竹桃属		
黄花夹竹桃	*Thevetia peruviana*	yellow oleander
络石属		
亚洲络石	*Trachelospermum asiaticum* (*T. divaricatum*)	Asian star jasmine
络石	*Trachelospermum jasminoides*	confederate jasmine (star jasmine)
蔓长春花属		
蔓长春花	*Vinca major*	large periwinkle
小蔓长春花	*Vinca minor*	common periwinkle
倒吊笔属		
无冠倒吊笔（水茉莉、水梅）	*Wrightia religiosa*	water jasmine (wild water plum)

萝藦科(Asclepiadaceae)

马利筋属		
马利筋	*Asclepias curassavica*	blood-flower milkweed
块根马利筋	*Asclepias tuberosa*	butterfly weed

水牛掌属		
龙角	*Caralluma burchardii*	Burchard's caralluma
红尖牛角	*Caralluma europaea*	European caralluma
水牛掌(水牛角)	*Caralluma nebrownii*	Brown's caralluma
吊金钱属		
吊金钱	*Ceropegia woodii*	rosary vine (string of hearts)
眼树莲属		
青蛙藤(绿元宝)	*Dischidia pectinoides* (*D. vidalii*)	ant plant (kangaroo pocket)
钉头果属		
钉头果(唐棉)	*Gomphocarpus fruticosus* (*Asclepias fruticosa*)	milk bush
钝钉头果(气球果)	*Gomphocarpus physocarpus* (*Asclepias physocarpa*)	balloon cottonbush
球兰属		
球兰(樱花葛)	*Hoya carnosa*	waxplant
心叶球兰	*Hoya kerri*	sweetheart hoya (Valentine hoya)
豹皮花属		
红棕犀角	*Stapelia flavirostris*	carrion flower
王犀角(大豹皮花)	*Stapelia gigantea*	carrion flower (starfish flower)
大花犀角	*Stapelia grandiflora*	carrion flower (starfish flower)
犀角	*Stapelia hirsuta*	carrion flower
牛角(国章、姬牛角)	*Stapelia variegata* (*Orbea variegata*)	star-flower (starfish cactus; toad cactus)
黑鳗藤属		
蜡花黑鳗藤(多花黑鳗藤)	*Stephanotis floribunda*	Madagascar jasmine (wax flower)

夜来香属

夜来香	*Telosma cordata*	pakalana vine

茄科(Solanaceae)

蓝英花属

蓝英花 (布落华丽)	*Browallia speciosa*	American bush violet (sapphire flower)

曼陀罗木属

曼陀罗木 (木本曼陀罗)	*Brugmansia arborea* (*Datura arborea*)	angel's trumpet (tree datura)
黄花曼陀罗木	*Brugmansia aurea* (*Datura aurea*)	golden angel's trumpet
杂种曼陀罗木	*Brugmansia* ×*candida* (*Datura* ×*candida*)	angel's trumpet
大花曼陀罗木	*Brugmansia suaveolens* (*Datura suaveolens*)	angel's tears (pink angel's trumpet)

鸳鸯茉莉属

鸳鸯茉莉 (二色茉莉)	*Brunfelsia latifolia*	broad-leaf raintree
大花鸳鸯茉莉	*Brunfelsia pauciflora* (*B. calycina*)	yesterday-today-and-tomorrow
番茉莉	*Brunfelsia uniflora* (*B. hopeana*)	manaca (morning noon-and-night)

舞春花属

舞春花	*Calibrachoa procumbens* (*C. parviflora*)	seaside petunia (wild petunia)

辣椒属

辣椒(五色椒)	*Capsicum annuum* (*C. frutescens*)	Chile pepper (red pepper; sweet pepper)

夜香树属

黄花夜香树 (黄瓶儿花)	*Cestrum aurantiacum*	orange cestrum (orange jasmine)

毛茎夜香树 (紫瓶儿花)	*Cestrum elegans* (*C. purpureum*)	purple cestrum (red cestrum)
夜丁香(夜香树)	*Cestrum nocturnum*	night-scented jasmine
曼陀罗属		
洋金花 (毛曼陀罗)	*Datura metel*	devil's trumpet (horn-of-plenty)
曼陀罗(闹羊花)	*Datura stramonium* (*D. inermis*)	devil's trumpet (Jimson weed)
枸杞属		
宁夏枸杞	*Lycium barbarum*	Barbary wolfberry
枸杞	*Lycium chinense*	Chinese tea-plant (Chinese wolfberry)
番茄属		
番茄(西红柿)	*Lycopersicon esculentum*	tomato
烟草属		
花烟草	*Nicotiana alata*	sweet tabacco
红花烟草	*Nicotiana* ×*sanderae*	red tabacco
赛亚麻属		
赛亚麻(银杯花)	*Nierembergia frutescens*	tall cupflower
碧冬茄属		
矮牵牛(碧冬茄)	*Petunia* ×*hybrida* (*P. grandiflora*; *P. miniflora*; *P. multiflora*)	petunia
酸浆属		
酸浆	*Physalis alkekengi*	Japanese-lantern (strawberry ground-cherry)
智利喇叭花属		
智利喇叭花 (美人襟)	*Salpiglossis sinuata*	painted tongue (velvet flower)
蛾蝶花属		
蛾蝶花	*Schizanthus pinnatus*	poorman's orchid
杂种蛾蝶花	*Schizanthus* ×*wisetonensis*	Wiseton butterfly flower

金杯藤属		
金杯花(金杯藤)	*Solandra maxima* (*S. nitida*)	cup of gold vine
茄属		
乳茄	*Solanum mammosum*	cow's udder (nipple fruit)
冬珊瑚(玉珊瑚)	*Solanum pseudocapsicum* (*S. capsicastrum*)	Christmas cherry (Jerusalem cherry)

旋花科(Convolvulaceae)

打碗花属		
柔毛打碗花 (缠枝牡丹)	*Calystegia pubescens* (*C. dahurica* f. *anestia*)	downy calystegia (Japanese bindweed)
旋花属		
三色旋花	*Convolvulus tricolor*	dwarf morning-glory
马蹄金属		
银灰马蹄金	*Dichondra argentea*	kidney weed
马蹄金	*Dichondra repens*	kidney weed
土丁桂属		
蓝星花	*Evolvulus nuttallianus*	Hawaiian blue-eyes (shaggy dwarf morning-glory)
番薯属		
月光花	*Ipomoea aculeata* (*Calonyction aculeatum*)	large moonflower
番薯(甘薯)	*Ipomoea batatas*	sweet potato
圆叶茑萝 (橙红茑萝)	*Ipomoea coccinea* (*Quamoclit coccinea*)	orange morning-glory (scarlet star-glory)
裂叶牵牛花	*Ipomoea hederacea* (*Pharbitis hederacea*)	ivy-leaf morning-glory
大花牵牛花 (牵牛花)	*Ipomoea nil* (*Pharbitis nil*)	ivy morning-glory (Japanese morning-glory; picotee morning-glory)

圆叶牵牛花	*Ipomoea purpurea* (*Pharbitis purpurea*)	common morning-glory
羽叶茑萝	*Ipomoea quamoclit* (*Quamoclit pennata*)	cardinal creeper (cypress-vine; star glory)
槭叶茑萝 (掌叶茑萝)	*Ipomoea* ×*sloteri* (*Quamoclit* ×*sloteri*)	cardinal climber (cardinal star-glory)

花荵科(Polemoniaceae)

电灯花属

电灯花	*Cobaea scandens*	purplebell cobaea

吉利花属

三色吉利花	*Gilia tricolor*	bird's eyes

福禄考属

厚叶福禄考	*Phlox carolina*	thick-leaf phlox
穗花福禄考	*Phlox divaricata* (*P. canadensis*)	wild blue phlox
福禄考	*Phlox drummondii*	annual phlox (Drummond's phlox)
斑茎福禄考	*Phlox maculata*	meadow phlox (spotted phlox)
宿根福禄考 (天蓝绣球)	*Phlox paniculata*	garden phlox (summer phlox)
针叶福禄考 (丛生福禄考)	*Phlox subulata*	moss phlox (moss pink)

花荵属

花荵	*Polemonium caeruleum*	Jacob's-ladder
簇生花荵	*Polemonium reptans*	Greek valerian

田基麻科(Hydrophyllaceae)

幌菊属

幌菊(喜林草)	*Nemophila menziesii* (*N. insignis*)	baby blue-eyes

紫草科(Boraginaceae)

牛舌草属

牛舌草 （意大利牛舌草）	*Anchusa azurea* （*A. italica*）	Italian bugloss
药用牛舌草	*Anchusa officinalis*	common bugloss

心叶牛舌草属

心叶牛舌草	*Brunnera macrophylla*	great forgive-me-not (Siberian bugloss)

福建茶属

福建茶(基及树)	*Carmona microphylla* (*Ehretia microphylla*)	Fukien tea

蓝蓟属

蓝蓟	*Echium vulgare*	common viper's bugloss

厚壳树属

厚壳树	*Ehretia acuminata*	Koda tree

勿忘草属

高山勿忘草	*Myosotis alpestris*	alpine forget-me-not
勿忘草	*Myosotis sylvatica*	woodland forget-me-not

肺草属

狭叶肺草	*Pulmonaria angustifolia*	blue lungwort
肺草	*Pulmonaria saccharata*	Jerusalem sage (lungwort)

紫丹属

银毛树(白水木)	*Tournefortia argentea*	tree heliotrope

马鞭草科(Verbenaceae)

紫珠属

珍珠枫	*Callicarpa bodinieri*	Bodinier's beautyberry
小紫珠 (白棠子树)	*Callicarpa dichotoma*	purple beautyberry
台湾紫珠 (杜虹花)	*Callicarpa formosana*	Taiwan beautyberry
紫珠	*Callicarpa japonica*	Japanese beautyberry

莸属		
杂种莸 (克莱顿莸)	*Caryopteris* ×*clandonensis*	bluebeard (blue-mist shrub)
莸(兰香草)	*Caryopteris incana*	common bluebeard
大青属		
臭牡丹	*Clerodendrum bungei*	rose glory-bower
爪哇大青 (化石树)	*Clerodendrum calamitosum*	white butterfly bush
臭茉莉	*Clerodendrum chinense* (*C. fragrans*)	Chinese glory-bower
苦郎树(苦林盘)	*Clerodendrum inerme*	unarmed glory-bower
赪桐(百日红)	*Clerodendrum japonicum*	Japanese glory-bower
塔形赪桐 (圆锥大青)	*Clerodendrum paniculatum*	pagoda flower
烟火树	*Clerodendrum quadriloculare*	starburst bush (shooting star)
美丽赪桐	*Clerodendrum speciosissimum*	flaming glory-bower (giant salvia)
红花龙吐珠	*Clerodendrum splendens*	flaming glory-bower (pagoda flower)
龙吐珠 (白萼赪桐)	*Clerodendrum thomsoniae*	bleeding glory-bower (bleeding heart vine)
海州常山	*Clerodendrum trichotomum*	Harlequin glory-bower
蝶花大青 (乌干达赪桐)	*Clerodendrum ugandense*	blue butterfly bush
垂茉莉	*Clerodendrum wallichii*	Wallich's glory-bower
假连翘属		
假连翘(金露花)	*Duranta erecta*(*D. repens*)	golden dewdrop (pigeon berry)
美女樱属		
柳叶马鞭草 (南美马鞭草)	*Glandularia bonariensis* (*Verbena bonariensis*)	Argentina vervain (purpletop vervain)

加拿大美女樱	*Glandularia canadensis* (*Verbena canadensis*)	rose mock vervain
美女樱	*Glandularia* ×*hybrida* (*Verbena* ×*hybrida*; *V.* ×*speciosa*)	garden vervain (trailing vervain)
直立美女樱	*Glandularia rigida* (*Verbena rigida*)	slender vervain
细叶美女樱	*Glandularia tenera* (*Verbena tenera*)	Latin American mock vervain
细裂美女樱	*Glandularia pulchella* (*Verbena tenuisecta*; *Verbena pulchella*)	South American mock vervain
石梓属		
云南石梓	*Gmelina arborea*	Malay bushbeech
冬红属		
冬红(帽子花)	*Holmskioldia sanguinea*	Chinese hat-plant
马缨丹属		
马缨丹	*Lantana camara*	common lantana
小叶马缨丹(蔓马缨丹)	*Lantana montevidensis*	trailing lantana
蓝花藤属		
蓝花藤(紫霞藤)	*Petrea volubilis*	purple wreath
豆腐柴属		
豆腐柴	*Premna microphylla*	Japanese neem tree (musk maple)
臭娘子(牛骨仔树、钝叶臭黄荆)	*Premna obtusifolia* (*P. serratifolia*)	false elder (headache tree)
柚木属		
柚木	*Tectona grandis*	teak tree
牡荆属		
黄荆	*Vitex negundo*	five-leaf chaste tree
单叶蔓荆	*Vitex trifolia*	Arabian lilac (simple-leaf chaste tree)

唇形科(Lamiaceae；Labiatae)

藿香属		
橙红藿香	*Agastache aurantiaca*	orange hummingbird mint
灰毛藿香	*Agastache cana*	mosquito plant (Texas hummingbird mint)
茴藿香	*Agastache foeniculum* (*A. anethiodora*)	blue giant-hyssop (fennel giant-hyssop)
岩生藿香	*Agastache rupestris*	rock anise hyssop (thread-leaf giant-hyssop)
荨麻叶藿香	*Agastache urticifolia*	nettle-leaf giant-hyssop
筋骨草属		
欧洲筋骨草	*Ajuga genevensis*	blue bugle (Geneva bugle)
匍匐筋骨草	*Ajuga reptans*	bugle (common bugle)
新风轮菜属		
大花新风轮菜	*Calamintha grandiflora*	calamint
鞘蕊花属		
彩叶草(五彩苏)	*Coleus blumei* (*Solenostemon scutellarioides*)	coleus (painted nettle)
青兰属		
光萼青兰	*Dracocephalum argunense*	Argun dragon's-head
香青兰	*Dracocephalum moldavica*	Moldavian dragon's-head
岩青兰	*Dracocephalum rupestre*	meadow dragon's-head
青兰	*Dracocephalum ruyschiana*	Siberian dragon's-head
香薷属		
木本香薷 (华北香薷)	*Elsholtzia stauntonii*	Chinese mint shrub
活血丹属		
欧亚活血丹	*Glechoma hederacea*	ground ivy
活血丹(连钱草)	*Glechoma longituba*	Chinese ground ivy
香水草属		
香水草	*Heliotropium arborescens*	garden heliotrope

神香草属		
神香草(海索草)	*Hyssopus officinalis*	herb hyssop
野芝麻属		
斑点野芝麻	*Lamium maculatum*	spotted dead-nettle
薰衣草属		
狭叶薰衣草	*Lavandula angustifolia*	common lavender
加纳利薰衣草	*Lavandula canariensis*	Canary Islands lavender
薰衣草	*Lavandula stoechas*	French lavender (Spanish lavender)
蜜蜂花属		
香蜂花	*Melissa officinalis*	lemon balm
薄荷属		
留兰香	*Mentha spicata*	spear mint
圆叶薄荷	*Mentha suaveolens* (*M.* ×*rotundifolia*)	apple mint (round-leaf mint)
贝壳花属		
贝壳花	*Moluccella laevis*	bells-of-Ireland (shell flower)
美国薄荷属		
美国薄荷(马薄荷)	*Monarda didyma*	scarlet bee balm
拟美国薄荷(管香蜂草)	*Monarda fistulosa*	bee balm
荆芥属		
杂种荆芥	*Nepeta* ×*faassenii*	garden catmint
大花猫薄荷	*Nepeta grandiflora*	giant catmint
具脉荆芥	*Nepeta nervosa*	catmint
总花荆芥(倒伏荆芥)	*Nepeta racemosa* (*N. mussinii*)	garden catmint (Persian catmint)
大花荆芥	*Nepeta sibirica*	Siberian catmint
近无柄荆芥	*Nepeta subsessilis*	Japanese catmint

罗勒属		
罗勒	*Ocimum basilicum*	basil (sweet basil)
牛至属		
牛至	*Origanum vulgare*	common marjoram (oregano)
紫苏属		
紫苏	*Perilla frutescens*	beefsteak plant
分药花属		
滨藜叶分药花	*Perovskia atriplicifolia*	Russian sage
糙苏属		
块根糙苏	*Phlomis tuberosa*	tuberous Jerusalem sage
假龙头花属		
假龙头花 (随意草)	*Physostegia virginiana*	false dragonhead (obedient plant)
香茶菜属		
银灰香茶菜	*Plectranthus argentatus*	Brazilian coleus (silver spurflower)
艾氏香茶菜	*Plectranthus ecklonii*	large spurflower
福氏香茶菜	*Plectranthus forsteri*	Swedish ivy
马达加斯加香茶菜	*Plectranthus madagascariensis*	Madagascar spurflower
绒毛香茶菜	*Plectranthus tomentosa*	succulent coleus (Vick's plant)
夏枯草属		
大花夏枯草	*Prunella grandiflora*	large self-heal
夏枯草	*Prunella vulgaris*	common self-heal
迷迭香属		
迷迭香	*Rosmarinus officinalis*	rosemary
鼠尾草属		
朱唇 (红花鼠尾草)	*Salvia coccinea*	blood sage (tropical sage)

一串蓝 (蓝花鼠尾草)	*Salvia farinacea*	mealy-cup sage
一串紫	*Salvia horminum* (*S. viridis*)	painted sage
蔷苞鼠尾草	*Salvia involucrata*	rose-bud sage (rose-leaf sage)
墨西哥鼠尾草	*Salvia leucantha*	Mexican bush sage
林荫鼠尾草	*Salvia* ×*nemorosa* (*S.* ×*superba*)	woodland sage
药用鼠尾草	*Salvia officinalis*	common sage (garden sage)
长蕊鼠尾草	*Salvia patens*	gentian sage
草地鼠尾草	*Salvia pratensis*	meadow sage
一串红	*Salvia splendens*	scarlet sage
轮叶鼠尾草	*Salvia verticillata*	lilac sage
黄芩属		
黄芩	*Scutellaria baicalensis*	Baikal skullcap
爪哇黄芩	*Scutellaria javanica*	Javanese skullcap
水苏属		
大花水苏	*Stachys grandiflora*	big betony
毛叶水苏 (绵毛水苏)	*Stachys lanata* (*S. byzantina*)	lamb's-ear
香料科属		
灌丛石蚕 (水果蓝)	*Teucrium fruticans*	shrubby germander
西尔加香料科	*Teucrium hircanicum*	Caucasian germander (Iranian wood sage)
百里香属		
柠檬百里香	*Thymus* ×*citriodorus*	lemon thyme
百里香	*Thymus mongolicus*	Mongolian thyme
欧百里香	*Thymus serpyllum*	mother-of-thyme (wild thyme)

杉叶藻科(Hippuridaceae)

杉叶藻属

杉叶藻	*Hippuris vulgaris*	common mare's-tail

醉鱼草科(Buddlejaceae)

醉鱼草属

互叶醉鱼草	*Buddleja alternifolia*	alternate-leaf butterfly bush (fountain butterfly bush)
白花醉鱼草	*Buddleja asiatica*	Asian butterfly bush
大叶醉鱼草	*Buddleja davidii*	butterfly bush (summer lilac)
醉鱼草	*Buddleja lindleyana*	Lindley butterfly bush
密蒙花	*Buddleja officinalis*	pale butterfly bush

木犀科(Oleaceae)

白花连翘属

白花连翘(糯米条叶)	*Abeliophyllum distichum*	white forsythia

流苏树属

流苏树	*Chionanthus retusus*	Chinese fringetree

雪柳属

雪柳	*Fontanesia philliraeoides* (*F. fortunei*)	Fortune's fontanesia

连翘属

金钟连翘	*Forsythia* ×*intermedia*	border forsythia
东北连翘	*Forsythia mandshurica*	Manchurian forsythia
卵叶连翘	*Forsythia ovata*	early forsythia
连翘	*Forsythia suspensa*	weeping forsythia
金钟花	*Forsythia viridissima*	greenstem forsythia

白蜡树属

美国白蜡(美国白梣)	*Fraxinus americana*	white ash
白蜡树	*Fraxinus chinensis*	Chinese ash

欧洲白蜡(欧梣)	*Fraxinus excelsior*	common ash (European ash)
光蜡树 (台湾白蜡)	*Fraxinus griffithii*	Griffth's ash
湖北白蜡 (对节白蜡)	*Fraxinus hupehensis*	Hupeh ash
水曲柳	*Fraxinus mandshurica*	Manchurian ash
花白蜡	*Fraxinus ornus*	manna ash (South European flowering ash)
洋白蜡(宾州白蜡、美国红梣)	*Fraxinus pennsylvanica*	green ash (red ash)
小叶洋白蜡	*Fraxinus pennsylvanica* × *F. velutina*	hybrid ash
新疆小叶白蜡 (天山梣)	*Fraxinus sogdiana*	Sogdian ash
绒毛白蜡 (绒毛梣)	*Fraxinus velutina*	velvet ash
素馨属		
红茉莉(红素馨)	*Jasminum beesianum*	rosy jasmine
探春 (迎夏、黄素馨)	*Jasminum floridum* (*J. giraldii*)	showy jasmine
素馨花	*Jasminum grandiflorum*	Spanish jasmine
小黄馨(矮探春)	*Jasminum humile*	Italian yellow jasmine
云南黄素馨 (野迎春)	*Jasminum mesnyi*	primrose jasmine
毛茉莉	*Jasminum multiflorum* (*J. pubescens*)	star jasmine
迎春(迎春花)	*Jasminum nudiflorum*	winter jasmine
浓香探春	*Jasminum odoratissimum*	sweet jasmine
素方花	*Jasminum officinale*	common white jasmine
多花素馨	*Jasminum polyanthum*	pink jasmine (white jasmine)

茉莉(茉莉花)	*Jasminum sambac*	Arabian jasmine
女贞属		
日本女贞	*Ligustrum japonicum*	Japanese privet
琉球女贞	*Ligustrum liukiuense*	Liukiu privet
女贞	*Ligustrum lucidum*	Chinese privet (glossy privet)
水蜡树(辽东水蜡树)	*Ligustrum obtusifolium* ssp. *suave*	Amur privet
卵叶女贞	*Ligustrum ovalifolium*	California privet
小叶女贞	*Ligustrum quihoui*	purpus privet (waxy-leaf privet)
小蜡	*Ligustrum sinense*	Chinese privet
金叶女贞	*Ligustrum* ×*vicaryi*	golden privet
欧洲女贞	*Ligustrum vulgare*	common privet (European privet)
木犀榄属		
油橄榄	*Olea europaea*	common olive
尖叶木犀榄(锈鳞木犀榄)	*Olea europaea* ssp. *cuspidata* (*O. ferruginea*)	African olive
木犀属		
石山桂花	*Osmanthus fordii*	Ford's tea olive
桂花(木犀)	*Osmanthus fragrans*	fragrant tea olive (sweet tea)
柊树	*Osmanthus heterophyllus*	holly tea olive
丁香属		
什锦丁香	*Syringa* ×*chinensis*	Chinese lilac
西蜀丁香	*Syringa komarowii*	Komarov's lilac
裂叶丁香	*Syringa* ×*laciniata*	cut-leaf lilac
蓝丁香	*Syringa meyeri*	Meyer lilac
紫丁香(华北紫丁香)	*Syringa oblata*	early lilac
波斯丁香	*Syringa* ×*persica*	Persian lilac

华丁香 （甘肃丁香）	*Syringa protolaciniata* （*S. buxifolia*）	box-leaf lilac
巧玲花 （毛叶丁香）	*Syringa pubescens*	hairy lilac
四季丁香 （小叶巧玲花）	*Syringa pubescens* ssp. *microphylla* （*S. microphylla*）	little-leaf lilac
关东丁香 （关东巧玲花）	*Syringa pubescens* ssp. *patula* （*S. patula*；*S. velutina*）	Manchurian lilac
暴马丁香 （暴马子）	*Syringa reticulata* ssp. *amurensis* （*S. amurensis*）	Amur lilac
北京丁香	*Syringa reticulata* ssp. *pekinensis* （*S. pekinensis*）	Peking lilac
红丁香 （长毛丁香）	*Syringa villosa*	late lilac
欧洲丁香 （洋丁香）	*Syringa vulgaris*	common lilac
辽东丁香	*Syringa wolfii*	Wolf's lilac
云南丁香	*Syringa yunnanensis*	Yunnan lilac

玄参科(Scrophulariaceae)

香彩雀属		
香彩雀	*Angelonia angustifolia*	summer snapdragon
金鱼草属		
金鱼草(龙头花)	*Antirrhinum majus*	snapdragon
金鱼藤属		
金鱼藤	*Asarina scandens*	climbing snapdragon (figwort)
假马齿苋属		
心叶假马齿苋	*Bacopa diffusa* （*B. cordata*； *Sutera cordata*）	bacopa (ornamental water hyssop)

假马齿苋	*Bacopa monnieri* (*Sutera monnieri*)	coastal water hyssop (water hyssop)
蒲包花属		
蒲包花	*Calceolaria* ×*herbeohybrida*	pocketbook plant (slipperwort)
蓝唇花属		
大花柯林恩(蓝唇花)	*Collinsia grandiflora*	blue lips (giant blue-eyed Mary)
蔓柳穿鱼属		
蔓柳穿鱼	*Cymbalaria muralis* (*Linaria cymbalaria*)	ivy-leaf toadflax (Kenilworth ivy)
双距花属		
双距花	*Diascia barberae*	twinspur
毛地黄属		
锈红毛地黄	*Digitalis ferruginea*	rusty foxglove
毛地黄	*Digitalis purpurea*	foxglove
木本婆婆纳属		
木本婆婆纳	*Hebe ochracea*	figwort (hebe veronica)
玉芙蓉属		
红花玉芙蓉	*Leucophyllum frutescens*	ashplant (Texas silverleaf)
柳穿鱼属		
摩洛哥柳穿鱼	*Linaria maroccana*	baby snapdragon (toadflax)
柳穿鱼	*Linaria vulgaris*	common toadflax
沟酸浆属		
沟酸浆	*Mimulus guttatus*	monkeyflower (monkey musk)
猴面花(锦花沟酸浆)	*Mimulus luteus*	yellow monkeyflower

龙面花属

灌状龙面花	*Nemesia fruticans*	mauve nemesia
龙面花	*Nemesia strumosa*	pouch nemesia

泡桐属

梓叶泡桐	*Paulownia catalpifolia*	catalpa-leaf paulownia
兰考泡桐	*Paulownia elongata*	elongate paulownia
泡桐(白花泡桐)	*Paulownia fortunei*	Fortune's foxglove tree (Fortune's paulownia)
毛泡桐 (紫花泡桐)	*Paulownia tomentosa*	foxglove tree (princess tree; royal paulownia)

钓钟柳属

红花钓钟柳 (草本象牙红)	*Penstemon barbatus*	beardlip penstemon (beardtongue)
钓钟柳	*Penstemon campanulatus*	bell-flower beardtongue
电灯花状钓钟柳	*Penstemon cobaea*	showy beardtongue
毛地黄状钓钟柳	*Penstemon digitalis*	foxglove penstemon
杂种钓钟柳	*Penstemon ×gloxinioides*	garden penstemon
哈氏钓钟柳	*Penstemon hartwegii*	Hartweg's beardtongue
异叶钓钟柳	*Penstemon heterophyllus*	bunch-leaf penstemon (foothill penstemon)
斯氏钓钟柳	*Penstemon smallii*	Small's beardtongue

南非金钟花属

南非金钟花	*Phygelius capensis*	Cape figwort

地黄属

地黄	*Rehmannia glutinosa*	Chinese foxglove

炮仗竹属

炮仗竹	*Russelia equisetiformis*	coral plant

蝴蝶草属

长叶蝴蝶草 (光叶蝴蝶草)	*Torenia asiatica* (*T. glabra*)	wishbone flower
同色蝴蝶草 (倒地蜈蚣)	*Torenia concolor*	concolour torenia

夏堇(蓝猪耳)	*Torenia fournieri*	blue torenia (wishbone flower)
毛蕊花属		
南欧毛蕊花	*Verbascum chaixii*	nettle-leaf mullein
紫毛蕊花	*Verbascum phoeniceum*	puple mullein
密花毛蕊花	*Verbascum thapsiforme* (*V. densiflorum*)	wool mullein
婆婆纳属		
龙胆状婆婆纳	*Veronica gentianoides*	gentian speedwell
毛叶水苦荬(白婆婆纳)	*Veronica incana*	silver speedwell (wooly speedwell)
长尾婆婆纳	*Veronica longifolia*	garden speedwell
匍匐婆婆纳	*Veronica prostrata*	harebell speedwell (Hungarian speedwell)
穗花婆婆纳	*Veronica spicata*	spike speedwell
腹水草属		
草本威灵仙	*Veronicastrum sibiricum*	Culver's root
苦苣苔科(Gesneriaceae)		
圆盘花属		
圆盘花(猴面蝴蝶草)	*Achimenes* × *hybrida*	magic flowers (window's tears)
芒毛苣苔属		
口红花(花蔓草)	*Aeschynanthus pulcher*	basket vine (lipstick vine)
毛萼口红花(芒毛苣苔)	*Aeschynanthus radicans*	lipstick plant
丽花口红花	*Aeschynanthus speciosus*	basket vine
金鱼花属		
大红金鱼花	*Columnea gloriosa*	goldfish plant
喜阴花属		
喜阴花(红桐草)	*Episcia cupreata*	flame violet
丝花苣苔属		
金鱼花	*Nematanthus gregarius*	goldfish plant

非洲紫罗兰属		
非洲紫罗兰	*Saintpaulia ionantha*	African violet
大岩桐属		
杂种大岩桐	*Sinningia* ×*hybrida*	gloxinia
大岩桐	*Sinningia speciosa*	florist's gloxinia (gloxinia)
庙铃苣苔属		
杂种庙铃苣苔	*Smithiantha* ×*hybrida*	temple bells
扭果苣苔属		
杂种扭果苣苔	*Streptocarpus* ×*hybridus*	Cape primrose

爵床科(Acanthaceae)

老鼠簕属		
莨力花	*Acanthus mollis*	bear's breeches
单药花属		
单药花	*Aphelandra squarrosa*	saffron spike (zebra plant)
假杜鹃属		
假杜鹃	*Barleria cristata*	Philippine violet
十字爵床属		
鸟尾花(十字爵床)	*Crossandra infundibuliformis*	firecracker flower
喜花草属		
喜花草(可爱花)	*Eranthemum pulchellum* (*E. nervosum*)	blue sage
网纹草属		
红网纹草(费通草)	*Fittonia verschaffeltii*	mosaic plant (nerve plant)
半柱花属		
半柱花	*Hemigraphis colorata* (*H. alternata*)	red flame ivy (waffle plant)

枪刀药属		
嫣红蔓	*Hypoestes phyllostachya*	freckle face (polka-dot plant)
珊瑚花属		
珊瑚花	*Jacobinia carnea* (*Cyrtanthera carnea*; *Justicia carnea*)	Brazilian plume
爵床属		
鸭嘴花	*Justicia adhatoda* (*Adhatoda vasica*)	Malabar nut
虾衣花	*Justicia brandegeana* (*Beloperone guttata*; *Calliaspidia guttata*)	shrimp plant
小驳骨(驳骨丹)	*Justicia gendarussa* (*Gendarussa vulgaris*)	willow-leaf justicia
鸡冠爵床属		
红苞花	*Odontonema strictum*	Mexican firespike (scarlet flame)
金苞花属		
红珊瑚	*Pachystachys coccinea* (*Jacobinia coccinea*)	cardinal's guard
金苞花(黄虾花)	*Pachystachys lutea*	golden candles (lollipop plant)
火焰花属		
火焰花	*Porphyrocoma pohliana* (*Justicia pohliana*)	Brazilian fireworks
灵枝草属		
仙鹤草(灵枝草)	*Rhinacanthus nasutus*	snake jasmine
芦莉草属		
翠芦莉	*Ruellia brittoniana*	Mexican petunia

金脉爵床属

金脉爵床	*Sanchezia speciosa* (*S. nobilis*)	shrubby whitevein

马蓝属

马蓝	*Strobilanthes cusia*	Chinese rain bell (pink strobilanthes)
红背马蓝	*Strobilanthes dyeriana*	Persian shield
球花马蓝 (腺萼马蓝)	*Strobilanthes penstemonoides*	penstemon strobilanthes

山牵牛属

翼叶老鸦嘴 (翼叶山牵牛)	*Thunbergia alata*	black-eyed Susan vine
硬枝老鸦嘴 (邓伯花)	*Thunbergia erecta*	bush clock-vine
大花老鸦嘴 (大花山牵牛)	*Thunbergia grandiflora*	Bengal clock-vine
桂叶山牵牛	*Thunbergia laurifolia*	laurel clock-vine

紫葳科(Bignoniaceae)

凌霄属

凌霄	*Campsis grandiflora*	Chinese trumpetcreeper
美国凌霄	*Campsis radicans*	common trumpetcreeper
杂种凌霄	*Campsis* ×*tagliabuana*	trumpet vine

梓属

美国梓树 (美国木豆树)	*Catalpa bignonioides*	Indian bean tree (southern catalpa)
楸树	*Catalpa bungei*	Manchurian catalpa
灰楸	*Catalpa fargesii*	Farges' catalpa
梓树	*Catalpa ovata*	Chinese catalpa (yellow catalpa)
黄金树	*Catalpa speciosa*	northern catalpa

连理藤属

连理藤	*Clytostoma callistegioides*	Argentina trumpet vine

垂果藤属

智利垂果藤	*Eccremocarpus scaber*	Chilean glory flower

角蒿属		
角蒿	*Incarvillea delavayi*	hardy gloxinia (hardy trumpet flower)
蓝花楹属		
尖叶蓝花楹	*Jacaranda cuspidifolia*	purple jacaranda
蓝花楹	*Jacaranda mimosifolia* (*J. acutifolia*)	blue haze tree (blue jacaranda)
吊灯树属		
吊灯树(吊瓜树)	*Kigelia pinnata* (*K. africana*)	sausage tree
猫尾木属		
猫尾木	*Markhamia cauda-felina* (*Dolichandrone cauda-felina*)	cat-tail tree
猫爪藤属		
猫爪藤	*Macfadyena unguis-cati*	cat's claw
木蝴蝶属		
木蝴蝶(千张纸)	*Oroxylum indicum*	Indian trumpet tree
粉花凌霄属		
粉花凌霄	*Pandorea jasminoides*	bower plant
非洲凌霄属		
紫云藤 (非洲凌霄)	*Podranea ricasoliana*	pink trumpet vine (Port St. Johns creeper)
蒜香藤属		
蒜香藤(紫铃藤)	*Pseudocalymma alliaceum*	garlic vine
炮仗花属		
炮仗花	*Pyrostegia venusta* (*P. ignea*)	flame vine
菜豆树属		
海南菜豆树 (绿宝树)	*Radermachera hainanensis*	golden tree jasmine (Hainan bell-tree)
菜豆树(幸福树)	*Radermachera sinica*	Asian bell-tree (China doll)

火焰木属		
火焰木	*Spathodea campanulata*	flame-of-the-forest
黄钟花属		
黄钟花	*Stenolobium stans* (*Tecoma stans*)	yellow bells
风铃木属		
金花风铃木	*Tabebuia chrysantha*	golden trumpet tree
风铃木	*Tabebuia impetiginosa*	pink trumpet tree
红花风铃木（巴拉圭风铃木）	*Tabebuia pentaphylla* (*T. rosea*)	rosy trumpet tree
硬骨凌霄属		
硬骨凌霄	*Tecomaria capensis* (*Tecoma capensis*)	Cape honeysuckle

桔梗科(Campanulaceae)

沙参属		
直立沙参	*Adenophora stricta*	strict ladybells
轮叶沙参	*Adenophora tetraphylla*	four-leaf ladybells
风铃草属		
欧风铃草	*Campanula carpatica*	Carpathian bellflower
匙叶风铃草	*Campanula cochlearifolia*	fairy thimble bellflower
聚花风铃草	*Campanula glomerata*	clustered bellflower
意大利风铃草	*Campanula isophylla*	Italian bellflower
白花风铃草	*Campanula lactiflora*	milky bellflower
阔叶风铃草	*Campanula latifolia*	great bellflower
长柱风铃草	*Campanula longistyla*	lavender bellflower
风铃草	*Campanula medium*	Canterbury bells (bellflower)
桃叶风铃草	*Campanula persicifolia*	peach-leaf bellflower
南欧风铃草	*Campanula portenschlagiana*	Dalmatian bellflower
塞尔维亚风铃草	*Campanula poscharskyana*	Serbian bellflower
紫斑风铃草	*Campanula punctata*	spotted bellflower

圆叶风铃草	*Campanula rotundifolia*	bluebell (harebell)
同瓣草属		
彩星花	*Isotoma axillaris* (*Laurentia axillaris*)	blue star creeper (laurentia)
半边莲属		
红花半边莲	*Lobelia cardinalis* (*L. fulgens*)	cardinal flower
半边莲(六倍利)	*Lobelia erinus*	edging lobelia (garden lobelia; trailing lobelia)
美丽半边莲	*Lobelia* ×*speciosa*	beautiful lobelia
桔梗属		
桔梗	*Platycodon grandiflorus*	balloon flower
夕雾草属		
夕雾草	*Trachelium caeruleum*	blue throatwort (throatwort)

草海桐科(Goodeniaceae)

草海桐属		
草海桐	*Scaevola aemula*	fairy fan flower

茜草科(Rubiaceae)

山石榴属		
山石榴	*Catunaregam spinosa* (*Randia spinosa*)	mountain pomegranate
咖啡属		
咖啡(小粒咖啡)	*Coffea arabica*	Arabian coffee
伏牛花属		
虎刺(伏牛花)	*Damnacanthus indicus*	Indian damnacanthus
栀子花属		
栀子花	*Gardenia jasminoides*	Cape jasmine
水杨梅属		
智利水杨梅	*Geum chiloense*	Chilean avens

红花水杨梅	*Geum coccineum*	scarlet avens
长隔木属		
希茉莉(醉娇花)	*Hamelia patens*	scarlet bush
龙船花属		
红龙船花(红仙丹花)	*Ixora coccinea*	flame-of-woods (scarlet ixora)
白花龙船花(小仙丹花)	*Ixora henryi*	white-flower ixora
黄龙船花	*Ixora lutea*	yellow ixora
小花白龙船花(白仙丹花)	*Ixora parviflora*	torchwood ixora (white ixora)
宫粉龙船花(宫粉仙丹花)	*Ixora* ×*westii*	West ixora
矮龙船花(矮仙丹花)	*Ixora* ×*williamsii*	Williams ixora
野丁香属		
薄皮木	*Leptodermis oblonga*	Chinese leptodermis
滇丁香属		
馥郁滇丁香	*Luculia gratissima*	fragrant luculia
滇丁香	*Luculia pinceana* (*L. intermedia*)	pink spice
巴戟天属		
海巴戟(橄树)	*Morinda citrifolia*	great morinda (Indian mulberry)
玉叶金花属		
红叶金花(血萼花)	*Mussaenda erythrophylla*	red flag bush (tropical dogwood)
黄萼花	*Mussaenda flava*	yellow mussaenda
粉叶金花(粉萼金花)	*Mussaenda* ×*hybrida*	hybrid mussaenda
雪萼金花	*Mussaenda philippica*	Bangkok rose (white mussaenda)

玉叶金花（白纸扇）	*Mussaenda pubescens*	buddha's lamp
鸡矢藤属		
鸡矢藤（牛皮冻）	*Paederia scandens*	Chinese fever vine
繁星花属		
繁星花	*Pentas lanceolata*	star cluster
六月雪属		
六月雪	*Serissa japonica* （*S. foetida*）	snow-in-summer bush
雪铁芋属		
雪铁芋（摇钱树）	*Zamioculcas zamiifolia*	aroid palm （ZZ plant）
忍冬科（Caprifoliaceae）		
糯米条属		
糯米条	*Abelia chinensis*	Chinese abelia
大花六道木（大花糯米条）	*Abelia* ×*grandiflora*	glossy abelia
七子花属		
七子花	*Heptacodium miconioides*	autumn lilac （seven-son flower）
猬实属		
猬实	*Kolkwitzia amabilis*	beautybush
鬼吹箫属		
鬼吹箫	*Leycesteria formosa*	Himalayan honeysuckle
忍冬属		
布朗忍冬	*Lonicera* ×*brownii*	Brown's honeysuckle
葱皮忍冬（秦岭忍冬）	*Lonicera ferdinandii*	Ferdinand's honeysuckle
郁香忍冬	*Lonicera fragrantissima*	winter honeysuckle
金红久忍冬	*Lonicera* ×*heckrottii*	goldflame honeysuckle
金银花（忍冬）	*Lonicera japonica*	Japanese honeysuckle
柯氏忍冬（蓝叶忍冬）	*Lonicera korolkowii*	blue-leaf honeysuckle

金银木	*Lonicera maackii*	Amur honeysuckle
亮叶忍冬	*Lonicera nitida*	Wilson's honeysuckle
贯月忍冬	*Lonicera sempervirens*	coral honeysuckle (trumpet honeysuckle)
鞑靼忍冬(新疆忍冬)	*Lonicera tatarica*	Tatarian honeysuckle
台尔曼忍冬	*Lonicera* ×*tellmanniana*	Tellmann honeysuckle
盘叶忍冬	*Lonicera tragophylla*	Chinese honeysuckle
接骨木属		
加拿大接骨木	*Sambucus canadensis*	American elder
西洋接骨木	*Sambucus nigra*	common elder (European elder)
欧洲接骨木	*Sambucus racemosa*	European red elder
接骨木	*Sambucus williamsii*	Williams elder
毛核木属		
雪果	*Symphoricarpos albus*	common snowberry
多氏雪果	*Symphoricarpos* ×*doorenbosii*	magic berry
红雪果	*Symphoricarpos orbiculatus*	coral berry (Indian currant)
荚蒾属		
布克荚蒾	*Viburnum* ×*burkwoodii*	Burkwood's viburnum
荚蒾	*Viburnum dilatatum*	linden arrowwood (linden viburnum)
香荚蒾	*Viburnum farreri*	fragrant viburnum
欧洲荚蒾	*Viburnum lantana*	wayfaring tree
木本绣球(斗球)	*Viburnum macrocephalum*	Chinese snowball tree
珊瑚树(法国冬青)	*Viburnum odoratissimum* var. *awabuki* (*V. awabuki*)	sweet viburnum
欧洲琼花	*Viburnum opulus*	European cranberrybush (water elder)
天目琼花(鸡树条荚蒾)	*Viburnum opulus* ssp. *calvescens*(*V. sargentii*)	Sargent viburnum

蝴蝶绣球	*Viburnum plicatum*	Japanese snowball
枇杷叶荚蒾（皱叶荚蒾）	*Viburnum rhytidophyllum*	leather-leaf viburnum
地中海荚蒾	*Viburnum tinus*	Laurustinus viburnum
三裂荚蒾	*Viburnum trilobum*	American cranberrybush (high bush cranberry)

锦带花属

海仙花	*Weigela coraeensis*	Korean weigela
路边花	*Weigela floribunda*	crimson weigela
锦带花（早开锦带花）	*Weigela florida* (*W. praecox*)	early weigela (old-fashioned weigela)
杨栌（日本锦带花）	*Weigela japonica*	Japanese weigela

败酱科（Valerianaceae）

排草属

红穿心排草（鹿子花）	*Centranthus ruber*	red valerian

川续断科（Dipsacaceae）

山萝卜属

马其顿山萝卜	*Knautia macedonica* (*Scabiosa rumelica*)	crimson scabious (Macedonian pincushion flower)

蓝盆花属

紫盆花（轮锋菊）	*Scabiosa atropurpurea*	Mediterranean sweet scabious (pincushion flower)
高加索蓝盆花	*Scabiosa caucasica*	Caucasian pincushion flower
鸽子蓝盆花	*Scabiosa columbaria*	dove pincushion flower (notably small scabious)
日本蓝盆花	*Scabiosa japonica*	Japanese pincushion flower
高山蓝盆花	*Scabiosa japonica* var. *alpina*	dwarf pincushion flower

菊科(Asteraceae; Compositae)

蓍属		
蓍草	*Achillea alpina* (*A. sibirica*)	Chinese yarrow
凤尾蓍(蕨叶蓍)	*Achillea filipendulina*	fern-leaf yarrow
千叶蓍	*Achillea millefolium*	common yarrow (musk milfoil)
珠蓍	*Achillea ptarmica*	sneezewort (sneezewort yarrow)
绒毛蓍	*Achillea tomentosa*	alpine yarrow (wolly yarrow)
桂圆菊属		
桂圆菊	*Acmella oleracea* (*Spilanthes oleracea*)	paracress spotflower (peek-a-boo plant)
藿香蓟属		
藿香蓟	*Ageratum conyzoides*	tropic ageratum
心叶藿香蓟(熊耳草)	*Ageratum houstonianum*	floss-flower (garden ageratum)
亚菊属		
亚菊	*Ajania pacifica* (*Chrysanthemum pacificum*)	Pacific chrysanthemum
银苞菊属		
银苞菊	*Ammobium alatum*	winged everlasting
香青属		
珠光香青	*Anaphalis margaritacea*	common pearly everlasting (western pearly everlasting)
春黄菊属		
春黄菊	*Anthemis tinctoria*	golden marguerite (ox-eye chamomile)
蓝目菊属		
蓝目菊(非洲雏菊)	*Arctotis stoechadifolia* (*A. grandis*)	African daisy (blue-eyed daisy)

木茼蒿属		
木茼蒿	*Argyranthemum frutescens* (*Chrysanthemum frutescens*)	marguerite
蒿属		
线叶蒿	*Artemisia schmidtiana*	Schmidt's wormwood (silver-mound artemisia)
白蒿	*Artemisia stelleriana*	beach wormwood (dusty miller; old woman)
紫菀属		
高山紫菀	*Aster alpinus*	alpine aster
翠菀	*Aster dumosus* (*Symphyotrichum dumosum*)	bushy aster (rice button aster)
柳叶白菀	*Aster ericoides* (*Symphyotrichum ericoides*)	heath aster
福氏紫菀	*Aster* ×*frikartii*	Frikart's aster
美国紫菀	*Aster novae-angliae* (*Symphyotrichum novae-angliae*)	New England aster
荷兰菊	*Aster novi-belgii* (*Symphyotrichum novi-belgii*)	New York aster
紫菀	*Aster tataricus*	Tatarian aster
雏菊属		
雏菊	*Bellis perennis*	common daisy
鬼针草属		
阿魏叶鬼针草	*Bidens ferulifolia*	Apache beggarticks
短毛菊属		
五色菊	*Brachyscome angustifolia*	grassland daisy (stiff daisy)
雁河菊	*Brachyscome iberidifolia*	swan river daisy
裂叶五色菊	*Brachyscome multifida*	cut-leaf daisy
金盏菊属		
田野金盏菊 (小金盏菊)	*Calendula arvensis*	field marigold

金盏菊	*Calendula officinalis*	English marigold
翠菊属		
翠菊	*Callistephus chinensis*	China aster (Chinese aster)
红花属		
红花	*Carthamus tinctorius*	safflower
玻璃菊属		
蓝箭菊(玻璃菊)	*Catananche caerulea*	Cupid's dart (love plant)
矢车菊属		
矢车菊(蓝芙蓉)	*Centaurea cyanus*	blue bottle (garden cornflower)
大花矢车菊	*Centaurea macrocephala*	globe cornflower
山矢车菊	*Centaurea montana*	mountain knapweed (perennial cornflower)
香矢车菊 (香芙蓉)	*Centaurea moschata*	sweet sultan
单花矢车菊	*Centaurea uniflora*	plume knapweed
茼蒿属		
花环菊(三色菊)	*Chrysanthemum carinatum*	painted daisy
菊花	*Chrysanthemum* ×*morifolium* (*Dendranthema* ×*morifolium*; *D.* ×*grandiflorum*)	florist's daisy (florist's mum; garden mum; hardy garden mum)
黄晶菊	*Chrysanthemum multicaule*	yellow daisy
白晶菊	*Chrysanthemum paludosum*	baby marguerite (snow daisy)
金鸡菊属		
大花金鸡菊	*Coreopsis grandiflora*	tickseed
剑叶金鸡菊	*Coreopsis lanceolata*	lance-leaf tickseed
玫红金鸡菊	*Coreopsis rosea*	pink tickseed
两色金鸡菊 (蛇目菊)	*Coreopsis tinctoria*	golden tickseed
轮叶金鸡菊	*Coreopsis verticillata*	thread-leaf tickseed

秋英属		
波斯菊(秋英)	*Cosmos bipinnatus*	Mexican aster
硫华菊(黄波斯菊)	*Cosmos sulphureus*	sulfur cosmos (yellow cosmos)
金球花属		
金球花(金绒球)	*Craspedia globosa*	billy buttons (drumsticks)
芙蓉菊属		
芙蓉菊	*Crossostephium chinense*	Chinese wormwood
大丽花属		
大丽花	*Dahlia* ×*variabilis* (*D. pinnata*)	Aztec dahlia (garden dahlia)
多柳菊属		
东方多柳菊	*Doronicum orientale*	leopard's bane
松果菊属		
黄松果菊	*Echinacea paradoxa*	yellow coneflower
松果菊(紫松果菊)	*Echinacea purpurea*	purple coneflower
蓝刺头属		
硬叶蓝刺头	*Echinops ritro*	globe thistle
一点红属		
一点缨(绒缨菊、缨绒花)	*Emilia coccinea* (*E. sagittata*)	ear-leaf tasselflower
一点红	*Emilia sonchifolia*	red tasselflower (sowthistle tasselflower)
飞蓬属		
橙舌飞蓬	*Erigeron aurantiacus*	orange fleabane
墨西哥飞蓬(加勒比飞蓬)	*Erigeron karvinskianus*	Mexican fleabane
美丽飞蓬	*Erigeron speciosus*	Oregon fleabane
泽兰属		
紫花泽兰	*Eupatorium purpureum*	joe-pye weed

斑茎泽兰	*Eupatorium purpureum* var. *maculatum* (*E. maculatum*)	spotted joe-pye weed
梳黄菊属		
梳黄菊	*Euryops chrysanthemoides*	African bush daisy
大吴风草属		
大吴风草	*Farfugium japonicum* (*Ligularia tussilaginea*)	leopard plant
费利菊属		
蓝雏菊(费利菊)	*Felicia amelloides*	blue daisy (blue marguerite)
天人菊属		
大花天人菊	*Gaillardia* ×*grandiflora*	blanket flower
美丽天人菊	*Gaillardia pulchella*	firewheel (Indian blanket)
勋章菊属		
勋章菊	*Gazania splendens* (*G. rigens*)	treasure flower
大丁草属		
非洲菊(扶郎花)	*Gerbera jamesonii*	African daisy
鼠麹草属		
鼠麹草	*Gnaphalium affine*	Jersey cudweed
菊三七属		
紫鹅绒	*Gynura aurantiaca*	velvet plant
平卧菊三七(平卧三七草)	*Gynura procumbens*	tomorrow leaf
堆心菊属		
苦堆心菊	*Helenium amarum*	bitter sneezeweed (yellow sneezeweed)
堆心菊	*Helenium autumnale*	common sneezeweed
紫头堆心菊	*Helenium nudiflorum*	purple-headed sneezeweed
向日葵属		
向日葵	*Helianthus annuus*	sunflower

宿根向日葵（千瓣葵）	*Helianthus decapetalus*	thin-leaf sunflower
蜡菊属		
麦秆菊（蜡菊）	*Helichrysum bracteatum* (*Bracteantha bracteata*)	everlasting daisy (strawflower)
小叶蜡菊	*Helichrysum microphyllum*	dwarf curry plant
伞花蜡菊	*Helichrysum petiolare*	licorice plant (silver-bush everlasting flower; trailing dusty-miller)
赛菊芋属		
赛菊芋（日光菊）	*Heliopsis helianthoides*	false sunflower (smooth ox-eye)
粗糙赛菊芋	*Heliopsis helianthoides* var. *scabra* (*H. scabra*)	rough false sunflower
小麦秆菊属		
小麦秆菊（玫红永生菊）	*Helipterum roseum* (*Acroclinium roseum*)	strawflower
旋覆花属		
细叶旋覆花	*Inula ensifolia*	sword-leaf inula
马兰属		
马兰（蒙古马兰）	*Kalimeris pinnatifida* (*K. mongolica*)	false aster (Japanese aster)
莴苣属		
生菜（叶用莴苣）	*Lactuca sativa*	lettuce
滨菊属		
茼蒿菊	*Leucanthemum coronarium* (*Chrysanthemum coronarium*)	crown daisy
滨菊（白花茼蒿）	*Leucanthemum vulgare* (*Chrysanthemum leucanthemum*)	ox-eye daisy
大滨菊	*Leucanthemum* × *superbum* (*L maximum*; *Chrysanthemum* × *superbum*; *C. maximum*)	Shasta daisy

蛇鞭菊属		
蛇鞭菊	*Liatris spicata*	blazing star (spike gayfeather)
橐吾属		
齿叶橐吾	*Ligularia dentata*	leopard plant (summer ragwort)
掌叶橐吾	*Ligularia przewalskii*	Przewalski's goldenray
窄头橐吾	*Ligularia stenocephala*	narrow-head goldenray
母菊属		
洋甘菊	*Matricaria chamomilla* (*Chrysanthemum chamomilla*)	German chamomile
美兰菊属		
美兰菊(皇帝菊)	*Melampodium paludosum*	butter daisy (star daisy)
蚂蚱腿子属		
蚂蚱腿子	*Myripnois dioica*	locust leg
海骨籽菊属		
南非万寿菊	*Osteospermum ecklonis*	African daisy (Cape daisy)
海骨籽菊	*Osteospermum fruticosum*	Cape daisy (sea boneseed flower)
雨菊	*Osteospermum pluvialis* (*Dimorphotheca pluvialis*)	African daisy (rain daisy)
异果菊 (非洲金盏菊)	*Osteospermum sinuatum* (*Dimorphotheca sinuata*; *D. aurantiaca*)	African daisy (Namaqualand daisy)
除虫菊属		
除虫菊	*Pyrethrum cinerariifolium* (*Chrysanthemum cinerariifolium*)	Dalmatian pyrethrum
红花除虫菊	*Pyrethrum coccineum* (*Chrysanthemum coccineum*)	scarlet-flower pyrethrum

金光菊属		
全缘叶金光菊	*Rudbeckia fulgida*	black-eyed Susan (orange coneflower; showy coneflower)
毛叶金光菊(黑心菊)	*Rudbeckia hirta* (*R. serotina*)	black-eyed Susan
裂叶金光菊(金光菊)	*Rudbeckia laciniata*	cut-leaf coneflower
亮叶金光菊	*Rudbeckia nitida*	shining coneflower shiny coneflower
银香菊属		
银香菊	*Santolina chamaecyparissus*	lavender cotton
匍匐蛇目菊属		
匍匐蛇目菊(匍匐百日草)	*Sanvitalia procumbens* (*S. speciosa*)	creeping zinnia
千里光属		
仙人笔	*Senecio articulatus* (*Kleinia articulata*)	hotdog cactus (candle plant)
银叶菊	*Senecio cineraria*	dusty miller
瓜叶菊	*Senecio cruentus* (*Cineraria cruenta*)	florist's cineraria
绿玉菊	*Senecio macroglossus*	Cape ivy (flowering ivy)
泥鳅掌	*Senecio pendulus* (*Kleinia pendula*)	inchworm (tapeworm)
弦月(菱角掌)	*Senecio radicans* (*Kleinia radicans*)	necklace plant (string of pearls)
翡翠珠	*Senecio rowleyanus*	string-of-beads (string-of-pearls)
水飞蓟属		
水飞蓟	*Silybum marianum*	blessed thistle (holy thistle)

一枝黄花属		
加拿大一枝黄花	*Solidago canadensis*	Canadian goldenrod
北美紫菀	*Solidago ptarmicoides* (*Aster ptarmicoides*)	upland white aster
皱叶一枝黄花	*Solidago rugosa*	rough goldenrod
毛果一枝黄花	*Solidago virgaurea*	European goldenrod
万寿菊属		
万寿菊(臭芙蓉)	*Tagetes erecta*	African marigold (Mexican marigold)
孔雀草(红黄草)	*Tagetes patula*	French marigold
艾菊属		
小白菊 (短舌匹菊)	*Tanacetum parthenium* (*Chrysanthemum parthenium*)	feverfew
艾菊(菊蒿)	*Tanacetum vulgare* (*Chrysanthemum vulgare*)	common tansy
蒲公英属		
蒲公英	*Taraxacum mongolicum*	Mongolian dandelion
肿柄菊属		
圆叶肿柄菊	*Tithonia rotundifolia*	Mexican sunflower
蟛蜞菊属		
三裂蟛蜞菊	*Wedelia trilobata*	creeping daisy (yellow dots)
百日草属		
小百日草	*Zinnia angustifolia* (*Z. linearis*)	narrow-leaf zinnia (thread-leaf zinnia)
百日草	*Zinnia elegans* (*Z. violacea*)	common zinnia
丰花百日草	*Zinnia* ×*hybrida*	hybrid zinnia
海滨百日草	*Zinnia maritima*	Palmer's zinnia

花蔺科(Butomaceae)

花蔺属

花蔺	*Butomus umbellatus*	flowering rush

黄花蔺科(Limnocharitaceae)

黄花蔺属

黄花蔺	*Limnocharis flava*	yellow velvetleaf

泽泻科(Alismataceae)

泽泻属

泽泻	*Alisma orientale*	water-plantain

慈姑属

慈姑(野慈姑)	*Sagittaria trifolia*	three-leaf arrowhead

水鳖科(Hydrocharitaceae)

水鳖属

水鳖	*Hydrocharis dubia*	frogbit

棕榈科(Arecaceae; Palmae)

假槟榔属

假槟榔	*Archontophoenix alexandrae*	Alexsandra palm
阔叶假槟榔	*Archontophoenix cunninghamiana*	bangalow palm (king palm)

槟榔属

槟榔	*Areca catechu*	betel palm
三药槟榔	*Areca triandra*	triandra palm

桄榔属

桄榔(砂糖椰子、羽叶糖棕)	*Arenga pinnata*	solitary sugar palm (sweet palm)

星果棕属

墨西哥星果棕	*Astrocaryum mexicanum*	Chocho palm

霸王棕属

霸王棕(俾斯麦棕)	*Bismarckia nobilis*	Bismark palm

糖棕属		
糖棕(扇叶糖棕)	*Borassus flabellifer*	sugar palm (toddy palm)
冻子椰子属		
冻子椰子 (果冻棕)	*Butia capitata*	jetty palm
鱼尾葵属		
短序鱼尾葵	*Caryota mitis*	tufted fishtail palm
董棕 (钝叶鱼尾葵)	*Caryota obtusa*	wine palm
鱼尾葵	*Caryota ochlandra*	fishtail palm
小董棕	*Caryota urens*	jaggery palm (toddy palm)
袖珍椰子属		
袖珍椰子	*Chamaedorea elegans*	table top palm
竹茎玲珑椰子	*Chamaedorea erumpens*	bamboo palm
鱼尾椰子 (金光竹节椰子)	*Chamaedorea metallica*	metallic palm (miniature fishtail palm)
小穗竹节椰子	*Chamaedorea microspadix*	hardy bamboo palm
雪佛里椰子	*Chamaedorea seifrizii*	bamboo palm (reed palm)
矮棕属		
欧洲矮棕	*Chamaerops humilis*	dwarf fan palm
散尾葵属		
散尾葵	*Chrysalidocarpus lutescens*	golden-feather palm (yellow palm)
椰子属		
椰子	*Cocos nucifera*	coconut palm
贝叶棕属		
贝叶棕	*Corypha umbraculifera*	talipot palm
封蜡棕属		
猩红椰子 (红柄椰子)	*Cyrtostachys lakka* (*C. renda*)	lipstick palm (sealing wax palm)

油棕属		
油棕	*Elaeis guineensis*	African oil palm
荷威棕属		
贝氏荷威棕（富贵椰子）	*Howea belmoreana*	Belmore sentry palm (curly palm)
荷威棕（金帝葵）	*Howea forsteriana*	Kentia palm (Thatch palm)
棍棒椰子属		
酒瓶椰子	*Hyophorbe lagenicaulis* (*Mascarena lagenicaulis*)	bottle palm
棍棒椰子	*Hyophorbe verschaffeltii* (*Mascarena verschaffeltii*)	spindle palm
蜜棕属		
蜜棕	*Jubaea chilensis*	Chilean wine palm
拉坦棕属		
蓝脉榈（蓝拉坦棕）	*Latania loddigesii*	blue latan
红脉榈（红拉坦棕）	*Latania lontaroides*	red latan
黄脉榈（黄拉坦棕）	*Latania verschaffeltii*	yellow latan
轴榈属		
轴榈（穗花轴榈）	*Licuala fordiana*	Chinese licuala plam
圆叶轴榈	*Licuala grandis*	round-leaf licuala palm (ruffled fan-palm)
蒲葵属		
澳洲蒲葵	*Livistona australis*	Australian fan-palm
蒲葵	*Livistona chinensis*	Chinese fan-palm
红叶蒲葵	*Livistona mariae*	red-leaf palm
圆叶蒲葵	*Livistona rotundifolia*	footstool palm (Java fan-palm)
高山蒲葵	*Livistona saribus*	taraw palm

美丽蒲葵	*Livistona speciosa*	beautiful fan-palm
三角椰子属		
三角椰子	*Neodypsis decaryi*	triangle palm
刺葵属		
长叶刺葵 (加那利海枣)	*Phoenix canariensis*	Canary Islands date palm
枣椰子 (伊拉克蜜枣)	*Phoenix dactylifera*	date palm
刺葵	*Phoenix loureiri* (*P. hanceana*)	Loureiro's date palm
软叶刺葵	*Phoenix roebelinii*	pygmy date palm
银海枣	*Phoenix sylvestris*	silver date palm
山槟榔属		
异色山槟榔 (燕尾棕)	*Pinanga discolor*	bicolour pinanga palm
金棕属		
斐济金棕 (太平洋棕)	*Pritchardia pacifica*	Fiji fan-palm
国王椰子属		
国王椰子	*Ravenea rivularis*	majesty palm
棕竹属		
棕竹(观音竹)	*Rhapis excelsa*	bamboo palm (broad-leaf lady palm)
细棕竹	*Rhapis gracilis*	slender bamboo palm
矮棕竹 (细叶棕竹)	*Rhapis humilis*	dwarf lady palm (slender lady palm)
多裂棕竹 (金山棕竹)	*Rhapis multifida*	finger palm
王棕属		
菜王棕	*Roystonea oleracea*	Caribbean royal palm
王棕(大王椰子)	*Roystonea regia*	royal palm
箬棕属		
小箬棕	*Sabal minor*	dwarf palmetto

箬棕(菜棕)	*Sabal palmetto*	cabbage palm
金山葵属		
金山葵(皇后葵)	*Syagrus romanzoffiana* (*Arecastrum romanzoffianum*)	queen palm
棕榈属		
棕榈	*Trachycarpus fortunei*	fan-palm (windmill palm)
丝葵属		
丝葵(老人葵)	*Washingtonia filifera*	desert fan-palm (Washington palm)
大丝葵	*Washingtonia robusta*	thread palm
狐尾椰子属		
狐尾椰子	*Wodyetia bifurcata*	foxtail palm

露兜树科(Pandanaceae)

露兜树属		
矮露兜树	*Pandanus pygmaeus*	dwarf screw pine
桑氏露兜树	*Pandanus sanderi*	Timor screw pine
露兜树	*Pandanus tectorius*	beach screw pine
红刺露兜树	*Pandanus utilis*	common screw pine

天南星科(Araceae)

菖蒲属		
菖蒲	*Acorus calamus*	sweet flag
石菖蒲	*Acorus gramineus*	Japanese sweet flag (slender sweet flag)
广东万年青属		
细叶亮丝草	*Aglaonema commutatum*	Chinese evergreen (Philippine evergreen)
爪哇万年青(爪哇亮丝草)	*Aglaonema costatum*	Malaysian evergreen (spotted Chinese evergreen)

皱叶亮丝草 （玉皇帝）	*Aglaonema crispum*	painted drop-tongue (painted evergreen)
广东万年青	*Aglaonema modestum*	Chinese evergreen
斑叶万年青 （斑叶亮丝草）	*Aglaonema pictum*	Indonesian evergreen (ornamental aglaonema)
海芋属		
黑叶芋	*Alocasia* ×*amazonica*	Amazon elephant's ear
龟甲芋	*Alocasia cuprea*	giant taro
娄氏海芋	*Alocasia lowii*	giant elephant's ear (Low's alocasia)
海芋	*Alocasia macrorrhiza*	giant elephant's ear (giant taro)
美叶芋	*Alocasia sanderiana*	kris plant
台湾姑婆芋 （尖尾芋）	*Alocasia cucullata*	Chinese taro
花烛属		
花烛 （安祖花、红掌）	*Anthurium andraeanum*	flamingo flower (tail flower)
晶状花烛 （晶状安祖花）	*Anthurium crystallinum*	crystal anthurium (strap flower)
火鹤（红鹤芋）	*Anthurium scherzerianum*	flamingo flower
花叶芋属		
花叶芋（彩叶芋）	*Caladium bicolor*	common caladium (heart-of-Jesus)
杂种花叶芋	*Caladium* ×*hortulanum*	fancy-leaf caladium
银斑芋	*Caladium humboldtii*	miniature caladium
芋属		
芋（芋头）	*Colocasia esculenta*	dasheen (taro)
花叶万年青属		
花叶万年青 （黛粉叶）	*Dieffenbachia maculata* (*D. amoena*; *D. picta*)	dumb cane (spotted dumb cane)

龟背竹属		
龟背竹(蓬莱蕉)	*Monstera deliciosa*	Mexican breadfruit (Swiss-cheese plant)
斜叶龟背竹	*Monstera obliqua*	split-leaf philodendron (window leaf)
喜林芋属		
红柄喜林芋	*Philodendron erubescens*	blushing philodendron
喜林芋	*Philodendron melanochrysum* (*P. andreanum*)	black gold philodendron
攀援喜林芋	*Philodendron scandens*	heart-leaf philodendron
春羽 (羽裂喜林芋)	*Philodendron bipinnatifidum* (*P. selloum*)	lacy tree philodendron
大薸属		
大薸	*Pistia stratiotes*	water lettuce
藤芋属		
绿萝 (黄金葛、麒麟尾)	*Scindapsus aureus* (*Epipremnum pinnatum*)	golden pothos vine
褐斑绿萝 (花叶绿萝)	*Scindapsus pictus* (*Epipremnum pictum*)	silver philodendron (silver vine)
苞叶芋属		
神灯白掌	*Spathiphyllum cannifolium*	peace lily
翼柄白鹤芋	*Spathiphyllum floribundum*	peace lily (snow flower)
绿巨人(苞叶芋)	*Spathiphyllum kochii*	peace lily
白鹤芋	*Spathiphyllum wallisii*	peace lily (white sails)
合果芋属		
窄叶合果芋	*Syngonium angustatum*	five fingers
长耳合果芋	*Syngonium auritum*	arrow-head vine (five fingers)
合果芋	*Syngonium podophyllum*	African evergreen (arrow-head plant)
绒叶合果芋	*Syngonium wendlandii*	Wendland's arrow-head plant

马蹄莲属

马蹄莲	*Zantedeschia aethiopica*	common calla lily
银星马蹄莲	*Zantedeschia albo-maculata*	spotted calla lily
黄花马蹄莲	*Zantedeschia elliottiana*	golden calla lily
红花马蹄莲	*Zantedeschia rehmannii*	pink calla lily (rose calla lily)

鸭跖草科(Commelinaceae)

鸭跖草属

鸭跖草	*Commelina communis*	common dayflower
大苞鸭跖草	*Commelina paludosa*	large-bract dayflower

杜若属

杜若	*Pollia japonica*	Japanese pollia

紫露草属

杂种紫露草	*Tradescantia* ×*andersoniana*	hybrid spiderwort
白花紫露草 (淡竹叶)	*Tradescantia fluminensis*	little-leaf spiderwort (wandering Jew)
紫露草	*Tradescantia reflexa* (*T. pallida*)	wandering Jew
蚌花 (紫背万年青)	*Tradescantia spathacea* (*Rhoeo spathacea*; *R. discolor*)	boat lily (oyster plant)
北美紫露草	*Tradescantia virginiana*	flower-of-a-day (lady's tears; Virginia spiderwort)
吊竹梅	*Tradescantia zebrina* (*Zebrina pendula*)	silver inch-plant

谷精草科(Eriocaulaceae)

南美谷精草属

金花谷精草	*Syngonanthus chrysanthus*	golden pipewort

灯心草科(Juncaceae)

灯心草属

灯心草	*Juncus effusus*	common rush (soft rush)
片髓灯心草	*Juncus inflexus*	European meadow rush
苍白灯心草	*Juncus pallidus*	giant rush (pale rush)
开展灯心草	*Juncus patens*	spreading rush
坚被灯心草	*Juncus tenuis*	poverty rush

地杨梅属

白穗地杨梅	*Luzula nivea*	snowy wood rush

莎草科(Cyperaceae)

薹草属

发状薹草	*Carex albula*	New Zealand hair sedge
青绿薹草 (青薹草)	*Carex breviculmis* (*C. leucochlora*)	white-green sedge
革叶薹草	*Carex buchananii*	leather-leaf sedge
缨穗薹草	*Carex comans*	New Zealand hair sedge
圆锥薹草	*Carex conica*	birdfoot sedge
白颖薹草 (细叶薹草)	*Carex duriuscula* ssp. *rigescens* (*Carex rigescens*)	rigenscent sedge
棕叶薹草	*Carex flagellifera*	weeping brown sedge
崂峪薹草	*Carex giraldiana*	Giraldi's sedge
异穗薹草	*Carex heterostachya*	different-spike sedge
日本薹草	*Carex morrowii*	Japanese sedge
大岛薹草	*Carex oshimensis*	Oshima sedge
垂穗薹草	*Carex pendula*	drooping sedge
宽叶薹草(崖棕)	*Carex siderosticta*	broad-leaf sedge
橙红薹草	*Carex testacea*	orange sedge

莎草属		
银条伞草	*Cyperus albostriatus*	dwarf umbrella grass
旱伞草(伞莎草)	*Cyperus alternifolius* (*C. alternifolius* ssp. *flabelliformis*)	umbrella palm (umbrella sedge)
纸草	*Cyperus papyrus*	papyrus sedge (paper reed)
羊胡子草属		
窄叶羊胡子草(棉花草)	*Eriophorum angustifolium*	common cotton-grass (tall cotton-grass)
光纤草属		
光纤草(虎须草)	*Isolepis cernua* (*Scirpus cernuus*)	fiber optic grass (slender club-rush)
藨草属		
水葱	*Scirpus validus* (*S. tabernaemontani*)	soft-stemmed bullrush

禾本科(Poaceae; Gramineae)

芨芨草属		
远东芨芨草	*Achnatherum extremiorientale*	eastern feather grass
冰草属		
冰草	*Agropyron cristatum*	crested wheat-grass (wheat-grass)
翦股颖属		
绒毛翦股颖	*Agrostis canina*	velvet bent-grass
匍匐翦股颖(匍茎翦股颖)	*Agrostis stolonifera*	creeping bent-grass
细弱翦股颖	*Agrostis tenuis*	colonial bent-grass (common bent)
看麦娘属		
草地看麦娘	*Alopecurus pratensis*	meadow foxtail

燕麦草属		
燕麦	*Arrhenatherum elatius*	false oat-grass (tall oat-grass)
青篱竹属		
苦竹	*Arundinaria amara* (*Pleioblastus amarus*)	bitter bamboo
大明竹	*Arundinaria graminea* (*Pleioblastus gramineus*)	cane bamboo
斑苦竹	*Arundinaria maculata* (*Pleioblastus maculatus*)	spot bitter bamboo
芦竹属		
芦竹	*Arundo donax*	giant reed
地毯草属		
地毯草(大叶油草)	*Axonopus compressus*	blanket grass (broad-leaf carpet-grass)
簕竹属		
粉单竹	*Bambusa chungii* (*Lingnania chungii*)	tropical blue bamboo
慈竹	*Bambusa emeiensis* (*Dendrocalamus affinis*)	Emei bamboo
孝顺竹(凤凰竹)	*Bambusa multiplex*	hedge bamboo
青皮竹	*Bambusa textilis*	weaver's bamboo
佛肚竹	*Bambusa ventricosa*	Buddha's belly bamboo
龙头竹	*Bambusa vulgaris*	common bamboo
垂穗草属		
垂穗草	*Bouteloua curtipendula*	sideoats grama
格兰马草	*Bouteloua gracilis*	blue grama
凌风草属		
大凌风草	*Briza maxima*	large quake-grass (pearl-grass)
野牛草属		
野牛草	*Buchloë dactyloides*	common buffalo-grass

拂子茅属		
尖花拂子茅	*Calamagrostis* × *acutiflora*	feather-reed bent-grass
方竹属		
方竹	*Chimonobambusa quadrangularis*	square-stemmed bamboo
金须茅属		
竹节草	*Chrysopogon aciculatus*	golden false beard-grass
蒲苇属		
蒲苇	*Cortaderia selloana*	Pampas grass
棒芒草属		
灰棒芒草	*Corynephorus canescens*	grey hair-grass (club awn-grass)
狗牙根属		
狗牙根	*Cynodon dactylon*	Bermuda grass (dog's-tooth grass)
龙竹属		
麻竹	*Dendrocalamus latiflorus* (*Sinocalamus latiflorus*)	sweet bamboo
发草属		
发草	*Deschampsia caespitosa*	tufted hair-grass
纤细发草	*Deschampsia elongata*	slender hair-grass
画眉草属		
银须草状画眉草	*Eragrostis airoides*	darnel love-grass
弯叶画眉草	*Eragrostis curvula* (*E. robusta*)	weeping love-grass
埃氏画眉草	*Eragrostis elliottii*	Elliott's love-grass
蜈蚣草属		
假俭草(百足草)	*Eremochloa ophiuroides*	common centipede grass
羊茅属		
高羊茅	*Festuca elata*	lofty fescue
蓝羊茅	*Festuca glauca* (*F. cinerea*)	blue fescue

紫羊茅	*Festuca rubra*	red fescue
瑞士羊茅	*Festuca valesiaca*	Volga fescue
箱根草属		
箱根草	*Hakonechloa macra*	Japanese forest grass (Hakone grass)
绒毛草属		
绒毛草	*Holcus mollis*	German velvet grass
大麦属		
芒颖大麦草	*Hordeum jubatum*	foxtail barley
白茅属		
白茅	*Imperata cylindrica*	blood grass
箬竹属		
阔叶箬竹	*Indocalamus latifolius*	broad-leaf bamboo
箬竹	*Indocalamus tessellatus* (*Sasa tessellata*)	giant-leaf bamboo
落草属		
粉落草	*Koeleria glauca*	blue hair-grass
兔尾草属		
兔尾草	*Lagurus ovatus*	hare's-tail grass
黑麦草属		
黑麦草	*Lolium perenne*	perennial rye-grass
蜜糖草属		
蜜糖草(颖苞糖蜜草)	*Melinis nerviglumis*	bristle-leaf redtop (ruby grass)
芒属		
芒	*Miscanthus sinensis*	Chinese silver-grass
紫芒(矢羽芒)	*Miscanthus sinensis* var. *purpurascens*	purple silver-grass
乱子草属		
日本乱子草	*Muhlenbergia japonica*	Japanese muhly
少穗竹属		
四季竹	*Oligostachyum lubricum* (*Arundinaria lubrica*; *Semiarundinaria lubrica*)	smooth cane bamboo

求米草属		
求米草	*Oplismenus undulatifolius*	wavy-leaf basket-grass
稷属		
毛线稷	*Panicum capillare*	common witch-grass
柳枝稷	*Panicum virgatum*	switch-grass
狼尾草属		
狼尾草	*Pennisetum alopecuroides*	Chinese fountain grass
谷子	*Pennisetum glaucum*	pearl millet
东方狼尾草	*Pennisetum orientale*	oriental fountain grass
绒毛狼尾草	*Pennisetum setaceum*	African fountain grass
羽绒狼尾草	*Pennisetum villosum*	feather-top (white foxtail)
虉草属		
草芦(虉草)	*Phalaris arundinacea*	reed Canary grass
芦苇属		
芦苇	*Phragmites australis* (*P. communis*)	common reed
刚竹属		
人面竹(罗汉竹)	*Phyllostachys aurea*	fishpole bamboo
黄槽竹	*Phyllostachys aureosulcata*	golden-groove bamboo
桂竹(刚竹)	*Phyllostachys bambusoides*	giant timber bamboo
毛竹	*Phyllostachys edulis* (*P. pubescens*)	edible bamboo
红哺鸡竹(红壳竹)	*Phyllostachys iridescens*	red-sheath bamboo
紫竹	*Phyllostachys nigra*	black bamboo
早园竹(沙竹)	*Phyllostachys propinqua*	Beijing bamboo
金竹(黄金竹)	*Phyllostachys sulphurea*	sulfur bamboo
早熟禾属		
细叶早熟禾	*Poa amethystina*	bluegrass
草地早熟禾	*Poa pratensis*	Kentucky bluegrass

矢竹属		
矢竹	*Pseudosasa japonica* (*Arundinaria japonica*)	arrow bamboo
赤竹属		
铺地竹	*Sasa argenteo-striata*	silvery white-stripe bamboo
菲黄竹	*Sasa auricoma* (*Arundinaria viridistriata*; *Pleioblastus auricoma*)	dwarf gold-stripe bamboo
菲白竹	*Sasa fortunei* (*Arundinaria fortunei*; *Pleioblastus fortunei*)	dwarf white-stripe bamboo
翠竹	*Sasa pygmaea* (*Arundinaria pygmaea*)	dwarf sasa
维氏赤竹(山白竹)	*Sasa veitchii*	Veitch's bamboo
裂稃草属		
北美小须芒草	*Schizachyrium scoparium*	little bluestem
业平竹属		
短穗竹	*Semiarundinaria densiflora* (*Brachystachyum densiflorum*)	short-spikelet bamboo
狗尾草属		
狗尾草	*Setaria italica*	Italian millet
鹅毛竹属		
鹅毛竹	*Shibataea chinensis*	running bamboo (zigzag bamboo)
倭竹	*Shibataea kumasasa*	Ruscus bamboo (zigzag bamboo)
唐竹属		
唐竹	*Sinobambusa tootsik*	Chinese temple bamboo
钝叶草属		
偏穗钝叶草	*Stenotaphrum secundatum*	buffalo grass (St. Augustine grass)

针茅属		
针茅	*Stipa arundinacea*	pheasant-grass
极细针茅	*Stipa tenuissima* (*Nassella tenuissima*)	Mexican feather grass
泰竹属		
泰竹	*Thyrsostachys siamensis*	monastery bamboo (Thai bamboo; Thai umbrella bamboo)
菰属		
茭白(菰)	*Zizania latifolia*	Manchurian wild rice
结缕草属		
结缕草	*Zoysia japonica*	Japanese lawn grass
沟叶结缕草(马尼拉草)	*Zoysia matrella*	Manila grass
细叶结缕草(天鹅绒草)	*Zoysia tenuifolia*	Korean velvet grass

香蒲科(Typhaceae)

香蒲属		
香蒲(水蜡烛)	*Typha angustata*	long-bract cat-tail
宽叶香蒲	*Typha latifolia*	common cat-tail
小香蒲	*Typha minima*	little cat-tail
东方香蒲	*Typha orientale*	oriental cat-tail

凤梨科(Bromeliaceae)

光萼荷属		
光萼荷(斑马凤梨)	*Aechmea chantinii* (*Billbergia chantinii*)	Amazonian zebra plant
美叶光萼荷(蜻蜓凤梨)	*Aechmea fasciata*	silver vase plant (urn plant)
亮叶光萼荷(珊瑚凤梨)	*Aechmea fulgens*	coralberry bromeliad

弯叶光萼荷 （弯叶珊瑚凤梨）	*Aechmea recurvata*	recurved aechmea
凤梨属		
红凤梨（苞凤梨）	*Ananas bracteatus*	red pineapple
凤梨（菠萝）	*Ananas comosus*	pineapple
水塔花属		
垂花水塔花	*Billbergia nutans*	angel's tears （queen's tears）
水塔花	*Billbergia pyramidalis*	flaming torch （summer torch）
斑马水塔花	*Billbergia zebrina*	queen's tears
红心凤梨属		
红心凤梨 （心焰凤梨）	*Bromelia balansae*	heart-of-flame
企鹅凤梨	*Bromelia pinguin*	pinguin （wild pineapple）
姬凤梨属		
姬凤梨	*Cryptanthus acaulis*	green earth star
双条带姬凤梨	*Cryptanthus bivittatus*	earth star （starfish plant）
彩叶姬凤梨	*Cryptanthus bromelioides* （*C. acaulis* var. *bromelioides*; *C. carnosus*）	rainbow star
环带姬凤梨	*Cryptanthus zonatus*	zebra plant
雀舌兰属		
小雀舌兰 （硬叶凤梨）	*Dyckia altissima*	tall dyckia
短叶雀舌兰	*Dyckia brevifolia*	pineapple dyckia
果子蔓属		
圆锥果子蔓	*Guzmania conifera*	bright orange bromeliad
果子蔓	*Guzmania lingulata*	droophead tufted airplant

红叶果子蔓 (积水凤梨)	*Guzmania sanguinea*	scarlet guzmania
彩叶凤梨属		
彩叶凤梨	*Neoregelia carolinae*	blushing bromeliad
同心彩叶凤梨	*Neoregelia concentrica*	concentric bromeliad
艳美彩叶凤梨 (艳凤梨)	*Neoregelia spectabilis*	fingernail plant
巢凤梨属		
松伞巢凤梨	*Nidularium billbergioides*	billbergia-like bird's-nest bromeliad
深紫巢凤梨	*Nidularium fulgens*	blushing bromeliad
巢凤梨	*Nidularium innocentii*	bird's-nest bromeliad
普亚凤梨属		
高山普亚凤梨	*Puya alpestris*	alpine puya
铁兰属		
紫花凤梨(铁兰)	*Tillandsia cyanea*	pink quill
束花凤梨	*Tillandsia fasciculata*	giant airplant (wild pine)
披苞铁兰	*Tillandsia leiboldiana*	Leibold's airplant
长苞铁兰 (紫花凤梨)	*Tillandsia lindenii*	blue-flower torch
苔花凤梨 (老人须)	*Tillandsia usneoides*	old man's beard (Spanish moss)
丽穗凤梨属		
莺歌凤梨	*Vriesea carinata*	lobster claw painted feather
福氏穗凤梨	*Vriesea forsteriana*	rock bromeliad
象形文叶凤梨	*Vriesea hieroglyphica*	king of bromeliad
丽穗凤梨	*Vriesea splendens*	flaming sword bromeliad
萨莫拉丽穗凤梨	*Vriesea zamorensis*	Zamora bromeliad

旅人蕉科(Strelitziaceae)

旅人蕉属

旅人蕉	*Ravenala madagascariensis*	traveller's-tree

鹤望兰属

鹤望兰	*Strelitzia reginae*	bird of paradise

蝎尾蕉科(Heliconiaceae)

蝎尾蕉属

黄纹蝎尾蕉	*Heliconia aureo-striata*	gold-stripe heliconia
鹦鹉蝎尾蕉	*Heliconia psittacorum*	parrot's flower (parrot heliconia)
蝎尾蕉 (垂花火鸟蕉)	*Heliconia rostrata*	false-bird-of-paradise (lobster claw)
粉苞蝎尾蕉	*Heliconia wagneriana*	Wagner's heliconia

芭蕉科(Musaceae)

芭蕉属

芭蕉	*Musa basjoo*	Japanese banana
红蕉	*Musa coccinea* (*M. uranoscopos*)	scarlet banana (flowering banana)

地涌金莲属

地涌金莲	*Musella lasiocarpa* (*Ensete lasiocarpum*)	Chinese yellow banana (golden lotus banana)

象腿蕉属

象腿蕉	*Ensete ventricosum*	Ethiopian banana

姜科(Zingiberaceae)

山姜属

山姜	*Alpinia japonica*	Japanese ginger
艳山姜	*Alpinia zerumbet*	butterfly ginger (shell ginger)

姜黄属		
泽泻叶姜黄	*Curcuma alismatifolia*	Siam tulip
杂种姜荷花	*Curcuma* ×*hybrida*	turmeric
红苞姜黄	*Curcuma roscoeana*	jewel of Burma (orange ginger)
姜花属		
红姜花	*Hedychium coccineum*	scarlet ginger-lily
姜花	*Hedychium coronarium*	butterfly lily (white ginger-lily)
黄姜花	*Hedychium flavum*	yellow ginger-lily
火炬姜属		
火炬姜(瓷玫瑰)	*Nicolaia elatior* (*Phaeomeria magnifica*)	torch-ginger
姜属		
红球姜	*Zingiber zerumbet*	pinecone ginger

闭鞘姜科(Costaceae)

闭鞘姜属		
闭鞘姜	*Costus speciosus*	crape ginger

美人蕉科(Cannaceae)

美人蕉属		
大花美人蕉	*Canna* ×*generalis*	canna (canna lily)
粉美人蕉	*Canna glauca*	aquatic canna lily (water canna)
美人蕉	*Canna indica*	Indian canna
兰花美人蕉	*Canna* ×*orchioides*	orchid canna
紫叶美人蕉	*Canna warszewiczii*	Warszewicz's canna

竹芋科(Marantaceae)

肖竹芋属		
可爱紫背竹芋	*Calathea amabilis* (*Stromanthe amabilis*)	prayer plant

金花肖竹芋	*Calathea crocata*	eternal flame
白边肖竹芋	*Calathea illustris*	white-margin calathea
箭羽竹芋	*Calathea insignis*	olive-blotch calathea
列兹肖竹芋	*Calathea lietzei*	Lietze's calathea
孔雀竹芋	*Calathea makoyana*	peacock plant
肖竹芋	*Calathea ornata*	pink-stripe (prayer plant)
丽白肖竹芋	*Calathea picturata*	pin-stripe plant (prayer plant)
彩虹竹芋	*Calathea roseopicta*	red-margin calathea
圆叶竹芋	*Calathea rotundifolia*	round-leaf calathea
维氏肖竹芋	*Calathea veitchiana*	Veitch's calathea
斑叶肖竹芋(天鹅绒竹芋)	*Calathea zebrina*	zebra plant
密花竹芋属		
密花竹芋	*Ctenanthe oppenheimiana*	never never plant
银叶竹芋(银羽斑竹芋)	*Ctenanthe setosa*	grey maranta
竹芋属		
竹芋	*Maranta arundinacea*	Bermuda arrowroot (obedience plant)
花叶竹芋	*Maranta bicolor*	bicolour arrowroot (prayer plant)
条纹竹芋(豹纹竹芋)	*Maranta leuconeura*	banded arrowroot (prayer plant)
卧花竹芋属		
紫背竹芋	*Stromanthe sanguinea*	prayer plant (stromanthe)
水竹芋属		
再力花(水竹芋)	*Thalia dealbata*	hardy canna (powdery thalia)

雨久花科(Pontederiaceae)

凤眼莲属

凤眼莲(凤眼蓝、水葫芦)	*Eichhornia crassipes*	common waterhyacinth

梭鱼草属

梭鱼草	*Pontederia cordata*	pickerel weed
箭叶梭鱼草	*Pontederia lanceolata*	pickerel rush (pickerel weed)

雨久花属

雨久花	*Monochoria korsakowii*	Korsakov's monochoria
鸭舌草	*Monochoria vaginalis*	heartshape false pickerelweed

血草科(Haemodoraceae)

鼠爪花属

黄鼠爪花	*Anigozanthos flavidus*	kangaroo-paw
矮鼠爪花	*Anigozanthos humilis*	cat's-paw (rabbit-paw)
鼠爪花(袋鼠花)	*Anigozanthos manglesii*	red-and-green kangaroo-paw

百合科(Liliaceae)

百子莲属

百子莲	*Agapanthus africanus* (*A. umbellatus*)	African lily (blue African lily)
东方百子莲	*Agapanthus orientalis*	lily-of-the-Nile
早花百子莲	*Agapanthus praecox*	African lily (blue African lily; lily-of-the-Nile)

筒花属

矮白筒花(哨兵花)	*Albuca humilis*	small albuca
弹簧草	*Albuca namaquensis*	Namaqualand albuca
木百合	*Albuca nelsonii*	Nelson's slime lily

卷叶弹簧草	*Albuca spiralis*	spiral albuca
葱属		
大花葱	*Allium giganteum*	giant onion
黄花茖葱(茖葱)	*Allium moly*	golden garlic (lily leek)
香葱(北葱)	*Allium schoenoprasum*	ball-headed onion (wild chives)
山韭(野韭)	*Allium senescens*	German garlic (ornamental onion)
天门冬属		
非洲天门冬(天门冬、武竹)	*Asparagus densiflorus* (*A. sprengeri*)	asparagus fern (climbing asparagus)
镰叶天门冬	*Asparagus falcatus*	sickle-thorn asparagus
松叶武竹	*Asparagus myriocladus*	Ming fern
石刁柏(芦笋)	*Asparagus officinalis*	garden asparagus
文竹(云竹)	*Asparagus setaceus* (*A. plumosus*)	common asparagus fern
蜘蛛抱蛋属		
蜘蛛抱蛋(一叶兰)	*Aspidistra elatior*	bar-room plant
大百合属		
大百合	*Cardiocrinum giganteum*	giant Himalayan lily
吊兰属		
吊兰(宽叶吊兰)	*Chlorophytum capense* (*C. elatum*)	bracket plant
窄叶吊兰	*Chlorophytum comosum*	spider plant
秋水仙属		
秋水仙	*Colchicum autumnale*	autumn crocus
美丽秋水仙	*Colchicum speciosum*	showy autumn crocus
铃兰属		
铃兰	*Convallaria majalis*	lily-of-the-valley

仙茅属		
大叶仙茅	*Curculigo capitulata*	palm grass (whale back)
油点百合属		
油点百合 (豹纹百合)	*Drimiopsis kirkii*	giant squill
独尾草属		
巨独尾草	*Eremurus robustus*	foxtail lily
贝母属		
皇冠贝母	*Fritillaria imperialis*	crown imperial lily
蛇头花贝母	*Fritillaria meleagris*	snake's-head lily (Turkey eggs)
伊贝母	*Fritillaria pallidiflora*	pale-flower fritillary
波斯贝母	*Fritillaria persica*	Persian fritillary
夏风信子属		
夏风信子	*Galtonia candicans*	spire lily (summer hyacinth)
嘉兰属		
嘉兰	*Gloriosa superba*	flame lily (glory lily)
萱草属		
黄花菜	*Hemerocallis citrina* (*H. altissima*)	Chinese daylily (nightlily)
萱草	*Hemerocallis fulva*	tawny daylily
北黄花菜	*Hemerocallis lilioasphodelus* (*H. flava*)	yellow daylily
大苞萱草	*Hemerocallis middendorffii*	Amur daylily
玉簪属		
高丛玉簪	*Hosta* ×*fortunei* (*H.* Fortunei Group)	Fortune's hosta (Fortune's plantain lily)
叶玉簪	*Hosta nigrescens*	plantain lily

玉簪	*Hosta plantaginea*	fragrant plantain lily
圆叶玉簪	*Hosta sieboldii*	Siebold's hosta (Siebold's plantain lily)
波叶玉簪	*Hosta* ×*undulata*	wavy-leaf hosta (wavy-leaf plantain lily)
紫萼	*Hosta ventricosa*	blue plantain lily
风信子属		
风信子	*Hyacinthus orientalis*	common hyacinth (garden hyacinth)
春星花属		
蓝春星花	*Ipheion uniflorum* (*Brodiaea uniflora*)	spring starflower
火炬花属		
小火炬花	*Kniphofia triangularis*	dwarf red-hot-poker
火炬花	*Kniphofia uvaria*	red-hot-poker (torch-lily)
立金花属		
立金花	*Lachenalia aloides* (*L. tricolor*)	Cape cowslip
百合属		
渥丹	*Lilium concolor*	morning-star lily
台湾百合	*Lilium formosanum*	Taiwanese mountain lily
湖北百合(鄂西百合)	*Lilium henryi*	Henry's lily
卷丹	*Lilium lancifolium*	tiger lily
麝香百合(铁炮百合)	*Lilium longiflorum*	Easter lily (November lily)
细叶百合	*Lilium pumilum* (*L. tenuifolium*)	coral lily (Turk's-cap lily)
王百合(岷江百合)	*Lilium regale*	regal lily

鹿子百合	*Lilium speciosum*	Japanese lily
麦冬属		
阔叶山麦冬	*Liriope muscari* (*L. platyphylla*)	big blue lily-turf
麦冬(土麦冬)	*Liriope spicata*	creeping lily-turf
葡萄风信子属		
亚美尼亚葡萄风信子	*Muscari armeniacum* (*M. colchicum*)	grape hyacinth
葡萄风信子	*Muscari botryoides*	common grape-hyacinth (purple grape-hyacinth)
沿阶草属		
沿阶草	*Ophiopogon japonicus*	mondo grass
扁葶沿阶草	*Ophiopogon planiscapus*	black mondo grass
虎眼万年青属		
虎眼万年青(鸟乳花)	*Ornithogalum longibracteatum* (*O. caudatum*)	false sea-onion (pregnant onion)
黄精属		
镰刀黄精	*Polygonatum falcatum*	Solomon's seal
多花黄精	*Polygonatum multiflorum*	garden Solomon's seal
玉竹	*Polygonatum odoratum*	scented Solomon's seal
吉祥草属		
吉祥草	*Reineckea carnea*	pink reineckea
万年青属		
万年青	*Rohdea japonica*	Japanese sacred lily
假叶树属		
假叶树	*Ruscus aculeatus*	butcher's broom
圣诞钟属		
宫灯百合(圣诞钟)	*Sandersonia aurantiaca*	Chinese lantern lily (Christmas bells)
绵枣儿属		
聚铃花	*Scilla hispanica*	Spanish bluebell
蓝绵枣儿	*Scilla nonscripta* (*S. nutans*)	common bluebell

地中海绵枣儿	*Scilla peruviana*	Peruvian lily
绵枣儿	*Scilla scilloides*	Chinese scilla
鹿药属		
锥花鹿药	*Smilacina racemosa*	false Solomon's seal
白穗花属		
白穗花	*Speirantha gardenii*	common speirantha
延龄草属		
褐花延龄草	*Trillium erectum*	birthroot (red trillium)
大花延龄草	*Trillium grandiflorum*	white trillium
紫娇花属		
紫娇花(蒜味草)	*Tulbaghia violacea*	society garlic
郁金香属		
老鸦瓣	*Tulipa edulis*	edible tulip
福氏郁金香	*Tulipa fosteriana*	Foster's tulip
郁金香	*Tulipa gesneriana*	garden tulip
格氏郁金香	*Tulipa greigii*	Greig's tulip
土耳其郁金香	*Tulipa kaufmanniana*	waterlily tulip

石蒜科(Amaryllidaceae)

六出花属		
六出花(黄六出花)	*Alstroemeria aurantiaca*	Peruvian lily (yellow alstroemeria)
粉花六出花(紫条六出花)	*Alstroemeria ligtu*	Parigo charm Peruvian lily
孤挺花属		
杂种孤挺花	*Amaryllis* × *hybrida* (*Hippeastrum* × *hybridum*)	hybrid Jersey lily (hybrid knight's star)
网纹孤挺花	*Amaryllis reticulata* (*Hippeastrum reticulatum*)	netted-flower Jersey lily (netted-flower knight's star)
朱顶红(朱顶兰)	*Amaryllis vittata* (*Hippeastrum vittatum*)	Barbados lily

君子兰属		
君子兰 (大花君子兰)	*Clivia miniata*	scarlet kaffir lily
垂笑君子兰	*Clivia nobilis*	drooping kaffir lily (greentip kaffir lily)
文殊兰属		
红花文殊兰	*Crinum amabile*	giant spider lily
文殊兰	*Crinum asiaticum*	grand crinum lily
鲍氏文殊兰	*Crinum* ×*powellii*	Cape Coast lily (swamp lily)
雪钟花属		
雪钟花(雪花莲)	*Galanthus nivalis*	common snowdrop
网球花属		
白花网球花 (虎耳兰)	*Haemanthus albiflos*	white blood-lily
网球花	*Haemanthus coccineus*	scarlet blood-lily
绣球百合	*Haemanthus katherinae*	Katherine's blood-lily
多花网球花	*Haemanthus multiflorus*	salmon blood-lily
水鬼蕉属		
蜘蛛兰(水鬼蕉)	*Hymenocallis americana*	spider-lily
美丽水鬼蕉	*Hymenocallis speciosa*	spider-lily
鸢尾蒜属		
鸢尾蒜	*Ixiolirion tataricum*	lavender mountain lily (Siberian lily; Tartar lily)
雪片莲属		
雪片莲(雪铃花)	*Leucojum vernum*	spring snowflake
石蒜属		
忽地笑 (金花石蒜)	*Lycoris aurea*	golden spider lily
中国石蒜	*Lycoris chinensis*	Chinese spider lily
红蓝石蒜	*Lycoris* ×*haywardii*	electric surprise lily
长筒石蒜	*Lycoris longituba*	long-tubed spider lily

石蒜	*Lycoris radiata*	red spider lily
换锦花	*Lycoris sprengeri*	Sprenger's spider lily
鹿葱	*Lycoris squamigera*	autumn spider lily
水仙属		
围裙水仙	*Narcissus bulbocodium*	hoop-petticoat daffodil
仙客来水仙	*Narcissus cyclamineus*	cyclamen daffodil
三蕊水仙	*Narcissus* ×*incomparabilis*	nonesuch daffodil
丁香水仙	*Narcissus jonquilla*	jonquil (wild jonquil)
红口水仙	*Narcissus poeticus*	pheasant's-eye (poet's daffodil)
黄水仙 (喇叭水仙)	*Narcissus pseudonarcissus*	common daffodil (wild daffodil)
中国水仙	*Narcissus tazetta* var. *chinensis*	Chinese daffodil
三蕊水仙 (西班牙水仙)	*Narcissus triandrus*	Angel's tears
尼润属		
尼润(娜丽花)	*Nerine bowdenii*	Guernsey lily (nerine)
晚香玉属		
晚香玉(夜来香)	*Polianthes tuberosa*	tuberose
龙头花属		
火燕兰	*Sprekelia formosissima*	Aztec lily (Jacobean lily)
葱莲属		
葱莲 (白花菖蒲莲)	*Zephyranthes candida*	autumn zephyrlily (rain lily)
红花菖蒲莲 (风雨花)	*Zephyranthes carinata* (*Z. grandiflora*)	pink rain lily (rose-pink zephyrlily)

鸢尾科(Iridaceae)

菖蒲鸢尾属		
二色菖蒲鸢尾	*Acidanthera bicolor*	fragrant gladiolus (peacock orchid)
狒狒花属		
狒狒花	*Babiana stricta*	baboon flower
射干属		
射干	*Belamcanda chinensis*	blackberry lily
雄黄兰属		
雄黄兰(射干菖蒲)	*Crocosmia* ×*crocosmiiflora*	common crocosmia
番红花属		
金冬番红花	*Crocus chrysanthus*	golden winter crocus
番黄花	*Crocus maesiacus* (*C. aureus*)	yellow crocus
番红花	*Crocus sativus*	saffron crocus
美丽番红花	*Crocus speciosus*	pretty crocus
金线番红花	*Crocus susianus*	cloth-of-gold crocus
春番红花(番紫花)	*Crocus vernus*	spring crocus
野鸢尾属		
肖鸢尾(摩利兰)	*Dietes iridioides* (*Moraea iridioides*)	Cape iris (wild iris)
香雪兰属		
香雪兰(小苍兰)	*Freesia* ×*hybrida*	freesia
唐菖蒲属		
唐菖蒲(剑兰、十三太保)	*Gladiolus* ×*hybridus*	gladiolus
鸢尾属		
扁竹兰(扁竹根)	*Iris confusa*	confused iris
花菖蒲(玉蝉花)	*Iris ensata* (*I. kaempferi*)	Japanese iris
德国鸢尾	*Iris* ×*germanica*	German iris

蝴蝶花(扁竹根)	*Iris japonica*	fringed iris
马蔺(马莲)	*Iris lactea* (*Iris lactea* var. *chinensis*)	Chinese iris
燕子花	*Iris laevigata*	rabbit-ear iris
路易斯安那鸢尾	*Iris louisiana*	Louisiana iris (water iris)
香根鸢尾 (银苞鸢尾)	*Iris pallida*	sweet iris
黄菖蒲	*Iris pseudacorus*	yellow flag iris
矮菖蒲	*Iris pumila*	dwarf iris
溪荪(东方鸢尾)	*Iris sanguinea*	bloodred iris
西伯利亚鸢尾	*Iris sibirica*	Siberian iris
鸢尾(蓝蝴蝶)	*Iris tectorum*	roof iris
西班牙鸢尾 (荷兰鸢尾)	*Iris xiphium*	Dutch iris (Spanish iris)
鸟胶花属		
黄鸟胶花 (玉米百合)	*Ixia maculata*	African corn lily (spotted African corn lily)
庭菖蒲属		
狭叶庭菖蒲	*Sisyrinchium angustifolium*	narrow-leaf blue-eyed grass
美丽庭菖蒲	*Sisyrinchium bellum*	Californian blue-eyed grass (western blue-eyed grass)
魔杖花属		
三色魔杖花 (水仙菖蒲)	*Sparaxis tricolor*	harlequin flower (wand flower)
虎斑花属		
虎斑花	*Tigridia pavonia*	Mexican shell flower (tiger flower)
观音兰属		
观音兰	*Tritonia crocata*	flame freesia

芦荟科(Aloaceae)

芦荟属

木立芦荟	*Aloë arborescens*	Krans aloe (tree aloe)
木锉芦荟 (木锉掌)	*Aloë aristata*	lace aloe (torch plant)
翡翠殿	*Aloë juvenna*	tiger tooth aloe
不夜城芦荟	*Aloë mitriformis*	gold tooth aloe (purple-crown aloe)
花叶芦荟 (皂质芦荟)	*Aloë saponaria*	soap aloe
翠花掌	*Aloë variegata*	partridge-breasted aloe (variegated aloe)
库拉索芦荟	*Aloë vera*	Barbados aloe (Curacao aloe; true aloe)

鲨鱼掌属

脂麻掌(卧牛)	*Gasteria armstrongii*	Armstrong's gasteria
小叶鲨鱼掌	*Gasteria carinata* (*G. parvifolia*)	little-leaf gasteria
虎皮掌 (花脂麻掌)	*Gasteria marmorata*	marble gasteria
鲨鱼掌	*Gasteria verrucosa*	ox-tongue gasteria (warty gasteria)

十二卷属

曲叶龙掌(寿)	*Haworthia coarctata*	dense-leaf haworthia
玉露	*Haworthia cooperi*	window haworthia
水晶掌	*Haworthia cymbiformis*	boat-shaped haworthia
条纹十二卷 (锦鸡尾)	*Haworthia fasciata*	zebra haworthia
界叶掌(琉璃殿)	*Haworthia limifolia*	rough-leaf haworthia
珍珠十二卷 (点纹十二卷)	*Haworthia margaritifera*	pearl plant

毛氏十二卷（万象）	*Haworthia maughanii*	Maughan's haworthia
卷边十二卷	*Haworthia mirabilis*	wonderful haworthia
白点锦鸡尾	*Haworthia reinwardtii*	white-spot haworthia
蛇皮掌（龙鳞）	*Haworthia tessellata*	tessellated haworthia
截形十二卷（玉扇）	*Haworthia truncata* (*H. cooperi* var. *truncata*)	clipped window plant

龙舌兰科（Agavaceae）

龙舌兰属

龙舌兰	*Agave americana*	century plant
丝龙舌兰	*Agave filifera*	thread-leaf agave
帕氏龙舌兰（虚空藏）	*Agave parryi*	Parry's agave (Parry's century plant)
雷神	*Agave potatorum*	butterfly agave
鬼脚掌	*Agave victoriae-reginae*	royal agave

朱蕉属

香朱蕉	*Cordyline australis*	New Zealand cabbage tree
班氏朱蕉	*Cordyline banksii*	forest cabbage tree
朱蕉	*Cordyline fruticosa* (*C. terminalis*)	good-luck plant
绿玉蕉	*Cordyline indivisa*	mountain cabbage tree
细叶朱蕉（细叶千年木）	*Cordyline stricta*	narrow-leaf palm lily (slender palm lily)

山菅草属

山菅草（山菅兰）	*Dianella ensifolia*	sword-leaf dianella (umbrella dracaena)

龙血树属

狭叶龙血树	*Dracaena angustifolia*	narrow-leaf dragon-tree
海南龙血树（山海带）	*Dracaena cambodiana*	Cambodia dragon-tree

香龙血树(巴西木、异味龙血树)	*Dracaena fragrans* (*D. deremensis*)	corn plant (cornstalk dracaena)
虎斑木(虎斑龙血树)	*Dracaena goldieana*	zebra-striped dragon-tree
红果龙血树(马尾铁、百合竹、红边千年木)	*Dracaena marginata* (*D. reflexa*)	Madagascar dragon-tree (Malaysian dracaena)
富贵竹	*Dracaena sanderiana*	Belgian evergreen (lucky bamboo)
油点木(星点木、洒金龙血树)	*Dracaena surculosa* (*D. godseffiana*)	gold dust dracaena (spotted dracaena)
万年兰属		
毛里求斯万年兰	*Furcraea foetida*	Mauritius hemp
万年兰(万年麻)	*Furcraea selloa*	sword lily (wild sisal)
酒瓶兰属		
酒瓶兰	*Nolina recurvata* (*Beaucarnea recurvata*)	pony tail
新西兰麻属		
新西兰麻	*Phormium tenax*	New Zealand flax
虎尾兰属		
圆柱虎尾兰	*Sansevieria cylindrica*	African spear plant (cylindrical snake plant)
虎尾兰(虎皮兰)	*Sansevieria trifasciata* (*S. zebrina*)	mother-in-law's tongue (snake plant)
丝兰属		
千手兰	*Yucca aloifolia*	aloe yucca (Spanish bayonet)
象脚丝兰(巨丝兰)	*Yucca elephantipes* (*Y. gigantea*)	giant yucca
匙叶丝兰	*Yucca filamentosa*	Adam's needle (spoon-leaf yucca)

凤尾兰(菠萝花)	*Yucca gloriosa*	Spanish dagger
软叶凤尾兰	*Yucca recurvifolia*	curve-leaf yucca (pendulous yucca)
丝兰	*Yucca smalliana*	Small's yucca

蒟蒻薯科(Taccaceae)

蒟蒻薯属

老虎须(箭根薯)	*Tacca chantrieri*	black bat flower
丝须蒟蒻薯	*Tacca integrifolia*	white bat flower

兰科(Orchidaceae)

指甲兰属

多花指甲兰	*Aerides multiflora*	many-flower fox brush orchid
香花指甲兰	*Aerides odorata*	foxtail orchid (fragrant aerides)
玫红指甲兰	*Aerides rosea*	rose aerides (rose fox brush orchid)

武夷兰属

象牙风兰	*Angraecum eburneum*	comet orchid
长距风兰	*Angraecum sesquipedale*	Christmas orchid (Darwin's orchid)

开唇兰属

血叶兰	*Anoectochilus dawsonianus* (*Ludisia discolor*)	black jewel orchid
台湾金线莲	*Anoectochilus formosanus*	jewel orchid

蜘蛛兰属

蜘蛛兰	*Arachnis flos-aeris*	scorpion orchid

鸟舌兰属

鸟舌兰	*Ascocentrum ampullaceum*	ascocentrum
卷叶鸟舌兰	*Ascocentrum curvifolium*	curved-leaf ascocentrum
橙花鸟舌兰	*Ascocentrum miniatum*	rust-red ascocentrum

白及属

白及	*Bletilla striata*	Chinese ground orchid

柏拉兰属		
长瓣柏拉兰	*Brassavola cucullata*	daddy longlegs orchid
柏拉兰	*Brassavola nodosa*	lady-of-the-night orchid
长萼兰属		
尾尖长萼兰	*Brassia caudata*	tailed spider-orchid
褐斑长萼兰	*Brassia maculata*	spotted spider-orchid
疣斑长萼兰	*Brassia verrucosa*	warty spider-orchid
虾脊兰属		
虾脊兰	*Calanthe vestita*	common calanthe
卡特兰属		
金黄卡特兰	*Cattleya aurea*	golden yellow cattleya
中型卡特兰	*Cattleya intermedia*	intermediate cattleya
卡特兰	*Cattleya labiata*	crimson cattleya (ruby-lipped cattleya)
劳氏卡特兰	*Cattleya lawrenceana*	Lawrence's cattleya
洛氏卡特兰	*Cattleya loddigesii*	Loddiges' cattleya
吕氏卡特兰	*Cattleya lueddemanniana*	Lüddemann's cattleya
莫氏卡特兰	*Cattleya mossiae*	Easter cattleya
壮丽卡特兰	*Cattleya nobilior*	noble cattleya
特氏卡特兰	*Cattleya trianae* (*C. bogotaensis*)	Dr. Triana's cattleya
堇紫卡特兰	*Cattleya violacea*	violet cattleya
沃氏卡特兰	*Cattleya walkeriana*	Walker's cattleya
哥伦比亚卡特兰	*Cattleya warscewiczii* (*C. gigas*)	Colombian cattleya
兰属		
独占春	*Cymbidium eburneum*	ivory cymbidium
建兰(四季兰)	*Cymbidium ensifolium*	sword-leaf cymbidium
蕙兰(夏兰)	*Cymbidium faberi*	Faber's cymbidium
多花兰	*Cymbidium floribundum* (*C. pumilum*)	yellow margin orchid
春兰(兰草)	*Cymbidium goeringii*	noble orchid (spring orchid)

虎头兰(蝉兰)	*Cymbidium hookerianum*	Hooker's cymbidium
黄蝉兰	*Cymbidium iridioides*	iris-like cymbidium
寒兰	*Cymbidium kanran*	cold-growing cymbidium
兔耳兰	*Cymbidium lancifolium*	lance-leaf cymbidium
碧玉兰(红唇虎头兰)	*Cymbidium lowianum*	Low's cymbidium
墨兰(报岁兰)	*Cymbidium sinense*	Chinese cymbidium
莲瓣兰	*Cymbidium tortisepalum*	broad-leaf spring orchid
西藏虎头兰	*Cymbidium tracyanum*	Tracy's cymbidium
弯唇兰属		
大花弯唇兰	*Cyrtochilum macranthum* (*Oncidium macranthum*)	large-flower cyrtochilum
石斛属		
美丽石斛	*Dendrobium amabile*	enchanting dendrobium
长苏石斛	*Dendrobium brymerianum*	Brymer's dendrobium
束花石斛	*Dendrobium chrysanthum*	golden-flower dendrobium
密花石斛	*Dendrobium densiflorum*	pineapple orchid
流苏石斛	*Dendrobium fimbriatum*	fringe-lipped dendrobium
澳洲石斛	*Dendrobium kingianum*	pink rock orchid
美花石斛	*Dendrobium loddigesii*	Loddiges' dendrobium
杓唇石斛	*Dendrobium moschatum*	musk dendrobium
石斛(金钗石斛)	*Dendrobium nobile*	noble dendrobium
偏花石斛	*Dendrobium secundum*	toothbrush orchid
丽石斛	*Dendrobium speciosum*	king orchid (rock orchid)
球花石斛	*Dendrobium thyrsiflorum*	pine cone dendrobium
狄萨兰属		
单花狄萨兰	*Disa uniflora*	pride-of-Table-Mountain
五唇兰属		
五唇兰(朵丽兰)	*Doritis pulcherrima*	beautiful doritis
围柱兰属		
围柱兰	*Encyclia ambigua*	ambiguous encyclia

树兰属		
血红树兰	*Epidendrum radicans*	crucifix orchid (rainbow orchid)
偏花树兰	*Epidendrum secundum*	lopsided star orchid
南美卡特兰属		
波氏卡特兰	*Guarianthe bowringiana* (*Cattleya bowringiana*)	Bowring's cattleya
危地马拉卡特兰	*Guarianthe skinneri* (*Cattleya skinneri*)	Skinner's cattleya
蕾丽兰属		
锐茎蕾丽兰 (二棱蕾丽兰)	*Laelia anceps*	two-edged laelia
黄花蕾丽兰	*Laelia flava*	yellow laelia
蕾丽兰	*Laelia jongheana*	Jonghe's laelia
美花蕾丽兰	*Laelia speciosa*	beautiful laelia
捧心兰属		
血红捧心兰 (血红薄叶兰)	*Lycaste cruenta*	blood-red lycaste
施氏捧心兰 (施氏薄叶兰)	*Lycaste skinneri*	Skinner's lycaste
三尖兰属		
猩红三尖兰	*Masdevallia coccinea*	scarlet masdevallia
红斑三尖兰	*Masdevallia maculata*	spotted masdevallia
玫红三尖兰	*Masdevallia rosea*	rose-red masdevallia
维氏三尖兰	*Masdevallia veitchiana*	Veitch's masdevallia
米尔顿兰属		
白花米尔顿兰	*Miltonia candida*	white pansy orchid
克氏米尔顿兰	*Miltonia clowesii*	Clowes' pansy orchid
大花米尔顿兰	*Miltonia cuneata*	wedge-shaped pansy orchid
白唇米尔顿兰	*Miltonia* × *leucoglossa*	white-tongue pansy orchid
美堇兰属		
白蝶花美堇兰	*Miltoniopsis phalaenopsis*	butterfly pansy orchid
旗花美堇兰	*Miltoniopsis vexillaria*	flag-like pansy orchid

风兰属		
风兰	*Neofinetia falcata*	Japanese wind orchid
齿瓣兰属		
垂花齿瓣兰	*Odontoglossum citrosmum* (*O. pendulum*)	citron-scented orchid
皱波齿瓣兰	*Odontoglossum crispum*	curled tiger orchid
大齿瓣兰	*Odontoglossum grande*	tiger orchid
哈氏齿瓣兰	*Odontoglossum harryanum*	Harry's tiger orchid
黄紫齿瓣兰	*Odontoglossum luteopurpureum*	yellow-purple tiger orchid
文心兰属		
宽唇文心兰(大文心兰)	*Oncidium ampliatum*	turtle orchid (yellow tree)
香花文心兰	*Oncidium blanchetii*	Blanchet's dancing-lady orchid
葛氏文心兰	*Oncidium gardneri*	Gardner's dancing-lady orchid
美丽文心兰	*Oncidium lanceanum*	Lance's dancing-lady orchid
华彩文心兰	*Oncidium splendidum* (*O. tigrinum* var. *splendidum*)	mule ear orchid (tiger orchid)
兜兰属		
杏黄兜兰(金拖)	*Paphiopedilum armeniacum*	golden slipper orchid
巨瓣兜兰	*Paphiopedilum bellatulum*	egg-in-a-nest orchid
同色兜兰	*Paphiopedilum concolor*	tropical lady's slipper orchid
美丽兜兰	*Paphiopedilum insigne*	splendid slipper orchid
麻栗坡兜兰(玉拖)	*Paphiopedilum malipoense*	Malipo slipper orchid
硬叶兜兰(银拖)	*Paphiopedilum micranthum*	tiny-flower slipper orchid
飘带兜兰	*Paphiopedilum parishii*	Parish's slipper orchid
紫纹兜兰	*Paphiopedilum purpuratum*	Hong Kong lady's slipper orchid (purple slipper orchid)
帝王兜兰(罗氏兜兰)	*Paphiopedilum rothschildianum*	Rothschild's slipper orchid

皇后兜兰 (桑氏兜兰)	*Paphiopedilum sanderianum*	Sander's slipper orchid
彩云兜兰	*Paphiopedilum wardii*	Ward's slipper orchid
蝴蝶兰属		
蝴蝶兰	*Phalaenopsis amabilis*	moon orchid (moth orchid)
安汶蝴蝶兰	*Phalaenopsis amboinensis*	Amboin Island moth orchid
桃红蝴蝶兰	*Phalaenopsis equestris*	horse moth orchid
吕氏蝴蝶兰	*Phalaenopsis lueddemanniana*	Lüddemann's moth orchid
桑氏蝴蝶兰	*Phalaenopsis sanderiana*	Sander's moth orchid
虎斑蝴蝶兰 (席氏蝴蝶兰)	*Phalaenopsis schilleriana*	Schiller's moth orchid
斯氏蝴蝶兰	*Phalaenopsis stuartiana*	Stuart's moth orchid
美洲兜兰属		
暗红美洲兜兰	*Phragmipedium besseae*	Mrs. Besse's phragmipedium (Peruvian lady's slipper orchid)
独蒜兰属		
独蒜兰	*Pleione bulbocodioides*	common pleione
台湾独蒜兰 (台湾一叶兰)	*Pleione formosana*	Taiwan pleione (windowsill orchid)
拟蝶唇兰属		
科氏拟蝶唇兰	*Psychopsis krameriana* (*Oncidium kramerianum*)	Kramer's psychopsis
拟蝶唇兰 (蛾型文心兰)	*Psychopsis papilio* (*Oncidium papilio*)	butterfly orchid
火焰兰属		
火焰兰	*Renanthera coccinea*	scarlet renanthera
喙蕾丽兰属		
喙蕾丽兰	*Rhyncholaelia digbyana* (*Brassavola digbyana*)	Digby's beaked laelia
钻喙兰属		
海南钻喙兰 (狐狸尾)	*Rhynchostylis gigantea*	giant foxtail orchid (giant rhynchostylis)

钻喙兰	*Rhynchostylis retusa*	foxtail orchid (blunt rhynchostylis)
贞兰属		
猩红贞兰	*Sophronitis coccinea*	scarlet sophronitis
浅裂蕾丽兰	*Sophronitis lobata* (*Laelia lobata*)	lobed laelia
娇小蕾丽兰	*Sophronitis pumila* (*Laelia pumila*)	dwarf laelia
紫唇蕾丽兰	*Sophronitis purpurata* (*Laelia purpurata*)	purple-stained laelia
毛距兰属		
约氏毛距兰 (约氏文心兰)	*Trichocentrum jonesianum* (*Oncidium jonesianum*)	Jones' dancing-lady orchid
万代兰属		
香花万代兰	*Vanda amesiana*	Ames' vanda
大花万代兰	*Vanda coerulea*	blue vanda
琴唇万代兰 (同色万代兰)	*Vanda concolor*	one-coloured vanda
白花万代兰	*Vanda denisoniana*	Denison's vanda
万代兰	*Vanda sanderiana*	Sander's vanda
棒叶万代兰	*Vanda teres*	parrot flower
三色万代兰 (印尼万代兰)	*Vanda tricolor*	three-colored vanda
拟万代兰属		
拟万代兰	*Vandopsis gigantea*	giant vandopsis (gigantic false vanda)
轭瓣兰属		
香花轭瓣兰	*Zygopetalum crinitum*	hairy zygopetalum
紫纹轭瓣兰	*Zygopetalum intermedium*	in-between zygopetalum
轭瓣兰	*Zygopetalum maculatum* (*Z. mackayi*)	spotted zygopetalum
马氏轭瓣兰	*Zygopetalum maxillare*	chin-bone zygopetalum

参考文献

[1][英]阿勒比. 2000. 牛津植物学词典[M]. 上海：上海外语教育出版社.（原著：ALLABY，Michael. 1998. *Oxford Dictionary of Plant Sciences*（2nd *edn*）. Oxford：Oxford University Press.）.

[2]北京林业大学园林系花卉教研组. 1990. 花卉学[M]. 北京：中国林业出版社.

[3]陈心启，吉占和. 2000. 中国兰花全书(第二版)[M]. 北京：中国林业出版社.

[4]陈有民. 2009. 园林树木学(修订版)[M]. 北京：中国林业出版社.

[5]董文珂，王建中. 2007. 关于园林植物名称规范化的探讨[J]. 现代林业研究，1(2)：65～68.

[6]黄普华，孙洪志. 2005. 汉拉英植物分类群描述常见词汇[M]. 哈尔滨：东北林业大学出版社.

[7]金春星. 1989. 中国树木学名诠释[M]. 北京：中国林业出版社.

[8]龙雅宜. 2004. 园林植物栽培手册[M]. 北京：中国林业出版社.

[9]秦仁昌，吴兆洪. 1991. 中国蕨类植物科属志[M]. 北京：科学出版社.

[10]任宪威，张玉钧. 2003. 汉拉英中国木本植物名录[M]. 北京：中国林业出版社.

[11]苏雪痕. 1992. 植物造景[M]. 北京：中国林业出版社.

[12]王锦秀，汤彦承. 2005. 中国种子植物中文名命名法规刍议[J]. 科技术语研究，7(3)：61～63.

[13]王印政，覃海宁，傅德志. 2004. 中国植物采集简史. 见：吴征镒，中国植物志：第1卷[M]. 北京：科学出版社，658～732.

[14]王宗训. 1996. 新编拉汉英植物名称[M]. 北京：航空工业出版社.

[15]薛聪贤，杨宗愈. 2008. 台湾景观植物大图鉴1：木本花卉760种

[M]. 台中：台湾普绿文化事业有限公司.
[16]薛聪贤，杨宗愈. 2009. 台湾景观植物大图鉴2：观赏树木680种[M]. 台中：台湾普绿文化事业有限公司.
[17]张天麟. 2010. 园林树木1600种[M]. 北京：中国建筑工业出版社.
[18]朱家柟，陆玲娣，陈艺林，夏敬娥，曾建飞. 2006. 拉汉英种子植物名称(第2版)[M]. 北京：科学出版社.
[19]佐藤勉. 2004. 2300カラー図鑑：世界の多肉植物[M]. 東京：誠文堂新光社.
[20] ARMITAGE, Allan M. 2008. *Herbaceous Perennial Plants* (3rd edn)[M]. Champaign, IL: Stipes Publishing, LLC.
[21] CHANG Mei-chen, QIU Lian-qing, and Peter S. GREEN. 1996. Oleaceae. *In*: WU Zheng-yi, and Peter H. RAVEN. *Flora of China* 15[M]. Beijing: Science Press, and St. Louis, MO: Missouri Botanical Garden Press, pp 272～319.
[22] CHRISTENHUSZ, Maarten J. M., James L. Reveal, Aljos FARJON, Martin F. Gardner, Robert R. MILL, and Mark W. CHASE. 2011. A new classification and linear sequence of extant gymnosperms[L]. *Phytotaxa*, 19: 55～70.
[23] CLIFFORD, H. Trevor, and Peter D. BOSTOCK. 2007. *Etymological Dictionary of Grasses*[M]. Berlin: Springer-Verlag.
[24] CRONQUIST, Arthur. 1981. *An Integrated System of Classification of Flowering Plants*[M]. New York, NY: Columbia University Press.
[25] DIRR, Michael A. 2009. *Manual of Woody Landscape Plants* (6th edn)[M]. Champaign, IL: Stipes Publishing, LLC.
[26] EGGLI, Urs, and Leonard E. NEWTON. 2004. *Etymological Dictionary of Succulent Plant Names*[M]. Berlin: Springer-Verlag.
[27] FANG Rhui-cheng, and George STAPLES. 1995. Ipomoea. *In*: WU Zheng-yi, and Peter H. RAVEN. *Flora of China* 16[M]. Beijing: Science Press, and St. Louis, MO: Missouri Botanical Garden Press.
[28] GLEDHILL, David. 2008. *The Names of Plants* (4th edn)[M]. Cam-

bridge, UK: Cambridge University Press.

[29]KNAPP, Sandra, John McNEILL, and Nicholas J. TURLAND. 2011. Changes to publication requirements made at the XVIII International Botanical Congress in Melbourne – what does e-publication mean for you? *PhytoKeys*, 6: pp 5~11.

[30]LI Ping-tao, Antony J. M. LEEUWENBERG, and David J. MIDDLETON. 1995. Apocynaceae. *In*: WU Zheng-yi, and Peter H. RAVEN. *Flora of China* 16[M]. Beijing: Science Press, and St. Louis, MO: Missouri Botanical Garden Press, pp 143~188.

[31]MORE, David, and John WHITE. 2005. *The Illustrated Encyclopedia of Trees* (2nd *edn*)[M]. Portland, OR: Timber Press, Inc.

[32]SPRAGUE, Thomas A. 1953. Linnaeus as a nomenclaturist[L]. *Taxon*, 2(3): 40~46.

[33]STEARN, William T. 1986. Historical survey of the naming of cultivated plants[J]. *Acta Horticulturae*, 182: pp 18~28.

[34]STEARN, William T. 2002. *Stearn's Dictionary of plant names for gardeners*[M]. Portland, OR: Timber Press, Inc.

[35]STEARN, William T. 2004. *Botanical Latin* (4th *edn*)[M]. Portland, OR: Timber Press, Inc.

[36]WROBEL, Murray, and Geoffrey CREBER. 1996. *Elsevier's Dictionary of Plant Names: in Latin, English, French, German and Italian*. Amsterdam: Elsevier Science B. V.

[37]WU Zheng-yi, and Peter H. RAVEN. 1999. *Flora of China* 4[M]. Beijing: Science Press, and St. Louis, MO: Missouri Botanical Garden Press.

[38]XIA Nian-he, LIU Yu-hu, and Hans P. NOOTEBOOM. 2008. Magnoliaceae. In: WU Zheng-yi, and Peter H. RAVEN. *Flora of China* 7[M]. Beijing: Science Press, and St. Louis, MO: Missouri Botanical Garden Press, 48~91.

[39]XU Ting-zhi, CHEN You-sheng, Piet C. de JONG, Herman J. OTER-

DOOM, and Chin-Sung CHANG. 2008. Aceraceae. In: WU Zheng-yi, and Peter H. RAVEN. *Flora of China* 11[M]. Beijing: Science Press, and St. Louis, MO: Missouri Botanical Garden Press, 515 ~ 553.

[40] ZHANG Dian-xiang, Thomas G. HARTLEY, and David J. MABBERLEY. 2008. Rutaceae. *In*: WU Zheng-yi, and Peter H. RAVEN. *Flora of China* 11 [M]. Beijing: Science Press, and St. Louis, MO: Missouri Botanical Garden Press, pp 66 ~ 70, 85 ~ 87, 90 ~ 96.

[41] ZHANG Zhi-yun, and Thawatchai SANTISUK. 1998. Bignoniaceae. *In*: WU Zheng-yi, and Peter H. RAVEN. *Flora of China* 18[M]. Beijing: Science Press, and St. Louis, MO: Missouri Botanical Garden Press, 213 ~ 225.

[42] ZHANG Zhi-yun, LU An-ming, and William G. D'ARCY. 1994. Solanaceae. *In*: WU Zheng-yi, and Peter H. RAVEN. *Flora of China* 17[M]. Beijing: Science Press, and St. Louis, MO: Missouri Botanical Garden Press, pp 300 ~ 332.

[43] ZHANG Zhi-yun, ZHANG Hong-da, and Nicholas J. TURLAND. 2003. Platanaceae. *In*: WU Zheng-yi, and Peter H. RAVEN. *Flora of China* 9[M] Beijing: Science Press, and St. Louis, MO: Missouri Botanical Garden Press, pp 44 ~ 45.

附录1　加词三性单数主格词尾表

阳性词尾	阴性词尾	中性词尾	加词词汇表中的书写形式
-us；*-er*；*-is*； *-alis*；*-ensis*； *-ilis*；*-ans*；*-ens*； *-oides*；*-or*；*-or*	*-a*；*-ra*；*-is*； *-alis*；*-ensis*； *-ilis*；*-ans*；*-ens*； *-oides*；*-or*；*-or*	*-um*；*-rum*；*-e*； *-ale*；*-ense*； *-ile*；*-ans*；*-ens*； *-oides*；*-or*；*-us*	
albus	*alba*	*album*	*albus*；*-a*；*-um*
nucifer *	*nucifera* *	*nuciferum* *	*nucifer*；*-era*；*-erum*
linearis	*linearis*	*lineare*	*linearis*；*-e*
orientalis	*orientalis*	*orientale*	*orientalis*；*-e*
chinensis	*chinensis*	*chinense*	*chinensis*；*-e*
gracilis	*gracilis*	*gracile*	*gracilis*；*-e*
elegans	*elegans*	*elegans*	*elegans*
repens	*repens*	*repens*	*repens*
ulmoides	*ulmoides*	*ulmoides*	*ulmoides*
bicolor	*bicolor*	*bicolor*	*bicolor*
major	*major*	*majus*	*major*；*-jus*

* 此类单词的重音始终在倒数第三个音节上，如 *conifer*、*filifer*、*oleifer*、*vinifer* 等。

附录 2　植物拉丁名加词的含义及重音

拉丁文	中文释义	拉丁文	中文释义
abelm**o**schus	秋葵	_acutifl**o**rus_；_-a_；_-um_	尖花的
**a**bies	（古名）云杉	_acutif**o**lius_；_-a_；_-um_	尖叶的
ac**au**lis；_-e_	无茎的	_acut**i**lobus_；_-a_；_-um_	尖裂的
ac**e**phalus；_-a_；_-um_	无头的	_acut**i**ssimus_；_-a_；_-um_	极尖的
**a**cer；_**a**cris_；_**a**cre_	尖锐的；苦的	_aden**o**podus_；_-a_；_-um_	腺柄的
acerif**o**lius；_-a_；_-um_	槭（_Acer_）叶的	_adhat**o**da_	（俗名）赤苞花
acetos**e**llus；_-a_；_-um_	微酸的	_adiantif**o**rmis_；_-e_	铁线蕨（_Adiantum_）状的
acicul**a**ris；_-e_	针状的	_adpr**e**ssus_；_-a_；_-um_	紧贴的，匍匐的
acicul**a**tus；_-a_；_-um_	具极细不规则纹理的	_**ae**mulus_；_-a_；_-um_	多少相等的
ackerm**a**nnii	（人名）Ackermann 的	_aethi**o**picus_；_-a_；_-um_	（非洲）埃塞俄比亚的
aconitif**o**lius；_-a_；_-um_	乌头叶（_Aconitum_）的	_aethusif**o**lius_；_-a_；_-um_	毒欧芹（_Aethusa_）叶的
acrostich**oi**des	像卤蕨（_Acrostichum_）的	_**a**fer_；_**a**fra_；_**a**frum_	非洲的
actinoph**y**llus；_-a_；_-um_	辐射状叶的	_aff**i**nis_；_-e_	相似的
acul**e**atus；_-a_；_-um_	具皮刺的	_afric**a**nus_；_-a_；_-um_	非洲的
acumin**a**tus；_-a_；_-um_	渐尖的	_agav**oi**des_	像龙舌兰（_Agave_）的

注：拉丁文形容词常以阳性单数主格形式出现，用短横线（－）依次跟出其对应的阴性单数主格的格尾－a 和中性单数主格的格尾－um，当阴性单数主格与阳性单数主格拼写相同时仅跟出其对应的中性单数主格的格尾－e，当加词中各形式的拼写与阳性单数主格相同时或在拉丁名中仅使用 1 种拼写时则不再列出其他拼写，详见附录 1 词尾表。

加粗的字母为重音音节的元音字母。

（续）

拉丁文	中文释义	拉丁文	中文释义
*air**oi**des*	像银须草（*Aira*）的	*aloif**o**lius*；-*a*；-*um*	芦荟（*Aloe*）叶的
*aiz**oo**n*	长生的；景天三七	*al**o**nsoi*	（人名）Alonzo Zanoni 的
*aj**a**cis*；-*e*	（神话人物）Ajax 的	*alopecur**oi**des*	像看麦娘（*Alopecurus*）的
*al**a**tus*；-*a*；-*um*	具翅的	*alp**e**stris*；-*e*	生于高山的；生于（欧洲）阿尔卑斯山脉的
*albifl**o**rus*；-*a*；-*um*	白花的	*alp**i**nus*；-*a*；-*um*	高山的；（欧洲）阿尔卑斯山脉的
*alb**i**flos*	白花的	*altern**a**tus*；-*a*；-*um*	互生的
***a**lbo-macul**a**tus*；-*a*；-*um*	具白斑的	*alternif**o**lius*；-*a*；-*um*	互生叶的
*albos**e**riceus*；-*a*；-*um*	被白绢毛的	***a**ltilis*；-*e*	肥大的；富有营养的
*albostri**a**tus*；-*a*；-*um*	具白条纹的	*alt**i**ssimus*；-*a*；-*um*	极高的
***a**lbulus*；-*a*；-*um*	有点白的	*am**a**bilis*；-*e*	可爱的
***a**lbus*；-*a*；-*um*	白色的	*am**a**rus*；-*a*；-*um*	苦味的
*alcic**o**rnis*；-*e*	麋鹿角的	*amaz**o**nicus*；-*a*；-*um*	（南美洲）亚马孙的
*alex**a**ndrae*	（人名）Alexandra 王后的	*amb**i**guus*；-*a*；-*um*	亲缘关系不明的
*alismatif**o**lius*；-*a*；-*um*	泽泻（*Alisma*）叶的	*amboin**e**nsis*；-*e*	（印度尼西亚）安汶岛的
*alk**e**kengi*	（古名）一种茄科植物	*amell**oi**des*	像意大利紫菀（*Aster amellus*）的
*alli**a**ceus*；-*a*；-*um*	葱（*Allium*）状的		
*alli**o**nii*	（人名）Allioni 的		
*alnif**o**lius*；-*a*；-*um*	桤木（*Alnus*）叶的		
*al**o**ides*	像芦荟（*Aloe*）的		

（续）

拉丁文	中文释义
americanus；*-a*；*-um*	美洲的
amesianus；*a*；*-um*	（人名）F. L. Ames 的；O. Ames 的
amethystinus；*-a*；*-um*	暗紫红色的
amoenus；*-a*；*-um*	可爱的
amplexicaulis；*-e*	抱茎的
ampliatus；*-a*；*-um*	增大的
amplus；*-a*；*-um*	大的
ampullaceus；*-a*；*-um*	瓶状的
amurensis；*-e*	（亚洲）阿穆尔河（即黑龙江）的；（俄罗斯）阿穆尔的
amygdalus	巴旦杏，扁桃
anagyroides	像岩金花（*Anagyris*）的
ananassus；*-a*；*-um*	像凤梨（*Ananas*）的
anceps	两边的
andersonianus；*-a*；*-um*	（人名）Anderson 的
andraeanus；*-a*；*-um*	（人名）André 的
andreanus；*-a*；*-um*	（人名）André 的
undrosaemum	血红色
anethiodorus；*-a*；*-um*	莳萝（*Anethum*）香的
angolensis；*-e*	（非洲）安哥拉的
angustatus；*-a*；*-um*	变窄的
angustifolius；*-a*；*-um*	狭叶的
annulatus；*-a*；*-um*	具环状的
annuus；*-a*；*-um*	一年的
anomalus；*-a*；*-um*	畸形的
antarcticus；*-a*；*-um*	南极的
antiquorum	古老的；先前的
antiquus；*-a*；*-um*	传统的；古老的
apenninus；*-a*；*-um*	（意大利）亚平宁的
apiculatus；*-a*；*-um*	锐尖的
aquaticus；*-a*；*-um*	水生的
aquifolius；*-a*；*-um*	刺叶的；冬青（*Ilex aquifolium*）叶的
aquilegiifolius；*-a*；*-um*	耧斗菜（*Aquilegia*）叶的

（续）

拉丁文	中文释义	拉丁文	中文释义
*aquil**i**nus*；*-a*；*-um*	属于鹰的	*arkwr**i**ghtii*	（人名）Arkwright 的
*ar**a**bicus*；*-a*；*-um*	阿拉伯的	*arm**a**ndii*	（人名）A. Armand David 的
*arachn**oi**des*	蛛丝状的	*arm**a**tus*；*-a*；*-um*	具刺的
*arachn**oi**deus*；*-a*；*-um*	蛛丝状的	*armeni**a**cus*；*-a*；*-um*	（亚洲）亚美尼亚的
*arbor**e**scens*	变成乔木状的	*arm**e**ria*	（古名）一种石竹
*arb**o**reus*；*-a*；*-um*	乔木状的	*armstr**o**ngii*	（人名）Armstrong 的
*arbor**i**colus*；*-a*；*-um*	生于树上的	*articul**a**tus*；*-a*；*-um*	具关节的
*arbuti**fo**lius*；*-a*；*-um*	草莓树（*Arbutus*）叶的	*arundin**a**ceus*；*-a*；*-um*	芦竹（*Arundo*）状的
*ar**e**ndsii*	（人名）Arends 的	*arv**e**nsis*；*-e*	生于田野的
*argent**a**tus*；*-a*；*-um*	银白色的	*asc**e**ndens*	上升的
*arg**e**nteo-stri**a**tus*；*-a*；*-um*	具银条纹的	*asi**a**ticus*；*-a*；*-um*	亚洲的
*arg**e**nteus*；*-a*；*-um*	银白色的	***a**soca*	（俗名）无忧花
*argot**ae**nius*；*-a*；*-um*	银白色带的	***a**sper*；*-era*；*-erum*	粗糙的
*argun**e**nsis*；*-e*	（亚洲）额尔古纳河的	*asper**a**tus*；*-a*；*-um*	粗糙的
***a**rgyi*	（人名）Argy 的	*ast**e**rias*	像鹭鸶的鸟
*argyr**e**ia*	银背藤（*Argyreia*）	*atalanti**oi**des*	像酒瓶簕（*Atalantia*）的
*arist**a**tus*；*-a*；*-um*	具芒的	*atl**a**nticus*；*-a*；*-um*	（非洲）阿特拉斯山脉的；大西洋的
*ariz**o**nicus*；*-a*；*-um*	（美国）亚利桑那的		
*arj**u**na*	（神话人物）Arjuna 的		

（续）

拉丁文	中文释义	拉丁文	中文释义
atriplicifolius；*-a*；*-um*	滨藜（*Atriplex*）叶的	*awabuki*	（俗名）珊瑚树
atropurpureus；*-a*；*-um*	深紫色的	*axillaris*；*-e*	腋生的
attenuatus；*-a*；*-um*	渐变窄的	*azedarach*	（俗名）楝树
aubertii	（人名）Aubert 的	*azureus*；*-a*；*-um*	天蓝色的
aucampiae	（人名）Aucamp 女士的	*babylonicus*；*-a*；*-um*	（伊拉克）巴比伦的
aucuparius；*-a*；*-um*	捕鸟的，引鸟的	*baccatus*；*-a*；*-um*	浆果状的
aurantiacus；*-a*；*-um*	橙色的	*baicalensis*；*-e*	（俄罗斯）贝加尔的
aurantium	橙子	*balansae*	（人名）Balansa 的
aureo-striatus；*-a*；*-um*	具金条纹的	*balfourianus*；*-a*；*-um*	（人名）Balfour 的
aureosulcatus；*-a*；*-um*	具金沟的	*balsamina*	（古名）凤仙花属
aureus；*-a*；*-um*	金黄色的	*bambusoides*	像簕竹（*Bambusa*）的
auricomus；*-a*；*-um*	被金毛的	*banksiae*	（人名，J. Banks 的妻子）D. Banks 夫人的
auriculatus；*-a*；*-um*	耳形的		
auriculiformis；*-e*	耳状的		
auritus；*-a*；*-um*	具长耳的，具大耳的	*banksianus*；*-a*；*-um*	（人名）J. Banks 的
australis；*-e*	南方的	*banksii*	（人名）J. Banks 的
autumnalis；*-e*	秋季的	*barbarus*；*-a*；*-um*	异域的；（非洲）巴巴利（今北非沿岸地区）的
avellanus；*-a*；*-um*	（意大利）阿维利诺的		
avium	鸟的	*barbatus*；*-a*；*-um*	被髯毛的

（续）

拉丁文	中文释义	拉丁文	中文释义
*barb**e**rae*	（人名）Barber 夫人的	*berolin**e**nsis*；*-e*	（德国）柏林的
*b**a**rklyi*	（人名）Barkly 的	*b**e**sseae*	（人名）Besse 夫人的
*bar**o**metz*	（俗名）羊羔	*bettzicki**a**nus*；*-a*；*-um*	（人名）Bettzick 的
*bas**i**licus*；*-a*；*-um*	王子的；王室的	*betulif**o**lius*；*-a*；*-um*	桦树（*Betula*）叶的
*b**a**sjoo*	（俗名）芭蕉的纤维	*b**e**tulus*；*-a*；*-um*	像桦树（*Betula*）的
*bat**a**tas*	（俗名）番薯	*bicapsul**a**ris*；*-e*	具二蒴果的
*b**a**yeri*	（人名）Bayer 的	*b**i**color*	双色的
*be**a**lei*	（人名）Beale 的	*bidw**i**llii*	（人名）Bidwill 的
*beesi**a**nus*；*-a*；*-um*	（英国）Bees 苗圃的	*bi**e**nnis*；*-e*	二年的
*beijing**e**nsis*；*-e*	（中国）北京的	*bifurc**a**tus*；*-a*；*-um*	二次分叉的
*bellad**o**nna*	美丽的妇女	*bignoni**oi**des*	像紫葳（*Bignonia*）的
*bell**a**tulus*；*-a*；*-um*	有点美丽的	*billbergi**oi**des*	像水塔花（*Billbergia*）的
*bellidif**o**rmis*；*-e*	雏菊（*Bellis*）状的	*b**i**lobus*；*-a*；*-um*	二裂的
*b**e**llus*；*-a*；*-um*	美丽的	*binnend**ij**kii*	（人名）Binnendijk 的
*belmore**a**nus*；*-a*；*-um*	（人名）Belmore 伯爵的	*bi**o**ndii*	（人名）Biond 的
*benari**e**nsis*；*-e*	（德国）Benary 公司的	*bipinnat**i**fidus*；*-a*；*-um*	二回羽状浅裂的
*bengal**e**nsis*；*-e*	（亚洲）孟加拉国的	*bipinn**a**tus*；*-a*；*-um*	二回羽状的
*benjam**i**na*	（俗名）垂叶榕	*birdwoodi**a**nus*；*-a*；*-um*	（人名）Birdwood 的
*berland**i**eri*	（人名）Berlandier 的	*biserr**a**tus*；*-a*；*-um*	重锯齿的

（续）

拉丁文	中文释义
bivittatus；*-a*；*-um*	具二列纵条纹的
blakeanus；*-a*；*-um*	（人名）Blakc 的
blanchetii	（人名）Blanchet 的
blossfeldianus；*-a*；*-um*	（人名）Blossfeld 的
blumei	（人名）Blume 的
bodinieri	（人名）Bodinier 的
bogotaensis；*-e*	（哥伦比亚）波哥大的
boliviensis；*-e*	（南美洲）玻利维亚的
bolleanus；*-a*；*-um*	（人名）Bolle 的
bolusii	（人名）Bolus 的
bonariensis；*-e*	（阿根廷）布宜诺斯艾利斯的
botryoides	像一串葡萄的
bournei	（人名）Bourne 的
bowdenii	（人名）Bowden-Cornish 的
boweri	（人名）Bower 的
bowiei	（人名）Bowie 的
bowringianus；*-a*；*-um*	（人名）Bowring 的

拉丁文	中文释义
bracteatus；*-a*；*-um*	具苞片的
brandegeanus；*-a*；*-um*	（人名）Brandegee 的
brasiliensis；*-e*	（南美洲）巴西的
bravoanus；*-a*；*-um*	（人名）L. Bravo 的；M. Bravo 的
bretschneideri	（人名）Bretschneider 的
breviculmis；*-e*	短秆的
brevifolius；*-a*；*-um*	短叶的
brittonianus；*-a*；*-um*	（人名）Britton 的
bromelioides	像红心凤梨（*Bromelia*）的
bromfieldii	（人名）Bromfield 的
brownii	（人名）Brown 的
brymerianus；*-a*；*-um*	（人名）Brymer 的
buchananii	（人名）F. Buchanan Hamilton 的；J. Buchanan 的
buckleyi	（人名）Buckley 的
buergerianus；*-a*；*-um*	（人名）Bürger 的
bulbocodioides	像鳞茎头状的
bulbocodium	（花序）鳞茎头状的

（续）

拉丁文	中文释义
*bum**a**lda*	（人名，O. Montalbani 拉丁化为）Bumaldus 的
*unge**a**nus*；*-a*；*-um*	（人名）Bunge 的
*b**u**ngei*	（人名）Bunge 的
*b**u**nius*	（俗名）五月茶
*burch**a**rdii*	（人名）Burchard 的
*burg**e**ssiae*	（人名）Burgess 女士的
*burkw**oo**dii*	（人名）Burkwood 的
*burm**a**nnii*	（人名）J. Burmann 的；N. Burmann 的
*butti**a**nus*；*-a*；*-um*	（人名）Butt 夫人的
*buxif**o**lius*；*-a*；*-um*	黄杨（*Buxus*）叶的
*byzant**i**nus*；*-a*；*-um*	（土耳其）拜占庭（今伊斯坦布尔）的
*cadi**e**rei*	（人名）Cadiere 的
*caer**u**leus*；*-a*；*-um*	暗蓝色的
*caespit**o**sus*；*-a*；*-um*	成簇生的
*cain**i**to*	（俗名）星苹果
*calamans**a**nai*	（俗名）菲律宾榄仁树
*calamit**o**sus*；*-a*；*-um*	受损的
*c**a**lamus*	（古名）芦苇
*cal**a**nthus*；*-a*；*-um*	美花的
*calc**a**reus*；*-a*；*-um*	石灰质的
*calif**o**rnicus*；*-a*；*-um*	（美国）加利福尼亚的
*callery**a**nus*；*-a*；*-um*	（人名）Callery 的
*callistegio**i**des*	像打碗花（*Callistegia*）的
*caloph**y**llus*；*-a*；*-um*	具美丽叶片的
*calv**e**scens*	变成光秃的
*calyc**i**nus*；*-a*；*-um*	花萼状的
*camaldul**e**nsis*；*-e*	（意大利）卡马杜拉的
*c**a**mara*	（俗名）马缨丹
*cambodi**a**nus*；*-a*；*-um*	（亚洲）柬埔寨的
*camm**a**rus*；*-a*；*-um*	龙虾
*campanul**a**tus*；*-a*；*-um*	钟形的
*campechi**a**nus*；*-a*；*-um*	（墨西哥）坎佩切的
*camp**e**stris*；*-e*	生于牧场的

（续）

拉丁文	中文释义	拉丁文	中文释义
camphorus；*-a*；*-um*	樟脑香的	*carambola*	（俗名）阳桃
canadensis；*-e*	（北美洲）加拿大的	*carandas*	（俗名）刺黄果
canariensis；*-e*	（西班牙）加那利群岛的	*cardinalis*；*-e*	深红色的
candicans	变成纯白色的	*carica*	（古名）无花果
candidus；*-a*；*-um*	纯白色的	*carinatus*；*-a*；*-um*	龙骨状的
canescens	变成灰色的	*carmichaelii*	（人名）Carmichael 的
caninus；*-a*；*-um*	属于狗的	*carneus*；*-a*；*-um*	肉色的
cannifolius；*-a*；*-um*	美人蕉（*Canna*）叶的	*carnosus*；*-a*；*-um*	肉质的
cantabrigiensis；*-e*	（英国）剑桥的	*carolinae*	（美国）卡罗来纳的
cantoniensis；*-e*	（中国）广东的	*carolinianus*；*-a*；*-um*	（美国）卡罗来纳的
canus；*-a*；*-um*	灰色的	*carolinus*；*-a*；*-um*	（美国）卡罗来纳的
capensis；*-e*	（南非）好望角的	*carpaticus*；*-a*；*-um*	（欧洲）喀尔巴阡山脉的
caperatus；*-a*；*-um*	山羊的	*carpinifolius*；*-a*；*-um*	鹅耳枥（*Carpinus*）叶的
capillaris；*-e*	像细毛的	*caryophyllus*；*-a*；*-um*	坚果叶的；具丁子香气味的，具丁子香色的
capillus-veneris	维纳斯的头发		
capitatus；*-a*；*-um*	头状的		
capitulatus；*-a*；*-um*	具小头的	*cassia*	肉桂
capricornis；*-e*	摩羯角的；山羊角的	*castaneifolius*；*-a*；*-um*	板栗（*Castanea*）叶的
capsicastrum	像辣椒（*Capsicum*）的	*catalpifolius*；*-a*；*-um*	梓（*Catalpa*）叶的

（续）

拉丁文	中文释义	拉丁文	中文释义
*cat**a**ppa*	（俗名）榄仁树	*cerasti**oi**des*	像卷耳（*Cerastium*）的
*c**a**techu*	（俗名）槟榔	*cercidif**o**lius*；*-a*；*-um*	紫荆（*Cercis*）叶的
*cath**a**rticus*；*-a*；*-um*	泻药的	*c**e**rnuus*；*-a*；*-um*	俯垂的
*cathay**a**nus*；*-a*；*-um*	（亚洲）中国的	*chaenomel**oi**des*	像木瓜（*Chaenomeles*）的
*cathay**e**nsis*；*-e*	（亚洲）中国的	*cha**i**xii*	（人名）Chaix 的
*cauc**a**sicus*；*-a*；*-um*	（亚洲）高加索的	*chalced**o**nicus*；*-a*；*-um*	（土耳其）卡尔西顿的
*c**au**da-fel**i**na*	猫尾	*chamaecypar**i**ssus*	（古名）一种地被型柏木
*caud**a**tus*；*-a*；*-um*	尾状的	*chamom**i**lla*	（古名）一种具苹果味的植物
*caulifl**o**rus*；*-a*；*-um*	茎上生花的	*champ**a**ca*	（俗名）黄兰
*caut**i**colus*；*-a*；*-um*	生于岩壁上的	*champb**e**llii*	（人名）Champbell 的
*cavaler**i**ei*	（人名）Cavalerie 的	*champi**o**nii*	（人名）Champion 的
*ce**i**ba*	（俗名）木棉	*chant**i**nii*	（人名）Chantin 的
*ceil**a**nicus*；*-a*；*-um*	（亚洲）锡兰（今斯里兰卡）的	*chantr**i**eri*	（人名）Chantrier Frères 的
*celsi**a**nus*；*-a*；*-um*	（人名）Celsius 的	*chap**e**nsis*；*-e*	（越南）沙坝的
*centif**o**lius*；*-a*；*-um*	百叶的	*cheilanthif**o**lius*；*-a*；*-um*	碎米蕨（*Cheilanthes*）叶的
*cer**a**sifer*；*-era*；*-erum*	产樱桃（*Cerasus*）的	*che**i**ri*	红花的
*ceras**oi**des*	像樱桃（*Cerasus*）的	*chekiang**e**nsis*；*-e*	（中国）浙江的

（续）

拉丁文	中文释义	拉丁文	中文释义
chienii	（人名）钱（崇澍）的	*citrinus*；*-a*；*-um*	柠檬黄的
chilensis；*-e*	（南美洲）智利的	*citriodorus*；*-a*；*-um*	柠檬香的
chiloensis；*-e*	（智利）奇洛埃岛的	*citrosmus*；*-a*；*-um*	柠檬香的
chinensis；*-e*	（亚洲）中国的	*clandonensis*；*-e*	（英国）克莱顿的
chingii	（人名）秦（仁昌）的	*clarkei*	（人名）Clarke 的
chrysacanthus；*-a*；*-um*	具金刺的	*clavatus*；*-a*；*-um*	棍棒状的
chrysanthemoides	像菊花（*Chrysanthemum*）的	*clowesii*	（人名）Clowes 的
chrysanthus；*-a*；*-um*	金黄色花的	*coarctatus*；*-a*；*-um*	密集的
chungii	（人名）钟（荣光）的	*cobaea*	（人名）Cobo 的
ciliosus；*-a*；*-um*	具明显睫毛的，具明显缘毛的	*cocciger*；*-era*；*-erum*	产浆果的
		coccineus；*-a*；*-um*	绯红色的
		cochinchinensis；*-e*	（亚洲）中南半岛的
cinerariifolius；*-a*；*-um*	银叶菊（*Cineraria*）叶的	*cochlearifolius*；*-a*；*-um*	匙形叶的
cinerarius；*-a*；*-um*	灰色的	*coco*	（俗名）椰子
cinereus；*-a*；*-um*	灰色的	*coeruleus*；*-a*；*-um*	天蓝色的
cinnamomeus；*-a*；*-um*	肉桂色的	*coggygria*	（古名）黄栌
cinnamomifolius；*-a*；*-um*	香樟（*Cinnamomum*）叶的	*colchicus*；*-a*；*-um*	（亚洲）柯尔奇斯（今格鲁吉亚境内）的
cistenus；*-a*；*-um*	像箱子的		
citrifolius；*-a*；*-um*	柑橘（*Citrus*）叶的		

（续）

拉丁文	中文释义	拉丁文	中文释义
*color**a**tus*；*-a*；*-um*	着色的	*c**o**nifer*；*-era*；*-erum*	结球果的
*columb**a**rius*；*-a*；*-um*	鸽子的	*contortisil**i**quus*；*-a*；*-um*	扭曲状荚果的
*columbi**a**nus*；*-a*；*-um*	（哥伦比亚）哥伦比亚河的	*contro**ve**rsus*；*-a*；*-um*	争论的
		*conyz**oi**des*	像白酒草(*Conyza*)的
		*co**o**peri*	（人名）Cooper 的
*c**o**mans*	被茸毛的	*cora**e**ensis*；*-e*	（亚洲）高丽（今朝鲜半岛）的
*commers**o**nii*	（人名）Commerson 的		
*comm**u**nis*；*-e*	普通的	*corallo**de**ndron*	珊瑚树
*commut**a**tus*；*-a*；*-um*	改变了的	*cord**a**tus*；*-a*；*-um*	心形的
*com**o**sus*；*-a*；*-um*	被簇毛的	*cordif**o**lius*；*-a*；*-um*	心形叶的
*comp**a**ctus*；*-a*；*-um*	密生的	*cre**a**nus*；*-a*；*-um*	（亚洲）高丽（今朝鲜半岛）的
*compl**e**xus*；*-a*；*-um*	复合的；复杂的		
*compr**e**ssus*；*-a*；*-um*	压扁的		
*conc**e**ntricus*；*-a*；*-um*	同心的	*coriaceif**o**lius*；*-a*；*-um*	革质叶的
*c**o**ncolor*	同色的	*cornicul**a**tus*；*-a*；*-um*	小角状的
*conf**e**rtus*；*-a*；*-um*	拥挤的，密集的	*corn**u**tus*；*-a*；*-um*	角状的
*conf**u**sus*；*-a*；*-um*	混淆的	*coron**a**rius*；*-a*；*-um*	冠状的
*cong**e**stus*；*-a*；*-um*	拥挤的，密集的	*coron**a**tus*；*-a*；*-um*	具副花冠的
*c**o**nicus*；*-a*；*-um*	球果形的	*corymb**o**sus*；*-a*；*-um*	伞房花序的

（续）

拉丁文	中文释义
costalis；*-e*	中脉的
costatus；*-a*；*-um*	具中脉的
cotinifolius；*-a*；*-um*	黄栌（*Cotinus*）叶的
cotyledon	莲座状叶丛的
covillei	（人名）Coville 的
coxii	（人名）Cox 的
crassifolius；*-a*；*-um*	厚叶的
crassipes	粗柄的
crassirhizomus；*-a*；*-um*	粗根状茎的
crataegifolius；*-a*；*-um*	山楂（*Crataegus*）叶的
crenato-serratus；*-a*；*-um*	具圆齿状锯齿的
crenatus；*-a*；*-um*	具圆齿的
crenulatus；*-a*；*-um*	具细圆齿的
creticus；*-a*；*-um*	（希腊）克里特岛的
crinitus；*-a*；*-um*	被簇生长软毛的
crispatus；*-a*；*-um*	皱波状的；卷曲的
crispus；*-a*；*-um*	皱波状的；卷曲的
crista-galli	鸡冠
cristatus；*-a*；*-um*	鸡冠状的
crocatus；*-a*；*-um*	柠檬黄的
crocosmiiflorus；*-a*；*-um*	雄黄兰（*Crocosmia*）花的
cruentus；*-a*；*-um*	血红色的
cruzianus；*-a*；*-um*	（玻利维亚）圣克鲁斯的
cryptomerioides	像柳杉（*Cryptomeria*）的
crystallinus；*-a*；*-um*	晶体状的
cucullatus；*-a*；*-um*	兜状的
cultorus；*-a*；*-um*	庭院栽培的
cumini	（俗名）莳萝，莳萝籽
cuneatus；*-a*；*-um*	楔形的
cunninghamianus；*-a*；*-um*	（人名）Cunningham 的
cunninghamii	（人名）Cunningham 的
cupreatus；*-a*；*-um*	铜的
cupreus；*-a*；*-um*	铜色的
curassavicus；*-a*；*-um*	（位于加勒比地区的荷属自治国）库拉索岛的
curcas	（古名）麻疯树
curtipendulus；*-a*；*-um*	短垂的
curtipes	短柄的

（续）

拉丁文	中文释义	拉丁文	中文释义
curvi**fo**lius；-a；-um	弯叶的	daigremonti**a**nus；-a；-um	（人名）Daigremont 夫妇的
c**u**rvulus；-a；-um	微弯的	dalzi**e**lii	（人名）Dalziel 的
cuspid**a**tus；-a；-um	具凸尖的	damasc**e**nus；-a；-um	（叙利亚）大马士革的
cuspidi**fo**lius；-a；-um	具凸尖叶的	damm**a**ra	（俗名）贝壳杉
cy**a**neus；-a；-um	蓝色的	d**a**mmeri	（人名）Dammer 的
cyanus	（古名）一种暗蓝色的物质	d**a**msii	（人名）Dams 的
cyclam**i**neus；-a；-um	仙客来（*Cyclamen*）状的	d**a**ndyi	（人名）Dandy 的
cycloc**a**rpus；-a；-um	环形果实的	dani**e**llii	（人名）Daniell 的
cylindr**a**ceus；-a；-um	圆柱状的	dasyph**y**llus；-a；-um	具粗毛叶的
cyl**i**ndricus；-a；-um	圆柱状的	d**au**ricus；-a；-um	（俄罗斯）达乌里的
cymbal**a**rius；-a；-um	镜钹状的	davidi**a**nus；-a；-um	（人名）A. Armand David 的
cymbi**fo**rmis；-e	船型的	dav**i**dii	（人名）A. Armand David 的
cynar**oi**des	像菜蓟（*Cynara*）的	davids**o**niae	（人名）Davidson 的
dactylifer；-era；-erum	指状的	dav**u**ricus；-a；-um	（俄罗斯）达乌里的
dactyl**oi**des	像手指的	dawsoni**a**nus；-a；-um	（人名）Dawson 的
d**a**ctylon	手指	dealb**a**tus；-a；-um	被白粉的
dah**u**ricus；-a；-um	（俄罗斯）达乌里的	decap**e**talus；-a；-um	十个花瓣的

（续）

拉丁文	中文释义
decaryi	（人名）Decary 的
decipiens	迷惑的
decorus；*-a*；*-um*	装饰的
decurrens	下延的
delaetii	（人名）de Laet 的
delagoensis	（莫桑比克）德拉瓜湾的
delavayi	（人名）Delavay 的
deliciosus；*-a*；*-um*	美味的
deltoides	三角形的
deltoideus；*-a*；*-um*	三角形的
denisonianus；*-a*；*-um*	（人名）Denison Londesborough 女士的
densiflorus；*-a*；*-um*	密花的
densus；*-a*；*-um*	密集的
dentatus；*-a*；*-um*	具尖齿的
denticulatus；*-a*；*-um*	具细齿的
denudatus；*-a*；*-um*	裸露的
deodara	（俗名）雪松
deremensis；*-e*	（坦桑尼亚）德瑞玛的
derenbergii	（人名）Julius Derenberg 的
dichotomus；*-a*；*-um*	二歧的
didymus；*-a*；*-um*	成对的
dielsianus；*-a*；*-um*	（人名）Diels 的
diffusiflorus；*-a*；*-um*	花序松散的
diffusus；*-a*；*-um*	松散的
digbyanus；*-a*；*-um*	（人名）Digby 的
digitalis	毛地黄
digitatus；*-a*；*-um*	指状分裂的
dilatatus；*-a*；*-um*	膨大的，变宽的
dillenii	（人名）Dillenius 的
dinteri	（人名）Dinter 的
dioicus；*-a*；*-um*	雌雄异株的
dipterocarpus；*-a*；*-um*	具双翅果的
discolor	异色的
distichus；*-a*；*-um*	二列的
divaricatus；*-a*；*-um*	开展的
dives	丰富的

（续）

拉丁文	中文释义	拉丁文	中文释义
*dodec**a**ndrus*；*-a*；*-um*	具十二雄蕊的	*echin**a**tus*；*-a*；*-um*	被刺毛的
*dolabr**a**tus*；*-a*；*-um*	斧形的	*eckl**o**nii*	（人名）Ecklon 的
*dom**e**sticus*；*-a*；*-um*	驯化的	*eckl**o**nis*	（人名）Ecklon 的
*d**o**nax*	（古名）一种芦苇	*ed**u**lis*；*-e*	可食的
*doorenb**o**sii*	（人名）Doorenbos 的	*eff**u**sus*；*-a*；*-um*	开展的
*drouh**a**rdii*	（人名）Drouhard 的	*el**a**sticus*；*-a*；*-um*	具弹性的
*drumm**o**ndii*	（人名）Drummond 的	*el**a**tior*；*-ius*	较高的
*d**u**bius*；*-a*；*-um*	可疑的	*el**a**tus*；*-a*；*-um*	高的
*duclouxi**a**nus*；*-a*；*-um*	（人名）Ducloux 的	***e**legans*	雅致的
*d**u**lcis*；*-e*	甜的	*eleganti**s**simus*；*-a*；*-um*	极雅致的
*dum**o**sus*；*-a*；*-um*	灌丛状的	*eleph**a**ntidens*	大象牙齿的
*duperre**a**nus*；*-a*；*-um*	（人名）Duperré 的	*eleph**a**ntipes*	大象腿的
*duran**e**nsis*；*-e*	（墨西哥）杜兰戈的	*elephant**o**tis*；*-e*	大象耳朵的
*duri**u**sculus*；*-a*；*-um*	稍坚硬的	*elliotti**a**nus*；*-a*；*-um*	（人名）Elliott 的
*d**u**wei*	（人名）Duwe 的	*elli**o**ttii*	（人名）Elliott 的
*dyeri**a**nus*；*-a*；*-um*	（人名）Thiselton-Dyer 的	*ell**i**pticus*；*-a*；*-um*	椭圆形的
*ebb**i**ngei*	（人名）Ebbinge 的	*elong**a**tus*；*-a*；*-um*	伸长的
*eberl**a**nzii*	（人名）Eberlanz 的	*emargin**a**tus*；*-a*；*-um*	微缺的
*eb**u**rneus*；*-a*；*-um*	象牙白色的	*emei**e**nsis*；*-e*	（四川）峨眉山的

（续）

拉丁文	中文释义
emoryi	（人名）Emory 的
enneacanthus；*-a*；*-um*	具九刺的
ensatus；*-a*；*-um*	剑形的
ensifolius；*-a*；*-um*	剑叶的
ensiformis；*-e*	剑形的
epigynus；*-a*；*-um*	上位子房的
equestris；*-e*	马的
equisetiformis；*-e*	木贼（*Equisetum*）形的
equisetinus；*-a*；*-um*	木贼（*Equisetum*）状的
erectus；*-a*；*-um*	直立的
ericoides	像欧石南（*Erica*）的
erinus	（古名）一种春天开花的植物
eriophyllus；*-a*；*-um*	绵毛叶的
erubescens	变成红色的
erumpens	破裂的
erythrophyllus；*-a*；*-um*	红叶的
erythrosepalus；*-a*；*-um*	红萼的
erythrosorus；*-a*；*-um*	红盖的
erythrostictus；*-a*；*-um*	具红条纹的
esculentus；*-a*；*-um*	可食的
euphraticus；*-a*；*-um*	（亚洲）幼发拉底河的
euramericanus；*-a*；*-um*	欧美的
europaeus；*-a*；*-um*	欧洲的
exaltatus；*-a*；*-um*	高耸的
excelsior；*-ius*	较高大的
excelsus；*-a*；*-um*	高大的
eximius；*-a*；*-um*	杰出的；易识别的
exoticus；*-a*；*-um*	外来的
exsertus；*-a*；*-um*	伸出的
extremiorientalis；*-e*	远东的
eyriesii	（人名）Eyriès 的
faassenii	（人名）Faassen 的
faberi	（人名）Faber 的
fabri	工匠的
falcatarius；*-a*；*-um*	镰刀状的
falcatus；*-a*；*-um*	镰刀状的

（续）

拉丁文	中文释义	拉丁文	中文释义
*farg**e**sii*	（人名）Farges 的	*filix-fem**i**na*	雌性蕨类
*farin**a**ceus*；*-a*；*-um*	粉末状的	*filix-m**a**s*	雄性蕨类
*farnesi**a**nus*；*-a*；*-um*	（意大利）法尼榭宫的	*fimbri**a**tus*；*-a*；*-um*	流苏状的
*f**a**rreri*	（人名）Farrer 的	*f**i**rmus*；*-a*；*-um*	坚硬的
*fasci**a**tus*；*-a*；*-um*	成束的	*f**i**scheri*	（人名）Fischer 的
*fascicul**a**tus*；*-a*；*-um*	簇生的	*fissur**a**tus*；*-a*；*-um*	龟裂的
*fel**i**nus*；*-a*；*-um*	属于猫的	*f**i**stula*	管子
*ferdin**a**ndii*	（人名）Ferdinand 的	*fistul**o**sus*；*-a*；*-um*	中空的
*f**e**rox*	多刺的	*flabell**a**tus*；*-a*；*-um*	扇形的
*f**e**rreus*；*-a*；*-um*	铁的	*flab**e**llifer*；*-era*；*-erum*	产扇形物的
*ferrug**i**neus*；*-a*；*-um*	铁锈色的	*flabellif**o**rmis*；*-e*	扇形的
*ferulif**o**lius*；*-a*；*-um*	阿魏（*Ferula*）叶的	*flagell**a**ris*；*-e*	鞭状的
*ficif**o**lius*；*-a*；*-um*	榕树（*Ficus*）叶的	*flag**e**llifer*；*-era*；*-erum*	产鞭状物的
*f**i**cus-**i**ndica*	印度无花果	*flagellif**o**rmis*；*-e*	鞭状的
*f**i**go*	固定的	*flav**e**scens*	变成黄色的
*filament**o**sus*；*-a*；*-um*	丝状的	*fl**a**vidus*；*-a*；*-um*	淡黄色的
*filicif**o**lius*；*-a*；*-um*	蕨叶的	*flavir**o**stris*；*-e*	黄喙的
*f**i**lifer*；*-era*；*-erum*	产丝的	*fl**a**vus*；*-a*；*-um*	黄色的
*filipendul**i**nus*；*-a*；*-um*	有点丝状下垂的	*fl**eu**ryi*	（人名）Fleury 的

（续）

拉丁文	中文释义
flexuosus；*-a*；*-um*	扭曲的；之字形的
floribundus；*-a*；*-um*	繁花的
floridus；*-a*；*-um*	繁花的
flos-aeris	空中的花
flousianus；*-a*；*-um*	（人名）Flous 的
fluminensis；*-e*	（巴西）里约热内卢的；生于河流的
foeniculum	（古名）茴香
foetidus；*-a*；*-um*	恶臭的
forbesii	（人名）Forbes 的
fordianus；*-a*；*-um*	（人名）Ford 的
fordii	（人名）Ford 的
formosanus；*-a*；*-um*	（中国）台湾的
formosensis；*-e*	（中国）台湾的
formosissimus；*-a*；*-um*	极美丽的
formosus；*-a*；*-um*	美丽的
forrestii	（人名）Forrest 的
forsteri	（人名）Forster 的
forsterianus；*-a*；*-um*	（人名）Forster 的
fortuneanus；*-a*；*-um*	（人名）Fortune 的
fortunei	（人名）Fortune 的
fosterianus；*-a*；*-um*	（人名）Foster 的
fournieri	（人名）Fournier 的
foveolatus；*-a*；*-um*	蜂窝状的
fragilis；*-e*	脆的
fragrans	芳香的
fragrantissimus；*-a*；*-um*	极香的
fraseri	（人名）Fraser 的
freemanii	（人名）Freeman 的
frikartii	（人名）Frikart 的
frutescens	变成灌木状的
frutex	灌木，灌丛
fruticans	变成灌丛的
fruticosus；*-a*；*-um*	灌木状的
fulgens	光亮的
fulgidus；*-a*；*-um*	光亮的
fulvus；*-a*；*-um*	黄褐色的

（续）

拉丁文	中文释义	拉丁文	中文释义
*f**u**nebris*；*-e*	生于墓地的	*germ**a**nicus*；*-a*；*-um*	（欧洲）德国的
*furfur**a**ceus*；*-a*；*-um*	糠皮状的	*gesneri**a**nus*；*-a*；*-um*	（人名）Gessner 的
*g**a**llicus*；*-a*；*-um*	（欧洲）高卢（今法国、比利时，以及荷兰、瑞士、德国、意大利部分地区）的	*gibb**o**sus*；*-a*；*-um*	具囊状凸起的
		*g**i**bbus*；*-a*；*-um*	具囊状凸起的
		*gigant**eu**s*；*-a*；*-um*	巨大的
		*gigantif**o**lius*；*-a*；*-um*	巨叶的
		*g**i**gas*	巨人
*galp**i**nii*	（人名）Galpin 的	*ginn**a**la*	（俗名）茶条槭
*gard**e**nii*	（人名）Garden 的	*giraldi**a**nus*；*-a*；*-um*	（人名）Giraldi 的
*g**a**rdneri*	（人名）Gardner 的	*gir**a**ldii*	（人名）Giraldi 的
*gauss**e**nii*	（人名）Gaussen 的	*g**i**thago*	（古名）麦仙翁
*ge**a**yi*	（人名）Geay 的	*gl**a**ber*；*-bra*；*-brum*	无毛的
*geminisp**i**nus*；*-a*；*-um*	对刺的	*glabrif**o**lius*；*-a*；*-um*	无毛叶的
*gendar**u**ssa*	（俗名）驳骨丹	*gland**u**lifer*；*-era*；*-erum*	具腺体的
*gener**a**lis*；*-e*	普通的	*glandul**o**sus*；*-a*；*-um*	具腺体的
*genev**e**nsis*；*-e*	（瑞士）日内瓦的	*glauc**e**scens*	变成粉绿色的
*g**e**nkwa*	（俗名）芫花	*glaucoph**y**llus*；*-a*；*-um*	粉绿叶的
*gentian**oi**des*	像龙胆（*Gentiana*）的	*gl**au**cus*；*-a*；*-um*	粉绿色的
*geom**e**trizans*	具规则结构的；对称的	*glaziovi**a**nus*；*-a*；*-um*	（人名）Glaziou 的

（续）

拉丁文	中文释义	拉丁文	中文释义
globosus；*-a*；*-um*	球形的	*granulosus*；*-a*；*-um*	颗粒状的
globulus	小球	*gratianopolitanus*；*-a*；*-um*	（法国）格勒诺布尔的
glomeratus；*-a*；*-um*	团伞花序的	*gratissimus*；*-a*；*-um*	极可爱的
gloriosus；*-a*；*-um*	华丽的	*graveolens*	具强烈气味的
gloxinioides	像大岩桐（*Gloxinia*）的	*gregarius*；*-a*；*-um*	群生的
glutinosus；*-a*；*-um*	胶质的	*greigii*	（人名）Greig 的
glyptostroboides	像水松（*Glyptostrobus*）的	*griffithii*	（人名）Griffith 的
gmelinii	（人名）Gmelin 的	*griseus*；*-a*；*-um*	灰色的
godseffianus；*-a*；*-um*	（人名）Godseff 的	*grusonii*	（人名）Gruson 的
goeringianus；*-a*；*-um*	（人名）Goering 的	*guajava*	（俗名）番石榴
goeringii	（人名）Goering 的	*guelzowianus*；*-a*；*-um*	（人名）Gülzow 的
goldieanus；*-a*；*-um*	（人名）Goldie 的	*guilfoylei*	（人名）Guilfoyle 的
gracilis；*-e*	纤细的	*guineensis*；*-e*	（非洲）几内亚的
gracilistylus；*-a*；*-um*	纤细花柱的	*gunnii*	（人名）Gunn 的
gramineus；*-a*；*-um*	禾本状的	*guttatus*；*-a*；*-um*	具斑点的
granatus；*-a*；*-um*	多籽的	*gymnantherus*；*-a*；*-um*	裸花药的
grandiflorus；*-a*；*-um*	大花的	*haageanus*；*-a*；*-um*	（人名）Haage 的
grandifolius；*-a*；*-um*	大叶的	*haematocephalus*；*-a*；*-um*	血红色头的
grandis；*-e*	大的	*hahnianus*；*-a*；*-um*	（人名）Hahn 的

（续）

拉丁文	中文释义
*hainan**e**nsis*; *-e*	（中国）海南的
*halicac**a**bus*; *-a*; *-um*	（土耳其）哈利卡那索斯（今博德鲁姆）的
*halli**a**nus*; *-a*; *-um*	（人名）D. Hall 的；E. Hall 的；H. C. van Hall 的
*h**a**llii*	（人名）D. Hall 的；E. Hall 的；H. C. van Hall 的
*halod**e**ndron*	盐地生的树木
*h**a**mabo*	（叙利亚）哈马的
*hamatac**a**nthus*; *-a*; *-um*	具钩刺的
*hance**a**nus*; *-a*; *-um*	（人名）Hance 的
*harl**a**ndii*	（人名）Harland 的
*harringt**o**nii*	（人名）Harrington 的
*harry**a**nus*; *-a*; *-um*	（人名）Harry J. Veitch 的
*hartw**e**gii*	（人名）Hartweg 的
*haselb**e**rgii*	（人名）Haselberg 的
*hassleri**a**nus*; *-a*; *-um*	（人名）Hassler 的
*h**a**wkeri*	（人名）Hawker 的
*haw**o**rthii*	（人名）Haworth 的
*hayw**a**rdii*	（人名）Hayward 的
*heckr**o**ttii*	（人名）Heckrott 的
*heder**a**ceus*; *-a*; *-um*	常春藤（*Hedera*）状的
*hederif**o**lius*; *-a*; *-um*	常春藤（*Hedera*）叶的
*helianth**o**ides*	像向日葵（*Helianthus*）的
*helio**sco**pius*; *-a*; *-um*	朝向太阳的
*h**e**lix*	螺旋形
*henry**a**nus*; *-a*; *-um*	（人名）Henry 的
*h**e**nryi*	（人名）Henry 的
*heptaph**y**llus*; *-a*; *-um*	七叶的
*heracleif**o**lius*; *-a*; *-um*	独活（*Heracleum*）叶的
*herbeoh**y**bridus*; *-a*; *-um*	草本间杂交的
*h**e**rbeus*; *-a*; *-um*	草绿色的
*h**e**rbstii*	（人名）Herbst 的
*heteroph**y**llus*; *-a*; *-um*	异形叶的
*heterost**a**chyus*; *-a*; *-um*	具异穗的
*hex**a**gonus*; *-a*; *-um*	六角的

（续）

拉丁文	中文释义
hexapetalus；-*a*；-*um*	六瓣的
hiemalis；-*e*	冬季的
hieroglyphicus；-*a*；-*um*	象形文的
himalayensis；-*e*	（亚洲）喜马拉雅山脉的
hippocastanum	（古名）欧洲七叶树
hircanicus；-*a*；-*um*	（伊朗）希尔卡尼亚（今戈尔甘境内）的
hirsutus；-*a*；-*um*	疏被粗硬毛的
hirtus；-*a*；-*um*	被毛的
hispanicus；-*a*；-*um*	（欧洲）西班牙的
hispidus；-*a*；-*um*	被粗硬毛的
hodginsii	（人名）Hodgins 的
hollandicus；-*a*；-*um*	（欧洲）荷兰的
holocarpus；-*a*；-*um*	不分裂果实的
holophyllus；-*a*；-*um*	全缘叶的
holstii	（人名）Holst 的
hookeri	（人名）J. D. Hooker 的；W. J. Hooker 的

拉丁文	中文释义
hookerianus；-*a*；-*um*	（人名）J. D. Hooker 的；W. J. Hooker 的
hopeanus；-*a*；-*um*	（人名）Hope 的
hopeiensis；-*e*	（中国）河北的
horizontalis；-*e*	平展的
horminum	（古名）鼠尾草
hortensis；-*e*	盆栽的；庭院栽培的
hortorum	庭院栽培的
hortulanus；-*a*；-*um*	园丁的
houstonianus；-*a*；-*um*	（人名）Houston 的
hugonis	（人名）Hugh 神父（即 J. A. Scallon）的
hui	（人名）胡（先骕）的
humboldtii	（人名）Humboldt 的
humilis；-*e*	低矮的
hupehensis；-*e*	（中国）湖北的
hybridus；-*a*；-*um*	杂交的
hyemalis；-*e*	冬季的

（续）

拉丁文	中文释义	拉丁文	中文释义
*hyssopif**o**lius*；-*a*；-*um*	神香草（*Hyssopus*）叶的	*inoph**y**llus*；-*a*；-*um*	脉叶的
*iberidif**o**lius*；-*a*；-*um*	屈曲花（*Iberis*）叶的	*ins**i**gnis*；-*e*	显著的
***i**gneus*；-*a*；-*um*	火红色的	***i**nteger*；-*gra*；-*grum*	全缘的
*illinoi**e**nsis*；-*e*	（美国）伊利诺伊的	*integrif**o**lius*；-*a*；-*um*	全缘叶的
*ill**u**stris*；-*e*	明亮的	*interm**e**dius*；-*a*；-*um*	中间型的
*imbric**a**tus*；-*a*；-*um*	覆瓦状的	*int**o**rtus*；-*a*；-*um*	扭曲的
*imperi**a**lis*；-*e*	皇帝的	*involucr**a**tus*；-*a*；-*um*	具总苞的
*impetigin**o**sus*；-*a*；-*um*	树皮溃疡的	*ion**a**nthus*；-*a*；-*um*	堇紫花的
*inc**a**nus*；-*a*；-*um*	被灰白毛的	*irid**e**scens*	彩虹色的
*incarn**a**tus*；-*a*；-*um*	肉红色的	*iridi**o**ides*	像鸢尾（*Iris*）的
*inc**i**sus*；-*a*；-*um*	深锐裂的	*isoph**y**llus*；-*a*；-*um*	具相同叶的
*incompar**a**bilis*；-*e*	无可比拟的	*it**a**licus*；-*a*；-*um*	（欧洲）意大利的
***i**ndicus*；-*a*；-*um*	（亚洲）印度的	*j**a**ckii*	（人名）Jack 的
*indiv**i**sus*；-*a*；-*um*	不分裂的	*jal**a**pa*	（墨西哥）哈拉帕
*in**e**rmis*；-*e*	无刺的	*j**a**mbos*	（俗名）蒲桃
*infl**e**xus*；-*a*；-*um*	内弯的	*jamesonii*	（人名）Jameson 的
*infundibulif**o**rmis*；-*e*	漏斗形的；喇叭形的	*jap**o**nicus*；-*a*；-*um*	（亚洲）日本的
***i**ngens*	巨大的	*jasmin**o**ides*	像素馨（*Jasminum*）的
*inno**ce**ntii*	（人名）de Saint-Innocent 的	*jav**a**na*	（印度尼西亚）爪哇岛的

（续）

拉丁文	中文释义
javanicus；*-a*；*-um*	（印度尼西亚）爪哇岛的
joncsianus；*-u*；*-um*	（人名）Jones 的
jongheanus；*-a*；*-um*	（人名）de Jonghe 的
jonquilla	（俗名）丁香水仙
jubatus；*-a*；*-um*	被鬃毛的
jujuba	（俗名）枣
julianae	（人名，C. K. Schneider 的妻子）Juliana Schneider 夫人的
julibrissin	（俗名）合欢
julii	（人名）Julius Derenberg 的
junceus；*-a*；*-um*	灯心草（*Juncus*）状的
juniperinus；*-a*；*-um*	刺柏（*Juniperus*）状的
juvenna	幼龄的
kachirachirai	（俗名）恒春厚朴
kaempferi	（人名）Kaempfer 的
kaki	（俗名）柿子
kamtschaticus；*-a*；*-um*	（俄罗斯）堪察加半岛的
kanran	（俗名）寒兰
kanzakura	（俗名）寒樱
karasmontanus；*-a*；*-um*	（纳米比亚）卡拉斯山脉的
karvinskianus；*-a*；*-um*	（人名）Karvinski 的
katherinae	（人名）Katherine Saunders 夫人的
kaufmannianus；*-a*；*-um*	（人名）Kaufmann 的
kerri	（人名）Kerr 的
kiautschovicus；*-a*；*-um*	（山东）胶州的
kingianus；*-a*；*-um*	（人名）King 的
kirilowii	（人名）Kirilov 的
kirkii	（人名）J. Kirk 的；T. Kirk 的
knippelianus；*-a*；*-um*	（人名）Knippel 的
kobus	（俗名）日本辛夷
kochii	（人名）H. Koch 的；W. D. J. Koch 的

（续）

拉丁文	中文释义
*kocki**a**nus*；-*a*；-*um*	（人名）Kock 的
*koidz**u**mii*	（人名）小泉（源一）的
*kolom**i**kta*	（俗名）狗枣猕猴桃
*komar**o**vii*	（人名）Komarov 的
*komar**o**wii*	（人名）Komarov 的
*korai**e**nsis*；-*e*	（亚洲）高丽（今朝鲜半岛）的
*kore**a**nus*；-*a*；-*um*	（亚洲）高丽（今朝鲜半岛）的
*korolk**o**wii*	（人名）Korolkov 的
*korsak**o**wii*	（人名）Korsakov 的
*korsh**i**nskii*	（人名）Korshinsky 的
*koto**e**nsis*；-*e*	（台湾）兰屿的
*kotschoubey**a**nus*；-*a*；-*um*	（人名）Kotschoubey 王子的
*k**ou**sa*	（俗名）四照花
*krameri**a**nus*；-*a*；-*um*	（人名）J. G. H. Kramer 的；W. H. Kramer 的
*kraussi**a**nus*；-*a*；-*um*	（人名）von Krauss 的
*kumas**a**sa*	（俗名）倭竹
*kwangtung**e**nsis*；-*e*	（中国）广东的
*labi**a**tus*；-*a*；-*um*	唇形的
*lacini**a**tus*；-*a*；-*um*	条状裂的
*l**a**cteus*；-*a*；-*um*	乳白色的
*lactifl**o**rus*；-*a*；-*um*	乳白色花的
*lad**a**nifer*；-*era*；- *erum*	产树脂的
*l**ae**tus*；-*a*；-*um*	光亮的
*laevig**a**tus*；-*a*；-*um*	光滑的
*l**ae**vis*；-*e*	光滑的
*lagen**a**rius*；-*a*；-*um*	葫芦状的
*lagenic**au**lis*；-*e*	瓶状茎的
*l**a**kka*	（俗名）猩红椰子，红柄椰子
*lamarcki**a**nus*；-*a*；-*um*	（人名）de Lamarck 的
*lamell**o**sus*；-*a*；-*um*	薄片状的
*lam**e**rei*	（人名）Lamère 的

（续）

拉丁文	中文释义	拉丁文	中文释义
lanatus；*-a*；*-um*	绵毛状的	*lempergianus*；*-a*；*-um*	（人名）Lemperg 的
lanceanus；*-a*；*-um*	（人名）Lance 的	*leninghausii*	（人名）Leninghaus 的
lanceolatus；*-a*；*-um*	披针形的	*leptophyllus*；*-a*；*-um*	薄叶的；狭长叶的
lancifolius；*-a*；*-um*	披针形叶的	*leptopus*	具细柄的
lannesianus；*-a*；*-um*	（人名）Lannes de Montebello 的	*lesliei*	（人名）Leslie 的
		leucanthemus；*-a*；*-um*	白蕊的
lantana	（古名）荚蒾	*leucanthus*；*-a*；*-um*	白花的
lanuginosus；*-a*；*-um*	多绵毛的	*leucocephalus*；*-a*；*-um*	白头的
lasiocarpus；*-a*；*-um*	具绵毛果实的	*leucochlorus*；*-a*；*-um*	淡黄绿色的
latiflorus；*-a*；*-um*	宽花的	*leucoglossus*；*-a*；*-um*	白色舌状物的
latifolius；*-a*；*-um*	宽叶的	*leuconeurus*；*-a*；*-um*	具白脉的
latiusculus；*-a*；*-um*	有一点宽的	*leucophyllus*；*-a*；*-um*	白叶的
laurifolius；*-a*；*-um*	月桂（*Laurus*）叶的	*leucopithecius*；*-a*；*-um*	白色小猴的
lawrenceanus；*-a*；*-um*	（人名）Lawrence 的	*leucotrichus*；*-a*；*-um*	白毛的
lawsonianus；*-a*；*-um*	（人名）Lawson 的	*leylandii*	（人名）Leyland 的
leavenworthii	（人名）Leavenworth 的	*lietzei*	（人名）Lietze 的
lebbeck	（俗名）大叶合欢	*ligtu*	（俗名）美丽六出花
leiboldianus；*-a*；*-um*	（人名）Leibold 的	*likiangensis*；*-e*	（云南）丽江的
		liliiflorus；*-a*；*-um*	百合（*Lilium*）花的

（续）

拉丁文	中文释义	拉丁文	中文释义
*liliasphod**e**lus*；*-a*；*-um*	百合（*Lilium*）和金穗花（*Asphodelus*）的	*longif**o**lius*；*-a*；*-um*	长叶的
*limif**o**lius*；*-a*；*-um*	粗糙叶的	*longipeduncul**a**tus*；*-a*；*-um*	具长花序梗的
*l**i**mon*	（俗名）柠檬	*longist**a**minus*；*-a*；*-um*	长雄蕊的
*lind**e**nii*	（人名）Linden 的	*long**i**stylus*；*-a*；*-um*	长花柱的
*lindh**ei**meri*	（人名）Lindheimer 的	*long**i**tubus*；*-a*；*-um*	长管的
*lindley**a**nus*；*-a*；*-um*	（人名）Lindley 的	*lontar**oi**des*	像糖棕（*Lontarus*）的
*line**a**ris*；*-e*	线形的	*lotung**e**nsis*；*-e*	（海南）乐东的
*linguif**o**rmis*；*-e*	舌形的	*l**o**tus*	君迁子
*lingul**a**tus*；*-a*；*-um*	舌形的	*louisi**a**nus*；*-a*；*-um*	（美国）路易斯安那的
*l**i**nguus*；*-a*；*-um*	舌形的	*lour**ei**ri*	（人名）Loureiro 的
*littor**a**lis*；*-e*	生于滨海的	*lowi**a**nus*；*-a*；*-um*	（人名）Low 的
*liukiu**e**nsis*；*-e*	（日本）琉球群岛的	*l**o**wii*	（人名）Low 的
*l**i**zei*	（人名）Lizé 的	*l**u**bricus*；*-a*；*-um*	光滑的
*lob**a**tus*；*-a*；*-um*	具裂片的	*l**u**cidus*；*-a*；*-um*	光亮的
*loddig**e**sii*	（人名）Loddiges 的	*lueddemanni**a**nus*；*-a*；*-um*	（人名）Lüddemann 的
*l**o**ngan*	（俗名）龙眼	*lun**a**tus*；*-a*；*-um*	新月形的
*longifl**o**rus*；*-a*；*-um*	长花的	*l**u**pulus*	狼崽
		*lusit**a**nicus*；*-a*；*-um*	（欧洲）葡萄牙的
		*luteopurp**u**reus*；*-a*；*-um*	深黄紫色的

（续）

拉丁文	中文释义
lutescens	变成深黄色的
luteus；*-a*；*-um*	深黄色的
lycopodioides	像石松（*Lycopodium*）的
lydius；*-a*；*-um*	（亚洲）吕底亚（人）的
lyratus；*-a*；*-um*	琴形的
maackii	（人名）Maack 的
macclurei	（人名）McClure 的
macedonicus；*-a*；*-um*	（欧洲）马其顿的
mackayi	（人名）Mackay 的
macranthus；*-a*；*-um*	大花的
macrocarpus；*-a*；*-um*	大果的
macrocephalus；*-a*；*-um*	大头的
macroglossus；*-a*；*-um*	大舌状小花的
macrolepis	大鳞片的
macropetalus；*-a*；*-um*	大瓣的
macrophyllus；*-a*；*-um*	大叶的
macropodus；*-a*；*-um*	大叶柄的；长梗的
macrorrhizus；*-a*；*-um*	大根的；大根状茎的
macrus；*-a*；*-um*	长的；大的
maculatus；*-a*；*-um*	具斑点的
madagascariensis；*-e*	（非洲）马达加斯加的
madurensis；*-e*	（印度尼西亚）马都拉岛的
maesiacus；*-a*；*-um*	（欧洲）梅西亚（今保加利亚北部和塞尔维亚东部地区）的
magnificus；*-a*；*-um*	宏伟的
magnimamma	大乳头
mahagoni	（俗名）桃花心木
maidenii	（人名）Maiden 的
mairei	（人名）E. E. Maire 的；R. C. J. E. Maire 的
majalis；*-e*	五月的
major；*-jus*	较大的
makinoi	（人名）牧野（富太郎）的
makoyanus；*-a*；*-um*	（人名）Jacob-Makoy 的
malabaricus；*-a*；*-um*	（印度）马拉巴尔的

（续）

拉丁文	中文释义	拉丁文	中文释义
*malac**oi**des*	像锦葵(*Malva*)的	*margin**a**tus*; *-a*; *-um*	边缘的
*malipo**e**nsis*; *-e*	(云南)麻栗坡的	*m**a**riae*	(人名)Mary Anderson 女士的；Mary Burbidge 女士的
*malvifl**o**rus*; *-a*; *-um*	锦葵(*Malva*)花的	*mari**a**nus*; *-a*; *-um*	(人名)Mary A. Gentry 夫人的
*mamill**a**tus*; *-a*; *-um*	乳突状的	*mari**e**sii*	(人名)Maries 的
*mammill**a**ris*; *-e*	乳突状的	*mar**i**timus*; *-a*; *-um*	生于滨海的
*mamm**o**sus*; *-a*; *-um*	具大乳头的	*marmor**a**tus*; *-a*; *-um*	大理石花纹的
*mandsh**u**ricus*; *-a*; *-um*	(中国)满洲(今东北地区)的	*marocc**a**nus*; *-a*; *-um*	(非洲)摩洛哥的
*m**a**nghas*	(俗名)海杧果的果实	*mart**e**nsii*	(人名)Martens 的
*m**a**ngium*	(俗名)马占相思	*marti**a**nus*; *-a*; *-um*	(人名)Martius 的
*mangl**e**sii*	(人名)H. Mangles 的；J. Mangles 的；R. Mangles 的	*mart**i**nii*	(人名)Martin 的
*mangost**a**na*	(俗名)芒吉柿	*m**a**s*	雄性的
*mant**a**ly*	(俗名)小叶榄仁树	*masoni**a**nus*; *-a*; *-um*	(人名)C. T. Mason 的；M. L. Mason 的
*margarit**a**ceus*; *-a*; *-um*	珍珠状的	*massoni**a**nus*; *-a*; *-um*	(人名)Masson 的
*margar**i**tifer*; *-era*; *-erum*	产珍珠的	*matsud**a**nus*; *-a*; *-um*	(人名)松田(定久)的
*margar**i**tus*; *-a*; *-um*	珍珠的		

（续）

拉丁文	中文释义
maudiae	（人名）Maud Dunn 夫人的
maughanii	（人名）Maughan 的
maxillaris；*-e*	颚的
maximus；*-a*；*-um*	最大的
mearnsii	（人名）Mearns 的
medicus；*-a*；*-um*	药用的
medius；*-a*；*-um*	中间的
megaphyllus；*-a*；*-um*	大叶的
melanocarpus；*-a*；*-um*	黑果的
melanochrysus；*-a*；*-um*	黑金色的
meleagris；*-e*	花冠筒具紫斑的
meliifolius；*-a*；*-um*	楝（*Melia*）叶的
mendozae	（人名）Mendosa-Garcia 的
menziesii	（人名）Menzies 的
mesnyi	（人名）Mesny 的
metallicus；*-a*；*-um*	金属的
metel	（俗名）洋金花，毛曼陀罗
mexicanus；*-a*；*-um*	（北美洲）墨西哥的
meyeri	（人名）C. A. Meyer 的；E. H. F. Meyer 的；F. N. Meyer 的；G. F. W. Meyer 的；R. G. Meyer 的
miconioides	像美洲野牡丹（*Miconia*）的
micranthus；*-a*；*-um*	小花的
microcarpus；*-a*；*-um*	小果的
micrococcus；*-a*；*-um*	小分果爿的
microdasys	小而蓬乱的
micromalus；*-a*；*-um*	小苹果（*Malus*）的
micromeris；*-e*	小部分的
microphyllus；*-a*；*-um*	小叶的
microspadix	小佛焰苞的
microspermus；*-a*；*-um*	小种子的
middendorffii	（人名）von Middendorff 的
mihanovichii	（人名）Mihanovich 的
milii	（人名）Milius 的

（续）

拉丁文	中文释义	拉丁文	中文释义
*mille**fo**lius*；*-a*；*-um*	千叶的	*molucc**a**nus*；*-a*；*-um*	（印度尼西亚）马鲁古群岛的
*mimosi**fo**lius*；*-a*；*-um*	含羞草（*Mimosa*）叶的	*m**o**ly*	（古名）一种神奇的草药
*mini**a**tus*；*-a*；*-um*	朱红色的	*mon**e**lli*	（人名）Monell 的
*mini**flo**rus*；*-a*；*-um*	小花的	*mong**o**licus*；*-a*；*-um*	（亚洲）蒙古的
*m**i**nimus*；*-a*；*-um*	最小的	*monn**ie**ri*	（人名）Monnier 的
*m**i**nor*；*-us*	较小的	*m**o**no*	（俗名）色木
*min**u**sculus*；*-a*；*-um*	变小的	*mon**o**gynus*；*-a*；*-um*	单子房的
*min**u**tus*；*-a*；*-um*	微小的	*mono**pe**talus*；*-a*；*-um*	合瓣的
*miqueli**a**nus*；*-a*；*-um*	（人名）Miquel 的	*mon**ta**nus*；*-a*；*-um*	生于山地的
*mique**l**ii*	（人名）Miquel 的	*montevid**e**nsis*；*-e*	（乌拉圭）蒙得维的亚的
*mir**a**bilis*；*-e*	奇特的	*moo**r**ei*	（人名）C. Moore 的；D. Moore 的；F. Moore 的；T. Moore 的
*missouri**e**nsis*；*-e*	（美国）密苏里的	*morgani**a**nus*；*-a*；*-um*	（人名）Morgan 的
*m**i**tis*；*-e*	柔和的；无刺的	*mori**fo**lius*；*-a*；*-um*	桑（*Morus*）叶的
*mitri**fo**rmis*；*-e*	僧帽状的	*morrison**i**colus*；*-a*；*-um*	生于（台湾）玉山的
*mo**de**stus*；*-a*；*-um*	适度的	*morr**o**wii*	（人名）Morrow 的
*mold**a**vicus*；*-a*；*-um*	（欧洲）摩尔多瓦的		
*m**o**llis*；*-e*	柔软的		
*moll**i**ssimus*；*-a*；*-um*	极柔软的		

（续）

拉丁文	中文释义	拉丁文	中文释义
moschatus；*-a*；*-um*	像蘑菇的	*mussinii*	（人名）Mussin-Puschkin 的
moscheutos	（俗名）芙蓉葵	*mutabilis*；*-e*	易变的
mossiae	（人名）Moss 夫人的	*myricoides*	像杨梅（*Myrica*）的
mostii	（人名）Most 的	*myriocarpus*；*-a*；*-um*	多果的
moto	（俗名）毛桃	*myriocladus*；*-a*；*-um*	多枝的
mucronatus；*-a*；*-um*	具短尖头的	*myriostigmus*；*-a*；*-um*	多柱头的
mucronulatus；*-a*；*-um*	具小短尖头的	*myrtifolius*；*-a*；*-um*	香桃木（*Myrtus*）叶的
mukorossi	（俗名）无患子	*nagi*	（俗名）竹柏
multicaulis；*-e*	多茎的	*namaquensis*；*-e*	（南非）纳马夸兰的
multiceps	多头的	*napellus*；*-a*；*-um*	像小芜菁的
multifidus；*-a*；*-um*	多裂的	*napinus*；*-a*；*-um*	芜菁的
multiflorus；*-a*；*-um*	多花的	*nasutus*；*-a*；*-um*	大鼻子的
multiplex	多倍的	*natans*	浮于水面的
mume	（俗名）乌梅	*nebrownii*	（人名）N. E. Brown 的
muralis；*-e*	生于墙上的	*negundo*	（俗名）黄荆
musaicus；*-a*；*-um*	马赛克图案的	*nelii*	（人名）Nel 的
muscari	像葡萄风信子花序的	*nelsonii*	（人名）Nelson 的
muscipula	老鼠夹	*nemorosus*；*-a*；*-um*	森林的
muscosus；*-a*；*-um*	苔藓状的	*nepalensis*；*-e*	（亚洲）尼泊尔的

（续）

拉丁文	中文释义	拉丁文	中文释义
*nephr**o**lepis*	肾形鳞片的	*noct**u**rnus*；*-a*；*-um*	夜间的
*neriif**o**lius*；*-a*；*-um*	夹竹桃(*Nerium*)叶的	*nod**o**sus*；*-a*；*-um*	多节的
*nervigl**u**mis*；*-e*	颖显著鼓起来的	*nonscr**i**ptus*；*-a*；*-um*	未描述的
*nerv**o**sus*；*-a*；*-um*	多脉的	*n**o**vae-**a**ngliae*	(美国)新英格兰地区的
*nicae**e**nsis*；*-e*	(法国)尼斯的；(土耳其)尼西亚(今伊兹尼克)的	*n**o**vi-b**e**lgii*	(美国)纽约的
		*n**u**cifer*；*-era*；*-erum*	产坚果的
		*nudic**au**lis*；*-e*	裸茎的
*n**i**dus*；*-a*；*-um*	鸟巢的	*nudifl**o**rus*；*-a*；*-um*	裸花的
*n**i**ger*；*-gra*；*-grum*	黑色的	*nummul**a**rius*；*-a*；*-um*	硬币状的
*nigr**e**scens*	变成黑色的	*n**u**tans*	下垂的
nil	(俗名)牵牛花	*nuttalli**a**nus*；*-a*；*-um*	(人名)Nuttall 的
*nip**o**nicus*；*-a*；*-um*	(亚洲)日本的	*ob**a**ssia*	(俗名)玉玲花
*nitid**i**ssimus*；*-a*；*-um*	极光亮的	*obc**o**nicus*；*-a*；*-um*	倒圆锥形的
*n**i**tidus*；*-a*；*-um*	光亮的	*ob**e**sus*；*-a*；*-um*	肉质的；多浆的
*niv**a**lis*；*-e*	雪白的；雪边生长的	*obl**a**tus*；*-a*；*-um*	近扁球形的
*n**i**veus*；*-a*；*-um*	雪白的；雪边生长的	*obl**i**quus*；*-a*；*-um*	倾斜的；不对称边的
*niv**o**sus*；*-a*；*-um*	雪白的；雪边生长的	*oblongif**o**lius*；*-a*；*-um*	长圆形叶的
*nob**i**lior*	更名贵的	*obl**o**ngus*；*-a*；*-um*	长圆形的
*n**o**bilis*；*-e*	名贵的	*obov**a**tus*；*-a*；*-um*	倒卵形的

（续）

拉丁文	中文释义
obscurus；*-a*；*-um*	不明显的
obtusifolius；*-a*；*-um*	钝形叶的
obtusilobus；*-a*；*-um*	钝裂片的
obtusus；*-a*；*-um*	钝形的
occidentalis；*-e*	西方的
ochlandrus；*-a*；*-um*	具摆动雄蕊的
ochraceus；*-a*；*-um*	淡黄褐色的
octophyllus；*-a*；*-um*	八叶的
ocymoides	像罗勒（*Ocimum*）的
odoratissimus；*-a*；*-um*	极香的
odoratus；*-a*；*-um*	具香味的
odorifer；*-era*；*-erum*	产生香味的
odorus；*-a*；*-um*	芳香的
officinalis；*-e*	药用的
oldhamianus；*-a*；*-um*	（人名）Oldham 的
oldhamii	（人名）Oldham 的
oleander	（古名）夹竹桃
oleifer；*-era*；*-erum*	产油的
oleraceus；*-a*；*-um*	属于厨房的，属于菜园的；当做蔬菜的
olgensis；*-e*	（俄罗斯）奥尔加的
oliveri	（人名）Oliver 的
opacus；*-a*；*-um*	不透明的；颜色变暗的
operculatus；*-a*；*-um*	具盖的
ophiuroides	像假俭草的
oppenheimianus；*-a*；*-um*	（人名）Oppenheim 的
optatus；*-a*；*-um*	渴望的
opulifolius；*-a*；*-um*	荚蒾叶的
opulus	荚蒾
orbiculatus；*-a*；*-um*	圆形的
orchioides	像红门兰（*Orchis*）的
orientalis；*-e*	东方的
ornatus；*-a*；*-um*	装饰的
ornus	花白蜡
oshimensis；*-e*	（日本）大岛的
ostii	（人名）Osti 的

（续）

拉丁文	中文释义	拉丁文	中文释义
*ot**o**phorus*；*-a*；*-um*	耳状的	*pandac**a**qui*	（菲律宾）潘达卡基的
*ovali**fo**lius*；*-a*；*-um*	椭圆形叶的	*panduri**fo**lius*；*-a*；*-um*	提琴形叶的
*ov**a**lis*；*-e*	椭圆形的	*panicul**a**tus*；*-a*；*-um*	圆锥花序的
*ov**a**tus*；*-a*；*-um*	卵形的	*panzhihua**e**nsis*；*-e*	（四川）攀枝花的
***o**vifer*；*-era*；*-erum*	产卵的	*pap**a**ya*	（俗名）番木瓜
*oxyac**a**nthus*；*-a*；*-um*	具尖刺的	*pap**i**lio*	（古名）蝴蝶
*oxyg**o**nus*；*-a*；*-um*	具尖角的	*papyr**a**ceus*；*-a*；*-um*	纸状的
*oxyp**e**talus*；*-a*；*-um*	尖瓣的	*pap**y**rifer*；*-era*；*-erum*	可制纸的
*pachyph**y**llus*；*-a*；*-um*	厚叶的	*pap**y**rus*	（古名）纸
*pac**i**ficus*；*-a*；*-um*	太平洋的	*parad**o**xus*；*-a*；*-um*	矛盾的
*p**a**dus*	（俗名）稠李	*paraguay**e**nsis*；*-e*	（南美洲）巴拉圭的
*palcz**e**wskii*	（人名）Palczewski 的	*par**i**shii*	（人名）C. S. P. Parish 的；S. B. Parish 的
*pali**u**rus*	马甲子（*Paliurus*）	*parkins**o**nii*	（人名）Parkinson 的
*pallidifl**o**rus*；*-a*；*-um*	淡白花的	*p**a**rryi*	（人名）Parry 的
*p**a**llidus*；*-a*；*-um*	淡白色的	*parth**e**nium*	（古名）艾菊
*palm**a**tus*；*-a*；*-um*	掌状的	*parthen**o**xylon*	纯木材
*palm**e**tto*	（俗名）箬棕	*parvifl**o**rus*；*-a*；*-um*	小花的
*palud**o**sus*；*-a*；*-um*	沼泽的		
*pal**u**stris*；*-e*	生于沼泽的		

（续）

拉丁文	中文释义
parvifolius；*-a*；*-um*	小叶的
patcns	开展的
patulus；*-a*；*-um*	张开的
pauciflorus；*-a*；*-um*	少花的
paucinervis；*-e*	少脉的
pauhoi	（俗名）刨花楠
pavia	（人名）Paaw 的
pavonia	（人名）Pavón 的
pavoninus；*-a*；*-um*	孔雀蓝的
peacockii	（人名）E. A. Woodruffe-Peacock 的；J. T. Peacock 的
pearsonii	（人名）*Pearson* 的
pectinatus；*-a*；*-um*	篦齿状的
pectinoides	像篦齿的
pedatus；*-a*；*-um*	鸟足状的
peizhongii	（人名）（叶）培忠的
pekinensis；*-e*	（中国）北京的
pellucidus；*-a*；*-um*	透明的

拉丁文	中文释义
peltatus；*-a*；*-um*	盾状的
penduliflorus；*-a*；*-um*	垂花的
pendulus；*-a*；*-um*	下垂的
pennatus；*-a*；*-um*	羽状的
pennsylvanicus；*-a*；*-um*	（美国）宾夕法尼亚的
pensilis；*-e*	悬垂的
penstemonoides	像钓钟柳（*Penstemon*）的
pentalophus；*-a*；*-um*	五冠的
pentandrus；*-a*；*-um*	具五雄蕊的
pentaphyllus；*-a*；*-um*	具五叶的
peperomioides	像椒草（*Peperomia*）的
pepo	（古名）葫芦；瓠果
peregrinus；*-a*；*-um*	外来的
perennis；*-e*	多年生的
perforatus；*-a*；*-um*	穿孔的
persica	（古名）桃
persicifolius；*-a*；*-um*	桃叶的
persiciformis；*-e*	桃形的
persicus；*-a*；*-um*	（亚洲）波斯（今伊朗）的

（续）

拉丁文	中文释义	拉丁文	中文释义
*peruvi**a**nus*；*-a*；*-um*	（南美洲）秘鲁的	*p**i**ngii*	（人名）秉（志）的
*p**e**s-c**a**prae*	山羊腿	*p**i**nguin*	企鹅
*petal**oi**deus*；*-a*；*-um*	像花瓣的	*pinnat**i**fidus*；*-a*；*-um*	羽状浅裂的
*petiol**a**ris*；*-e*	具叶柄的	*pinn**a**tus*；*-a*；*-um*	羽状的
*pfitzeri**a**nus*；*-a*；*-um*	（人名）Pfitzer 的	*piper**i**tus*；*-a*；*-um*	胡椒（*Piper*）味的
*pfl**a**nzii*	（人名）Pflanz 的	*p**i**sifer*；*-era*；*-erum*	产豌豆的
*phalaen**o**psis*	像蛾的	*planisc**a**pus*；*-a*；*-um*	扁葶的
*phil**i**ppicus*；*-a*；*-um*	（亚洲）菲律宾的	*plantag**i**neus*；*-a*；*-um*	车前（*Plantago*）状的
*philippin**e**nsis*；*-e*	（亚洲）菲律宾的	*pl**a**nus*；*-a*；*-um*	平坦的
*phillirae**oi**des*	像欧女贞（*Philliraea*）的	*platanif**o**lius*；*-a*；*-um*	悬铃木（*Platanus*）叶的
*phoen**i**ceus*；*-a*；*-um*	紫红色的	*platan**oi**des*	像悬铃木（*Platanus*）的
*phyllost**a**chyus*；*-a*；*-um*	具叶状穗的	*platyc**a**rpus*；*-a*；*-um*	阔果的
*physoc**a**rpus*；*-a*；*-um*	膀胱果的	*plat**y**cladus*；*-a*；*-um*	扁枝的
*pictur**a**tus*；*-a*；*-um*	杂色的，斑驳的	*platyp**e**talus*；*-a*；*-um*	阔瓣的
*p**i**ctus*；*-a*；*-um*	着色的；装饰的	*platyph**y**llos*	阔叶
*pi**e**rrei*	（人名）Pierre 的	*platyph**y**llus*；*-a*；*-um*	阔叶的
*pil**o**sus*；*-a*；*-um*	被长柔毛的	*pleiosp**e**rmus*；*-a*；*-um*	多种子的
*pin**a**ster*	野松树	*plic**a**tus*；*-a*；*-um*	具褶皱的
*pince**a**nus*；*-a*；*-um*	（人名）Pince 的	*plum**a**rius*；*-a*；*-um*	羽毛的

（续）

拉丁文	中文释义	拉丁文	中文释义
plumosus；*-a*；*-um*	羽毛状的	*porrectus*；*-a*；*-um*	外伸的
pluvialis；*-e*	跟雨相关的	*portenschlagianus*；*-a*；*-um*	（人名）von Portenschlag-Ledermayer 的
podagrarius；*-a*；*-um*	痛风的	*poscharskyanus*；*-a*；*-um*	（人名）Poscharsky 的
podagricus；*-a*；*-um*	肿柄的	*potatorum*	饮料的
podophyllus；*-a*；*-um*	有柄叶的	*powellii*	（人名）C. B. Powell 的；J. T. Powell 的；T. P. Powell 的
poeticus；*-a*；*-um*	诗歌的	*praecox*	早生的
pohlianus；*-a*；*-um*	（人名）Pohl 的	*pratensis*；*-e*	生于草原的
pohuashanensis；*-e*	（北京）百花山的	*primula*	报春花（*Primula*）
poiretii	（人名）Poiret 的	*principis*；*-e*	王子的
polifolius；*-a*；*-um*	灰叶的	*principis-rupprechtii*	（人名）Rupprecht 王子的
politus；*-a*；*-um*	光亮的	*prionanthus*；*-a*；*-um*	齿状花的
polyanthus；*-a*；*-um*	多花的	*procumbens*	匍匐的
polycarpus；*-a*；*-um*	多果的	*prolifer*；*-era*；*-erum*	多育的
polychromus；*-a*；*-um*	多色的	*propinquus*；*-a*；*-um*	相近的
polygamus；*-a*；*-um*	杂性的	*prostratus*；*-a*；*-um*	匍匐的
polyphyllus；*-a*；*-um*	具多叶的		
polytrichoides	像金发藓（*Polytrichum*）的		
pomifer；*-era*；*-erum*	产梨果的		
ponderosus；*-a*；*-um*	重的		
populneus；*-a*；*-um*	像杨树（*Populus*）的		

（续）

拉丁文	中文释义	拉丁文	中文释义
*protolacini**a**tus*；*-a*；*-um*	原始条状裂的	*pulch**e**llus*；*-a*；*-um*	稍美丽的
*pruin**o**sus*；*-a*；*-um*	被白粉的	*p**u**lcher*；*-chra*；*-chrum*	美丽的
*prunif**o**lius*；*-a*；*-um*	李（*Prunus*）叶的	*pulch**e**rrimus*；*-a*；*-um*	极美丽的
*przew**a**lskii*	（人名）Przewalski 的	*pulvin**a**tus*；*-a*；*-um*	垫状的
*pseud**a**corus*	假菖蒲（*Acorus*）	*p**u**milus*；*-a*；*-um*	矮小的
*pseudarm**e**ria*	假海石竹（*Armeria*）	*punct**a**tus*；*-a*；*-um*	具点的
*pseudoac**a**cia*	假金合欢（*Acacia*）	*p**u**ngens*	锐利的
*pseudoc**a**psicum*	假辣椒（*Capsicum*）	*purpur**a**scens*	变成紫色的
*pseudoc**e**rasus*	假樱桃（*Cerasus*）	*purpur**a**tus*；*-a*；*-um*	着紫色的
*pseudonarc**i**ssus*	假水仙（*Narcissus*）	*purp**u**reus*；*-a*；*-um*	紫色的
*pseudopl**a**tanus*	假悬铃木（*Platanus*）	*pygm**a**eus*；*-a*；*-um*	矮小的
*psittac**o**rum*	鹦鹉的	*pyramid**a**lis*；*-e*	金字塔形的
*pt**a**rmica*	珠蓍	*pyrif**o**lius*；*-a*；*-um*	梨（*Pyrus*）叶的
*ptarmic**o**ides*	像珠蓍（*Achillea ptarmica*）的	*quadrangul**a**ris*；*-e*	四角形的
		*quadrilocul**a**ris*；*-e*	四室的
		*qu**a**moclit*	茑萝
*pteroc**a**rpus*；*-a*；*-um*	翅果的	*quercif**o**lius*；*-a*；*-um*	栎（*Quercus*）叶的
*pub**e**scens*	被短柔毛的	*qu**i**houi*	（人名）Quihou 的
*p**u**dicus*；*-a*；*-um*	害羞的	*quin**a**tus*；*-a*；*-um*	五出的

（续）

拉丁文	中文释义
quinqueflorus；-a；-um	五花的
quinquefolius；-a；-um	五叶的
quinquenervius；-a；-um	五脉的
racemosus；-a；-um	总状花序的
raddianus；-a；-um	（人名）Raddi 的
radiatus；-a；-um	辐射状的
radicans	生根的
ramosissimus；-a；-um	极多枝的
rapa	芜菁
rauschii	（人名）Rausch 的
recurvatus；-a；-um	下弯的；外弯的
recurvifolius；-a；-um	弯叶的
recurvus；-a；-um	下弯的；外弯的
reevesianus；-a；-um	（人名）Reeves 的
reflexus；-a；-um	反折的
regalis；-e	杰出的；国王的
reginae	王后的
regius；-a；-um	华丽的；王室的
rehmannii	（人名）Rehmann 的
reinwardtii	（人名）Reinwardt 的
religiosus；-a；-um	神圣的
renda	（俗名）猩红椰子，红柄椰子
reniformis；-e	肾形的
repens	匍匐状的
reptans	匍匐生根的
reticulatus；-a；-um	网状的
retusus；-a；-um	微凹的
revolutus；-a；-um	外卷的
rex	国王
rhoeas	虞美人
rhombeus；-a；-um	菱形的
rhombifolius；-a；-um	菱形叶的
rhopalophyllus；-a；-um	棒叶的
rhytidophyllus；-a；-um	皱叶的
ricasolianus；-a；-um	（人名）Ricasoli 的
richii	（人名）Rich 的

（续）

拉丁文	中文释义	拉丁文	中文释义
rigens	坚硬的	*rosifolius*；*-a*；*-um*	蔷薇（*Rosa*）叶的
rigescens	变坚硬的	*rostratus*；*-a*；*-um*	具喙的
rigidissimus；*-a*；*-um*	极坚硬的	*rothschildianus*；*-a*；*-um*	（人名）Rothschild 的
rigidus；*-a*；*-um*	坚硬的	*rotundifolius*；*-a*；*-um*	圆叶的
rinconensis；*-e*	（墨西哥）拉林科纳达的	*rotundus*；*-a*；*-um*	圆形的
ritro	（俗名）硬叶蓝刺头	*rowleyanus*；*-a*；*-um*	（人名）Rowley 的
riviniana	（人名，A. Q. Bachmann 拉丁化为）Rivinus 的	*roxburghii*	（人名）Roxburgh 的
		rubens	变成淡红色的
rivularis；*-e*	生于小溪边的	*ruber*；*-bra*；*-brum*	红色的
robur	（俗名）栎树	*rufescens*	变成红色的
robustus；*-a*；*-um*	粗壮的	*rugosus*；*-a*；*-um*	多皱纹的
rockii	（人名）Rock 的	*rumelicus*；*-a*；*-um*	（欧洲）罗米里亚（今保加利亚境内）的
roebelinii	（人名）Roebelin 的		
romanzoffianus；*-a*；*-um*	（人名）Romanzoff 的	*runcinatus*；*-a*；*-um*	倒齿状的
rosa-sinensis；*-e*	中国蔷薇的	*rupestris*；*-e*	生于岩石上的
roscoeanus；*-a*；*-um*	（人名）Roscoe 的	*ruscifolius*；*-a*；*-um*	假叶树（*Ruscus*）叶的
roseopictus；*-a*；*-um*	具玫红斑的	*russelianus*；*-a*；*-um*	（人名）A. Russell 的
roseus；*-a*；*-um*	玫红色的	*russellianus*；*-a*；*-um*	（人名）J. Russell 的

（续）

拉丁文	中文释义	拉丁文	中文释义
ruyschianus; *-a*; *-um*	（人名）Ruysch 的	*santalinus*	小叶紫檀；小叶紫檀的树脂
sabina	（古名）沙地柏	*saponarius*; *-a*; *-um*	像肥皂的
saccharatus; *-a*; *-um*	含糖的	*sargentii*	（人名）Sargent 的
saccharinus; *-a*; *-um*	糖质的	*saribus*	（俗名）高山蒲葵
saccharum	蔗糖	*sarmentosus*; *-a*; *-um*	具长匍匐茎的
sagittatus; *-a*; *-um*	箭形的	*sasanqua*	（俗名）茶梅
salicarius; *-a*; *-um*	像柳树(*Salix*)的	*sativus*; *-a*; *-um*	栽培的
salicifolius; *-a*; *-um*	柳(*Salix*)叶的	*saxatilis*; *-e*	岩生的
salicinus; *-a*; *-um*	柳(*Salix*)状的	*saxicolus*; *-a*; *-um*	岩石栖生者
salignus; *-a*; *-um*	像柳树(*Salix*)的	*scaber*; *-bra*; *-brum*	粗糙的
saman	（俗名）雨树	*scandens*	攀缘的
samarangensis; *-e*	（印度尼西亚）三宝龙的	*scherzerianus*; *-a*; *-um*	（人名）Scherzer 的
sambac	（俗名）茉莉花	*schillerianus*; *-a*; *-um*	（人名）Schiller 的
sanderae	（人名）Sander 夫人的	*schizopetalus*; *-a*; *-um*	裂瓣的
sanderi	（人名）Sander 的	*schmidtianus*; *-a*; *-um*	（人名）Schmidt 的
sanderianus; *-a*; *-um*	（人名）Sander 的	*schmiedickeanus*; *-a*; *-um*	（人名）Schmiedicke 的
sandersii	（人名）Sanders 的	*schneiderianus*; *-a*; *-um*	（人名）C. K. Schneider 的
sanguineus; *-a*; *-um*	血红色的	*schoenoprasum*	香葱

（续）

拉丁文	中文释义	拉丁文	中文释义
*schol**a**ris*；*-e*	属于学校的	*semidec**a**ndrus*；*-a*；*-um*	五雄蕊的
*schoon**ee**sii*	（人名）Schoonees 的	*semperfl**o**rens*	常开花的
*sch**o**ttii*	（人名）Schott 的	*semp**e**rvirens*	常绿的
*schrenki**a**nus*；*-a*；*-um*	（人名）Schrenk 的	*senegal**e**nsis*；*-e*	（非洲）塞内加尔的
*schr**e**nkii*	（人名）Schrenk 的	*sen**e**scens*	衰老的
*schwant**e**sii*	（人名）Schwantes 的	*sen**i**lis*；*-e*	衰老的
*scill**oi**des*	像绵枣儿（*Scilla*）的	*s**e**nno*	（俗名）剪秋罗
*scleroph**y**llus*；*-a*；*-um*	硬叶的	*sens**i**bilis*；*-e*	易受刺激的
*scolop**e**ndrius*；*-a*；*-um*	像蜈蚣的	*sepi**a**rius*；*-a*；*-um*	生于篱笆边的
*scop**a**rius*；*-a*；*-um*	扫帚状的	*sept**e**mlobus*；*-a*；*-um*	七裂的
*scopul**o**rum*	岩石的	*septentrion**a**lis*；*-e*	北方的
*scutellari**oi**des*	像黄芩（*Scutellaria*）的	*ser**i**ceus*；*-a*；*-um*	被绢毛的
*s**e**bifer*；*-era*；*-erum*	产蜡的	*ser**o**tinus*；*-a*；*-um*	晚来的
*secund**a**tus*；*-a*；*-um*	偏向同一边的	*serp**y**llum*	百里香
*sec**u**ndus*；*-a*；*-um*	偏向同一边的	*serratif**o**lius*；*-a*；*-um*	具锯齿叶的
*seifr**i**zii*	（人名）Seifriz 的	*serr**a**tus*；*-a*；*-um*	具锯齿的
*sello**a**nus*；*-a*；*-um*	（人名）Sellow 的	*serrul**a**tus*；*-a*；*-um*	具细锯齿的
*s**e**llous*；*-a*；*-um*	（人名）Sellow 的	*sesquiped**a**lis*；*-e*	一步半（约 18 英寸）的
*sellowi**a**nus*；*-a*；*-um*	（人名）Sellow 的	*set**a**ceus*；*-a*；*-um*	刚毛状的
*selski**a**nus*；*-a*；*-um*	（人名）Selskey 的	*s**e**tifer*；*-era*；*-erum*	生有刚毛的

（续）

拉丁文	中文释义	拉丁文	中文释义
setispinus；*-a*；*-um*	具刚刺的	*sissoo*	（俗名）印度黄檀
setosus；*-a*；*-um*	多刚毛的	*skinneri*	（人名）Skinner 的
sexangularis；*-e*	六角形的	*skinnerianus*；*-a*；*-um*	（人名）Skinner 的
shiluensis；*-e*	（海南）石碌的	*sloteri*	（人名）Sloter 的
siamensis；*-e*	（亚洲）暹罗（今泰国）的	*smallianus*；*-a*；*-um*	（人名）Small 的
siameus；*-a*；*-um*	（亚洲）暹罗（今泰国）的	*smallii*	（人名）Small 的
sibiricus；*-a*；*-um*	（俄罗斯）西伯利亚的	*sogdianus*；*-a*；*-um*	（亚洲）粟特（人）的
sibthorpioides	像钱币草（*Sibthorpia*）的	*soleirolii*	（人名）Soleirol 的
siceraria	发酵的饮料	*somnifer*；*-era*；*-erum*	诱导睡眠的
siderostictus；*-a*；*-um*	铁红色斑点的	*sonchifolius*；*-a*；*-um*	苦苣菜（*Sonchus*）叶的
sieboldii	（人名）Siebold 的	*sorbifolius*；*-a*；*-um*	花楸（*Sorbus*）叶的
siliquastrum	像长角果的	*soulangeanus*；*-a*；*-um*	（人名）Soulange-Bodin 的
simonii	（人名）Simon-Louis 的	*spathaceus*；*-a*；*-um*	佛焰苞状的
simplex	单一的	*spathulatus*；*-a*；*-um*	匙形的
simplicifolius；*-a*；*-um*	单叶的	*speciosissimus*；*-a*；*-um*	极美丽的
simsii	（人名）Sims 的	*speciosus*；*-a*；*-um*	美丽的
sinensis；*-e*	（亚洲）中国的	*spectabilis*；*-e*	醒目的
sinicus；*-a*；*-um*	（亚洲）中国的	*spegazzinii*	（人名）Spegazzin 的
sinuatus；*-a*；*-um*	深波状的	*spicatus*；*-a*；*-um*	穗状的

（续）

拉丁文	中文释义	拉丁文	中文释义
*spiculi**fo**lius*；*-a*；*-um*	具尖叶的	*stelleri**a**nus*；*-a*；*-um*	（人名）Steller 的
*sp**i**na-chr**i**sti*	Christ 的刺	*stenoc**e**phalus*；*-a*；*-um*	细头的
*spin**o**sus*；*-a*；*-um*	多刺的	*sten**o**pterus*；*-a*；*-um*	狭翅的
*spinul**o**sus*；*-a*；*-um*	多小刺的	*stew**a**rdii*	（人名）Steward 的
*spir**a**lis*；*-e*	缠绕的	*stoechadif**o**lius*；*-a*；*-um*	薰衣草叶的
*spl**e**ndens*	光亮的	*sto**e**chas*	（俗名）一种熏衣草
*spl**e**ndidus*；*-a*；*-um*	光亮的	*stol**o**nifer*；*-era*；*-erum*	具匍匐茎的
*spr**e**ngeri*	（人名）Sprenger 的	*stram**o**nium*	（俗名）曼陀罗
*spruce**a**nus*；*-a*；*-um*	（人名）Spruce 的	*strati**o**tes*	（古名）大薸
*sp**u**rius*；*-a*；*-um*	假的	*stri**a**tus*；*-a*；*-um*	具条纹的
*squam**a**tus*；*-a*；*-um*	具鳞片的	*str**i**ctus*；*-a*；*-um*	直立的
*squ**a**miger*；*-era*；*-erum*	产鳞片的	*strobilif**o**rmis*；*-e*	球果状的
*squam**o**sus*；*-a*；*-um*	多鳞片的	*str**o**bus*	球果
*squamul**o**sus*；*-a*；*-um*	多小鳞片的	*strum**o**sus*；*-a*；*-um*	具垫状肿胀的
*squarr**o**sus*；*-a*；*-um*	粗糙的	*struthi**o**pteris*	荚果蕨
*stand**i**shii*	（人名）Standish 的	*stuarti**a**nus*；*-a*；*-um*	（人名）Stuart 的
*st**a**ns*	直立的	*styrac**i**fluus*；*-a*；*-um*	流树胶的
*staunt**o**nii*	（人名）Staunton 的	*suave**o**lens*	香甜的
*stell**a**tus*；*-a*；*-um*	星芒状的	*su**a**vis*；*-e*	甜的

（续）

拉丁文	中文释义	拉丁文	中文释义
subcostatus；-*a*；-*um*	稍具中脉的	*sylvestris*；-*e*	生于森林的
subellipticus；-*a*；-*um*	近椭圆形的	*syriacus*；-*a*；-*um*	（亚洲）叙利亚的
subhirtellus；-*a*；-*um*	略被小粗毛的	*szechuanensis*；-*e*	（中国）四川的
sublanceolatus；-*a*；-*um*	近披针形的	*szechuanicus*；-*a*；-*um*	（中国）四川的
submammillaris；*c*	近乳突状的	*tabernaemontani*	（人名，J. T. von Bergzabern 拉丁化为）Tabernaemontanus 的
subsessilis；-*e*	近无柄的	*tabularis*；-*e*	平台状的
subulatus；-*a*；-*um*	钻状的	*tabuliformis*；-*e*	平台状的
suffruticosus；-*a*；-*um*	亚灌木的	*taeda*	火炬
sulphureus；-*a*；-*um*	硫磺色的	*tagliabuanus*；-*a*；-*um*	（人名）Tagliabue 兄弟的
sultani	苏丹(国王)的	*taitungensis*；-*e*	（台湾）台东的
superbus；-*a*；-*um*	荣耀的	*taiwanensis*；-*e*	（中国）台湾的
surattensis；-*e*	（印度）苏拉特的	*taiwanianus*；-*a*；-*um*	（中国）台湾的
surculosus；-*a*；-*um*	生芽的	*tamariscinus*；-*a*；-*um*	柽柳（*Tamarix*）状的
surinamensis；-*e*	（南美洲）苏里南的	*tanguticus*；-*a*；-*um*	（亚洲）唐古特(人)的
susianus；-*a*；-*um*	（伊朗）苏萨的	*tataricus*；-*a*；-*um*	（亚洲）鞑靼(人)的
suspensus；-*a*；-*um*	悬挂的	*tatarinowii*	（人名）Tatarinov 的
suzannae	（人名）Suzanna 的	*tazetta*	（俗名）水仙花
sylvaticus；-*a*；-*um*	生于森林的		
sylvestriformis；-*e*	野生型的		

（续）

拉丁文	中文释义	拉丁文	中文释义
*tchekiang**e**nsis*；-*e*	（中国）浙江的	*test**a**ceus*；-*a*；-*um*	砖红色的
*tect**o**rius*；-*a*；-*um*	生于屋顶的	*tetrag**o**nus*；-*a*；-*um*	四棱角的
*tel**e**phium*	（古名）紫景天	*tetr**a**lix*	（古名）具四叶的
*tellmanni**a**nus*；-*a*；-*um*	（人名）Tellmann 的	*tetraph**y**llus*；-*a*；-*um*	四叶的
*t**e**nax*	牢固的	*tetr**a**pterus*；-*a*；-*um*	四翅的
*t**e**ner*；-*era*；-*erum*	柔嫩的	*tex**e**nsis*；-*e*	（美国）田纳西的
*tenuif**o**lius*；-*a*；-*um*	细叶的	*t**e**xtilis*；-*e*	编织的
*t**e**nuis*；-*e*	纤细的	*thapsif**o**rmis*；-*e*	毛蕊花（*Verbascum thapsus*）形的
*tenuis**e**ctus*；-*a*；-*um*	细裂的		
*tenu**i**ssimus*；-*a*；-*um*	极纤细的	*th**e**a*	（俗名）茶
*t**e**res*	圆柱形的	*thoms**o**niae*	（人名）Thomson 夫人的
*tereti**co**rnis*；-*e*	圆柱状角的	*thou**a**rsii*	（人名）du Petit Thouars 的
*termin**a**lis*；-*e*	顶生的	*thunb**e**rgii*	（人名）Thunberg 的
*tern**a**teus*；-*a*；-*um*	（印度尼西亚）特尔纳特的	*thy**oi**des*	像崖柏（*Thuja*）的
		*thyrsifl**o**rus*；-*a*；-*um*	聚伞圆锥花序花的
		*tiarell**oi**des*	像黄水枝（*Tiarella*）的
*tern**a**tus*；-*a*；-*um*	三出的	*tigr**i**nus*；-*a*；-*um*	虎齿的；虎斑的；虎纹的
*ternstroemi**oi**des*	像厚皮香（*Ternstroemia*）的		
*tessell**a**tus*；-*a*；-*um*	具方格斑纹的		

（续）

拉丁文	中文释义	拉丁文	中文释义
tiliaceus；*-a*；*-um*	椴树(*Tilia*)状的	*tricolor*	三色的
tinctorius；*-a*；*-um*	着色的	*tricuspidatus*；*-a*；*-um*	三尖头的
tirucalli	(俗名)一种树胶	*trifasciatus*；*-a*；*-um*	三束的
tithymaloides	像大戟的	*trifidus*；*-a*；*-um*	三裂的
tobira	(俗名)海桐	*triflorus*；*-a*；*-um*	三花的
tomentosus；*-a*；*-um*	被茸毛的	*trifoliatus*；*-a*；*-um*	具三叶的
tonkinensis；*-e*	(越南)东京(今河内)的	*trifolius*；*-a*；*-um*	三叶的
toosendan	(俗名)土参丹，川楝	*triglochidiatus*；*-a*；*-um*	具三倒钩刚毛的
tootsik	(俗名)唐竹	*trigonus*；*-a*；*-um*	三棱的
torano	(俗名)日本云杉	*trilobatus*；*-a*；*-um*	三裂片的
tortisepalus；*-a*；*-um*	萼片扭曲的	*trilobus*；*-a*；*-um*	三裂的
torulosus；*-a*；*-um*	近念珠状的	*trimestris*；*-e*	三个月成熟的
tracyanus；*-a*；*-um*	(人名)Tracy 的	*trollii*	(人名)C. Troll 的；W. Troll 的
tragophyllus；*-a*；*-um*	虱子草(*Tragus*)叶的		
triacanthos	三刺的		
trianae	(人名)Triana 的	*truncatus*；*-a*；*-um*	截形的
triandrus；*-a*；*-um*	具三雄蕊的	*tuberhybridus*；*-a*；*-um*	杂交块根的
triangularis；*-e*	三角形的	*tuberosus*；*-a*；*-um*	块茎的
trichotomus；*-a*；*-um*	三叉的	*tubiflorus*；*-a*；*-um*	管状花的

（续）

拉丁文	中文释义	拉丁文	中文释义
tulipifer；*-era*；*-erum*	产郁金香（*Tulipa*）的	*unguis-cati*	猫爪
turbinatus；*-a*；*-um*	陀螺状的	*uniflorus*；*-a*；*-um*	单花的
turbiniformis；*-e*	陀螺形的	*unigemmatus*；*-a*；*-um*	单芽的
turczaninowii	（人名）Turczaninov 的	*unilocularis*；*-e*	单室的
tussilagineus；*-a*；*-um*	像款冬（*Tussilago*）的	*uraku*	（俗名）冬红山茶
tyermannii	（人名）Tyermann 的	*uranoscopos*	凝望天空
typhinus；*-a*；*-um*	像香蒲（*Typha*）的	*urbicus*；*-a*；*-um*	城镇的
tzumu	（俗名）檫木	*urens*	刺痛的
ugandensis；*-e*	（非洲）乌干达的	*urophyllus*；*-a*；*-um*	尾状叶的
ulmifolius；*-a*；*-um*	榆（*Ulmus*）叶的	*urticifolius*；*-a*；*-um*	荨麻（*Urtica*）叶的
ulmoides	像榆（*Ulmus*）的	*urvilleanus*；*-a*；*-um*	（人名）d'Urville 的
umbellatus；*-a*；*-um*	伞形花序的	*usneoides*	像松萝（*Usnea*）的
umbellifer；*-era*；*-erum*	具伞形花序的	*ussuriensis*；*-e*	（亚洲）乌苏里的
umbraculifer；*-era*；*-erum*	具伞的	*utilis*；*-e*	有用的
umbraticolus；*-a*；*-um*	生于阴生处的	*uvaria*	紫玉盘（*Uvaria*）
uncinatus；*-a*；*-um*	具钩的	*uva-ursi*	熊的葡萄
undulatifolius；*-a*；*-um*	具波状叶的	*vaccinioides*	像乌饭树（*Vaccinium*）的
undulatus；*-a*；*-um*	波状的	*vaginalis*；*-e*	具叶鞘的
unguiculatus；*-a*；*-um*	爪状的	*valesiacus*；*-a*；*-um*	山谷的

（续）

拉丁文	中文释义
validus；*-a*；*-um*	旺盛的
vanhouttei	（人名）van Houtte 的
variabilis；*-e*	易变的
variegatus；*-a*；*-um*	杂色的，斑驳的
varius；*-a*；*-um*	不同的
vasicus；*-a*；*-um*	管状的
veitchianus；*-a*；*-um*	（人名）J. Veitch 的；J. G. Veitch 的；Harry J. Veitch 的
veitchii	（人名）J. Veitch 的；J. G. Veitch 的；Harry J. Veitch 的
velutinus；*-a*；*-um*	被茸毛的
venetus；*-a*；*-um*	（意大利）威尼斯的
venosus；*-a*；*-um*	具脉的
ventricosus；*-a*；*-um*	偏肿的
venustus；*-a*；*-um*	美丽的
vernus；*-a*；*-um*	春季的
verrucosus；*-a*；*-um*	具疣点的
verschaffeltii	（人名）Verschaffelt 的
verticillatus；*-a*；*-um*	轮生的
verus；*-a*；*-um*	真实的
vestitus；*-a*；*-um*	具包被的
vexillarius；*-a*；*-um*	旗瓣状的
vialii	（人名）Vial 的
vicaryi	（人名）Vicary 的
viciifolius；*-a*；*-um*	蚕豆（*Vicia*）叶的
victoriae-reginae	（人名）维多利亚女王的
vidalii	（人名）Vidal 的
villosus；*-a*；*-um*	被长柔毛的
viminalis；*-e*	柳条状的
vinifer；*-era*；*-erum*	产葡萄酒的
violaceus；*-a*；*-um*	堇紫色的
virens	绿色的
virgatus；*-a*；*-um*	具细枝的
virgaurea	金色的棍棒
virginianus；*-a*；*-um*	（美国）弗吉尼亚的

（续）

拉丁文	中文释义	拉丁文	中文释义
virginicus；*-a*；*-um*	（英国）维京群岛的	*wardii*	（人名）Kingdon-Ward 的
viridescens	变成绿色的	*warscewiczii*	（人名）Warszewicz 的
viridis；*-e*	绿色的	*warszewiczii*	（人名）Warszewicz 的
viridissimus；*-a*；*-um*	极绿色的	*weinmanniifolius*；*-a*；*-um*	万灵木（*Weinmannia*）叶的
viridistriatus；*-a*；*-um*	具绿条纹的		
viscarius；*-a*；*-um*	黏性的		
visnaga	（俗名）阿米芹	*wenchowensis*；*-e*	（浙江）温州的
viticellus；*-a*；*-um*	小型藤的	*wendlandii*	（人名）Wendland 的
vitifolius；*-a*；*-um*	葡萄（*Vitis*）叶的	*werdermannii*	（人名）Werdermann 的
vitis-idaea	（希腊）伊达山葡萄的	*westii*	（人名）West 的
vittatus；*-a*；*-um*	具纵条纹的	*wichuraianus*；*-a*；*-um*	（人名）Wichura 的
volubilis；*-e*	缠绕的	*wilkesianus*；*-a*；*-um*	（人名）Wilkes 的
vulgaris；*-e*	普通的	*williamsii*	（人名）B. S. Williams 的；J. C. Williams 的；P. D. Williams 的；R. S. Williams 的
wagnerianus；*-a*；*-um*	（人名）Wagner 的		
walkerianus；*-a*；*-um*	（人名）Walker 的		
wallichianus；*-a*；*-um*	（人名）Wallich 的		
wallichii	（人名）Wallich 的		
wallisii	（人名）Wallis 的	*wilsonianus*；*-a*；*-um*	（人名）E. H. Wilson 的；G. F. Wilson 的
walteri	（人名）Walter 的		

（续）

拉丁文	中文释义	拉丁文	中文释义
wilsonii	（人名）E. H. Wilson 的；G. F. Wilson 的	*zamiifolius*；*-a*；*-um*	泽米铁（*Zamia*）叶的
wisetonensis；*-e*	（英国）怀斯顿的	*zamorensis*；*-e*	（厄瓜多尔）萨莫拉的
wittrockianus；*-a*；*-um*	（人名）Wittrock 的	*zapota*	（俗名）山榄
wolfii	（人名）F. O. Wolf 的；F. T. Wolf 的	*zebrinus*；*-u*；*-um*	斑马纹的
woodii	（人名）Wood 的	*zenii*	（人名）任（鸿隽）的
xanthinus；*-a*；*-um*	黄色的	*zerumbet*	（俗名）一种姜科植物
xiphium	剑	*zeylanicus*；*-a*；*-um*	（亚洲）锡兰（今斯里兰卡）的
xylocarpus；*-a*；*-um*	木质果的	*zhejiangensis*；*-e*	（中国）浙江的
yabeanus；*-a*；*-um*	（人名）矢部（吉桢）的	*zhennan*	（俗名）桢楠
yedoensis；*-e*	（日本）江户（今东京）的	*zonalis*；*-e*	具环带的
yunnanensis；*-e*	（中国）云南的	*zonatus*；*-a*；*-um*	具环带的

附录3　植物科属汉拉名称对照表

中文名	拉丁名
蕨类植物	
铁线蕨科	**Adiantaceae**
铁线蕨属	*Adiantum*
三叉蕨科	**Aspidiaceae**
革叶蕨属	*Rumohra*
铁角蕨科	**Aspleniaceae**
铁角蕨属	*Asplenium*
巢蕨属	*Neottopteris*
对开蕨属	*Phyllitis*
蹄盖蕨科	**Athyriaceae**
蹄盖蕨属	*Athyrium*
乌毛蕨科	**Blechnaceae**
乌毛蕨属	*Blechnum*
苏铁蕨属	*Brainea*
狗脊属	*Woodwardia*
桫椤科	**Cyatheaceae**
桫椤属	*Alsophila*
桫椤属	*Cyathea*
骨碎补科	**Davalliaceae**
骨碎补属	*Davallia*
阴石蕨属	*Humata*
蚌壳蕨科	**Dicksoniaceae**
金毛狗属	*Cibotium*
蚌壳蕨属	*Dicksonia*
鳞毛蕨科	**Dryopteridaceae**
复叶耳蕨属	*Arachniodes*
贯众属	*Cyrtomium*
鳞毛蕨属	*Dryopteris*
耳蕨属	*Polystichum*
木贼科	**Equisetaceae**
问荆属	*Equisetum*
木贼属	*Hippochaete*
石松科	**Lycopodiaceae**
石松属	*Lycopodium*
海金沙科	**Lygodiaceae**
海金沙属	*Lygodium*
肾蕨科	**Nephrolepidaceae**
肾蕨属	*Nephrolepis*
球子蕨科	**Onocleaceae**
荚果蕨属	*Matteuccia*
球子蕨属	*Onoclea*
紫萁科	**Osmundaceae**
紫萁属	*Osmunda*
鹿角蕨科	**Platyceriaceae**
鹿角蕨属	*Platycerium*
水龙骨科	**Polypodiaceae**
星蕨属	*Microsorum*
盾蕨属	*Neolepisorus*
多足蕨属	*Polypodium*
石韦属	*Pyrrosia*
凤尾蕨科	**Pteridaceae**
凤尾蕨属	*Pteris*
蕨科	**Pteridiaceae**
蕨属	*Pteridium*

注：括号内为别名或异名。加粗字母为重读音节的元音字母。

（续）

中文名	拉丁名
槐叶苹科	**Salviniaceae**
槐叶苹属	*Salvinia*
卷柏科	**Selaginellaceae**
卷柏属	*Selaginella*
中国蕨科	**Sinopteridaceae**
旱蕨属	*Pellaea*
裸子植物	
南洋杉科	**Araucariaceae**
贝壳杉属	*Agathis*
南洋杉属	*Araucaria*
三尖杉科（粗榧科）	**Cephalotaxaceae**
三尖杉属（粗榧属）	*Cephalotaxus*
柏科	**Cupressaceae**
翠柏属	*Calocedrus*
扁柏属	*Chamaecyparis*
杂交柏属	× *Cupressocyparis*
柏木属	*Cupressus*
福建柏属	*Fokienia*
刺柏属	*Juniperus*
侧柏属	*Platycladus*
圆柏属	*Sabina*
崖柏属	*Thuja*
罗汉柏属	*Thujopsis*
苏铁科	**Cycadaceae**
苏铁属	*Cycas*
麻黄科	**Ephedraceae**
麻黄属	*Ephedra*
银杏科	**Ginkgoaceae**
银杏属	*Ginkgo*
松科	**Pinaceae**
冷杉属	*Abies*
雪松属	*Cedrus*
油杉属	*Keteleeria*
落叶松属	*Larix*
云杉属	*Picea*
松属	*Pinus*
金钱松属	*Pseudolarix*
黄杉属	*Pseudotsuga*
铁杉属	*Tsuga*
罗汉松科	**Podocarpaceae**
鸡毛松属	*Dacrycarpus*
陆均松属	*Dacrydium*
竹柏属	*Nageia*
罗汉松属	*Podocarpus*
金松科	**Sciadopityaceae**
金松属	*Sciadopitys*
红豆杉科（紫杉科）	**Taxaceae**
穗花杉属	*Amentotaxus*
白豆杉属	*Pseudotaxus*
红豆杉属（紫杉属）	*Taxus*
榧树属	*Torreya*
杉科	**Taxodiaceae**
柳杉属	*Cryptomeria*
杉木属	*Cunninghamia*
水松属	*Glyptostrobus*
水杉属	*Metasequoia*
红杉属	*Sequoia*
巨杉属	*Sequoiadendron*

（续）

中文名	拉丁名
台湾杉属	*Taiwania*
杂交杉属	×*Taxodiomeria*
落羽杉属	*Taxodium*
泽米铁科	**Zamiaceae**
双子铁属	*Dioon*
非洲苏铁属	*Encephalartos*
大泽米铁属	*Macrozamia*
泽米铁属	*Zamia*
被子植物	
爵床科	**Acanthaceae**
老鼠簕属	*Acanthus*
鸭嘴花属	*Adhatoda*
单药花属	*Aphelandra*
假杜鹃属	*Barleria*
狐尾木属	*Beloperone*
麒麟吐珠属	*Calliaspidia*
十字爵床属	*Crossandra*
曲花属	*Cyrtanthera*
喜花草属	*Eranthemum*
网纹草属	*Fittonia*
驳骨丹属	*Gendarussa*
半柱花属	*Hemigraphis*
枪刀药属	*Hypoestes*
珊瑚花属	*Jacobinia*
爵床属	*Justicia*
鸡冠爵床属	*Odontonema*
金苞花属	*Pachystachys*
火焰花属	*Porphyrocoma*
灵枝草属	*Rhinacanthus*
芦莉草属	*Ruellia*
金脉爵床属	*Sanchezia*
马蓝属	*Strobilanthes*
山牵牛属	*Thunbergia*
槭树科	**Aceraceae**
槭属（枫属）	*Acer*
猕猴桃科	**Actinidiaceae**
猕猴桃属	*Actinidia*
龙舌兰科	**Agavaceae**
龙舌兰属	*Agave*
酒瓶兰属	*Beaucarnea*
朱蕉属	*Cordyline*
龙血树属	*Dracaena*
万年兰属	*Furcraea*
酒瓶兰属	*Nolina*
新西兰麻属	*Phormium*
虎尾兰属	*Sansevieria*
丝兰属	*Yucca*
番杏科	**Aizoaceae**
唐扇属	*Aloinopsis*
露草属	*Aptenia*
银叶花属	*Argyroderma*
肉锥花属	*Conophytum*
露子花属	*Delosperma*
春桃玉属	*Dinteranthus*
松叶菊属	*Dorotheanthus*
肉黄菊属	*Faucaria*
棒叶花属	*Fenestraria*
光玉属	*Frithia*
藻玲玉属	*Gibbaeum*
舌叶花属	*Glottiphyllum*
龙须海棠属	*Lampranthus*
生石花属	*Lithops*

（续）

中文名	拉丁名	中文名	拉丁名
日中花属	*Mesembryanthemum*	石蒜属	*Lycoris*
对叶花属	*Pleiospilos*	水仙属	*Narcissus*
天女属	*Titanopsis*	尼润属（娜丽花属）	*Nerine*
泽泻科	**Alismataceae**	晚香玉属	*Polianthes*
泽泻属	*Alisma*	龙头花属	*Sprekelia*
慈姑属	*Sagittaria*	葱莲属	*Zephyranthes*
芦荟科	**Aloaceae**	**漆树科**	**Anacardiaceae**
芦荟属	*Aloë*	南酸枣属	*Choerospondias*
鲨鱼掌属	*Gasteria*	黄栌属	*Cotinus*
十二卷属	*Haworthia*	人面子属	*Dracontomelon*
火炬花属	*Kniphofia*	杧果属	*Mangifera*
苋科	**Amaranthaceae**	黄连木属	*Pistacia*
莲子草属	*Alternanthera*	盐麸木属	*Rhus*
苋属	*Amaranthus*	肉托果属	*Semecarpus*
青葙属	*Celosia*	**番荔枝科**	**Annonaceae**
千日红属	*Gomphrena*	番荔枝属	*Annona*
血苋属	*Iresine*	鹰爪花属	*Artabotrys*
澳洲苋属	*Ptilotus*	依兰属	*Cananga*
石蒜科	**Amaryllidaceae**	暗罗属	*Polyalthia*
六出花属	*Alstroemeria*	**伞形科**	**Apiaceae (Umbelliferae)**
孤挺花属	*Amaryllis*	羊角芹属	*Aegopodium*
君子兰属	*Clivia*	阿米芹属	*Ammi*
文殊兰属	*Crinum*	莳萝属	*Anethum*
雪钟花属（雪花莲属）	*Galanthus*	星芹属	*Astrantia*
网球花属	*Haemanthus*	柴胡属	*Bupleurum*
朱顶红属	*Hippeastrum*	刺芹属	*Eryngium*
水鬼蕉属	*Hymenocallis*	茴香属	*Foeniculum*
鸢尾蒜属	*Ixiolirion*	天胡荽属	*Hydrocotyle*
雪片莲属	*Leucojum*	饰带花属	*Trachymene*

（续）

中文名	拉丁名	中文名	拉丁名
夹竹桃科	**Apocynaceae**	花叶万年青属	*Dieffenbachia*
沙漠玫瑰属	*Adenium*	（黛粉叶属）	
黄蝉属	*Allamanda*	麒麟尾属	*Epipremnum*
鸡骨常山属	*Alstonia*	龟背竹属	*Monstera*
罗布麻属	*Apocynum*	喜林芋属	*Philodendron*
清明花属	*Beaumontia*	（蔓绿绒属）	
假虎刺属	*Carissa*	大薸属	*Pistia*
长春花属	*Catharanthus*	藤芋属	*Scindapsus*
海杧果属	*Cerbera*	苞叶芋属	*Spathiphyllum*
狗牙花属	*Ervatamia*	（白鹤芋属）	
文藤属	*Mandevilla*	合果芋属	*Syngonium*
（红蝉属）		马蹄莲属	*Zantedeschia*
夹竹桃属	*Nerium*	**五加科**	**Araliaceae**
棒槌树属	*Pachypodium*	楤木属	*Aralia*
鸡蛋花属	*Plumeria*	澳洲鸭脚木属	*Brassaia*
狗牙花属	*Tabernaemontana*	孔雀木属	*Dizygotheca*
黄花夹竹桃属	*Thevetia*	熊掌木属	×*Fatshedera*
络石属	*Trachelospermum*	八角金盘属	*Fatsia*
蔓长春花属	*Vinca*	常春藤属	*Hedera*
盆架树属	*Winchia*	幌伞枫属	*Heteropanax*
倒吊笔属	*Wrightia*	刺楸属	*Kalopanax*
冬青科	**Aquifoliaceae**	南洋森属	*Polyscias*
冬青属	*Ilex*	鹅掌柴属	*Schefflera*
天南星科	**Araceae**	通脱木属	*Tetrapanax*
菖蒲属	*Acorus*	刺通草属	*Trevesia*
广东万年青属	*Aglaonema*	**棕榈科**	**Arecaceae**
（亮丝草属）			**(Palmae)**
海芋属	*Alocasia*	假槟榔属	*Archontophoenix*
花烛属	*Anthurium*	槟榔属	*Areca*
花叶芋属	*Caladium*	山葵属	*Arecastrum*
芋属	*Colocasia*	桄榔属	*Arenga*

（续）

中文名	拉丁名	中文名	拉丁名
星果棕属	*Astrocaryum*	**马兜铃科**	**Aristolochiaceae**
霸王棕属	*Bismarckia*	马兜铃属	*Aristolochia*
糖棕属	*Borassus*	细辛属	*Asarum*
冻子椰子属	*Butia*	**萝藦科**	**Asclepiadaceae**
鱼尾葵属	*Caryota*	马利筋属	*Asclepias*
袖珍椰子属	*Chamaedorea*	水牛掌属	*Caralluma*
矮棕属	*Chamaerops*	（水牛角属）	
散尾葵属	*Chrysalidocarpus*	吊金钱属	*Ceropegia*
椰子属	*Cocos*	眼树莲属	*Dischidia*
贝叶棕属	*Corypha*	钉头果属	*Gomphocarpus*
封蜡棕属	*Cyrtostachys*	球兰属	*Hoya*
油棕属	*Elaeis*	牛角掌属	*Orbea*
荷威棕属	*Howea*	豹皮花属	*Stapelia*
棍棒椰子属	*Hyophorbe*	（国章属）	
蜜棕属	*Jubaea*	黑鳗藤属	*Stephanotis*
拉坦棕属	*Latania*	夜来香属	*Telosma*
轴榈属	*Licuala*	**菊科**	**Asteraceae**
蒲葵属	*Livistona*		**(Compositae)**
棍棒椰子属	*Mascarena*	蓍属	*Achillea*
三角椰子属	*Neodypsis*	桂圆菊属	*Acmella*
刺葵属	*Phoenix*	永生菊属	*Acroclinium*
山槟榔属	*Pinanga*	藿香蓟属	*Ageratum*
金棕属	*Pritchardia*	亚菊属	*Ajania*
国王椰子属	*Ravenea*	银苞菊属	*Ammobium*
棕竹属	*Rhapis*	香青属	*Anaphalis*
王棕属	*Roystonea*	春黄菊属	*Anthemis*
箬棕属	*Sabal*	蓝目菊属	*Arctotis*
金山葵属	*Syagrus*	木茼蒿属	*Argyranthemum*
棕榈属	*Trachycarpus*	蒿属	*Artemisia*
丝葵属	*Washingtonia*	紫菀属	*Aster*
狐尾椰子属	*Wodyetia*	雏菊属	*Bellis*

（续）

中文名	拉丁名	中文名	拉丁名
鬼针草属	*Bidens*	菊三七属	*Gynura*
短毛菊属	*Brachyscome*	堆心菊属	*Helenium*
（五色菊属）		向日葵属	*Helianthus*
蜡菊属	*Bracteantha*	蜡菊属	*Helichrysum*
金盏菊属	*Calendula*	赛菊芋属	*Heliopsis*
翠菊属	*Callistephus*	小麦秆菊属	*Helipterum*
红花属	*Carthamus*	旋覆花属	*Inula*
玻璃菊属	*Catananche*	马兰属	*Kalimeris*
矢车菊属	*Centaurea*	仙人笔属	*Kleinia*
茼蒿属	*Chrysanthemum*	滨菊属	*Leucanthemum*
瓜叶菊属	*Cineraria*	蛇鞭菊属	*Liatris*
金鸡菊属	*Coreopsis*	橐吾属	*Ligularia*
秋英属	*Cosmos*	母菊属	*Matricaria*
金球花属	*Craspedia*	美兰菊属	*Melampodium*
芙蓉菊属	*Crossostephium*	蚂蚱腿子属	*Myripnois*
大丽花属	*Dahlia*	海骨籽菊属	*Osteospermum*
菊属	*Dendranthema*	除虫菊属	*Pyrethrum*
异果菊属	*Dimorphotheca*	金光菊属	*Rudbeckia*
多柳菊属	*Doronicum*	银香菊属	*Santolina*
松果菊属	*Echinacea*	匍匐蛇目菊属	*Sanvitalia*
蓝刺头属	*Echinops*	千里光属	*Senecio*
一点红属	*Emilia*	水飞蓟属	*Silybum*
飞蓬属	*Erigeron*	一枝黄花属	*Solidago*
泽兰属	*Eupatorium*	金纽扣属	*Spilanthes*
梳黄菊属	*Euryops*	卷舌菊属	*Symphyotrichum*
大吴风草属	*Farfugium*	万寿菊属	*Tagetes*
费利菊属	*Felicia*	艾菊属	*Tanacetum*
天人菊属	*Gaillardia*	蒲公英属	*Taraxacum*
勋章菊属	*Gazania*	肿柄菊属	*Tithonia*
大丁草属	*Gerbera*	蟛蜞菊属	*Wedelia*
鼠麴草属	*Gnaphalium*	百日草属	*Zinnia*

（续）

中文名	拉丁名	中文名	拉丁名
凤仙花科	**Balsaminaceae**	菜豆树属	*Radermachera*
凤仙花属	*Impatiens*	火焰木属	*Spathodea*
秋海棠科	**Begoniaceae**	黄钟花属	*Stenolobium*
秋海棠属	*Begonia*	风铃木属	*Tabebuia*
小檗科	**Berberidaceae**	黄钟花属	*Tecoma*
小檗属	*Berberis*	硬骨凌霄属	*Tecomaria*
淫羊藿属	*Epimedium*	**木棉科**	**Bombacaceae**
十大功劳属	*Mahonia*	猴面包树属	*Adansonia*
南天竹属	*Nandina*	木棉属	*Bombax*
桦木科	**Betulaceae**	吉贝属	*Ceiba*
桤木属	*Alnus*	异木棉属	*Chorisia*
桦木属	*Betula*	木棉属	*Gossampinus*
鹅耳枥属	*Carpinus*	瓜栗属	*Pachira*
榛属	*Corylus*	**紫草科**	**Boraginaceae**
紫葳科	**Bignoniaceae**	牛舌草属	*Anchusa*
凌霄属	*Campsis*	心叶牛舌草属	*Brunnera*
梓属	*Catalpa*	福建茶属	*Carmona*
连理藤属	*Clytostoma*	蓝蓟属	*Echium*
猫尾木属	*Dolichandrone*	厚壳树属	*Ehretia*
垂果藤属	*Eccremocarpus*	勿忘草属	*Myosotis*
角蒿属	*Incarvillea*	肺草属	*Pulmonaria*
蓝花楹属	*Jacaranda*	紫丹属	*Tournefortia*
吊灯树属	*Kigelia*	**十字花科**	**Brassicaceae (Cruciferae)**
猫爪藤属	*Macfadyena*	庭荠属	*Alyssum*
猫尾木属	*Markhamia*	南芥属	*Arabis*
木蝴蝶属	*Oroxylum*	庭荠属	*Aurinia*
粉花凌霄属	*Pandorea*	芸薹属	*Brassica*
非洲凌霄属	*Podranea*	桂竹香属	*Cheiranthus*
蒜香藤属	*Pseudocalymma*	糖芥属	*Erysimum*
炮仗花属	*Pyrostegia*	屈曲花属	*Iberis*

（续）

中文名	拉丁名
香雪球属	*Lobularia*
缎花属	*Lunaria*
紫罗兰属	*Matthiola*
诸葛菜属	*Orychophragmus*
萝卜属	*Raphanus*
凤梨科	**Bromeliaceae**
光萼荷属	*Aechmea*
凤梨属	*Ananas*
水塔花属	*Billbergia*
红心凤梨属	*Bromelia*
姬凤梨属	*Cryptanthus*
雀舌兰属	*Dyckia*
果子蔓属	*Guzmania*
彩叶凤梨属	*Neoregelia*
巢凤梨属	*Nidularium*
普亚凤梨属	*Puya*
铁兰属	*Tillandsia*
丽穗凤梨属	*Vriesea*
醉鱼草科	**Buddlejaceae**
醉鱼草属	*Buddleja*
橄榄科	**Burseraceae**
橄榄属	*Canarium*
花蔺科	**Butomaceae**
花蔺属	*Butomus*
黄杨科	**Buxaceae**
黄杨属	*Buxus*
富贵草属	*Pachysandra*
野扇花属	*Sarcococca*
仙人掌科	**Cactaceae**
鼠尾掌属	*Aporocactus*
岩牡丹属	*Ariocarpus*
星球属	*Astrophytum*
翁柱属	*Cephalocereus*
天轮柱属	*Cereus*
顶花球属（菠萝球属）	*Coryphantha*
金琥属	*Echinocactus*
鹿角柱属	*Echinocereus*
多棱球属	*Echinofossulocactus*
仙人球属	*Echinopsis*
昙花属	*Epiphyllum*
月世界属	*Epithelantha*
极光球属	*Eriosyce*
强刺球属（强刺属）	*Ferocactus*
士童属	*Frailea*
裸萼球属	*Gymnocalycium*
长钩球属	*Hamatocactus*
丝苇属	*Hatiora*
绫波属	*Homalocephala*
光山属	*Leuchtenbergia*
乌羽玉属	*Lophophora*
乳突球属	*Mammillaria*
花座球属	*Melocactus*
龙神柱属	*Myrtillocactus*
智利球属	*Neochilenia*
令箭荷花属	*Nopalxochia*
南国玉属	*Notocactus*
仙人掌属	*Opuntia*
刺翁柱属	*Oreocereus*
锦绣玉属	*Parodia*

（续）

中文名	拉丁名	中文名	拉丁名
斧突球属	*Pelecyphora*	蜡梅属	*Chimonanthus*
叶仙人掌属	*Pereskia*	**桔梗科**	**Campanulaceae**
子孙球属	*Rebutia*	沙参属	*Adenophora*
假昙花属	*Rhipsalidopsis*	风铃草属	*Campanula*
仙人指属	*Schlumbergera*	同瓣草属	*Isotoma*
蛇鞭柱属	*Selenicereus*	同瓣草属	*Laurentia*
多棱球属	*Stenocactus*	半边莲属	*Lobelia*
有沟宝山属	*Sulcorebutia*	桔梗属	*Platycodon*
瘤玉属	*Thelocactus*	夕雾草属	*Trachelium*
姣丽球属	*Turbinicarpus*	**大麻科**	**Cannabaceae**
花笠球属	*Weingartia*	葎草属	*Humulus*
蟹爪兰属	*Zygocactus*	**美人蕉科**	**Cannaceae**
苏木科	**Caesalpiniaceae**	美人蕉属	*Canna*
（云实科）		**山柑科**	**Capparaceae**
缅茄属	*Afzelia*	醉蝶花属	*Cleome*
羊蹄甲属	*Bauhinia*	鱼木属	*Crateva*
云实属	*Caesalpinia*	**忍冬科**	**Caprifoliaceae**
决明属	*Cassia*	糯米条属	*Abelia*
紫荆属	*Cercis*	七子花属	*Heptacodium*
凤凰木属	*Delonix*	猬实属	*Kolkwitzia*
格木属	*Erythrophleum*	鬼吹箫属	*Leycesteria*
皂荚属	*Gleditsia*	忍冬属	*Lonicera*
肥皂荚属	*Gymnocladus*	接骨木属	*Sambucus*
墨水树属	*Haematoxylum*	毛核木属	*Symphoricarpos*
扁轴木属	*Parkinsonia*	荚蒾属	*Viburnum*
盾柱木属	*Peltophorum*	锦带花属	*Weigela*
无忧花属	*Saraca*	**番木瓜科**	**Caricaceae**
罗望子属	*Tamarindus*	番木瓜属	*Carica*
翅荚木属	*Zenia*	**石竹科**	**Caryophyllaceae**
蜡梅科	**Calycanthaceae**	麦仙翁属	*Agrostemma*
美国夏蜡梅属	*Calycanthus*	蚤缀属	*Arenaria*

（续）

中文名	拉丁名	中文名	拉丁名
卷耳属	*Cerastium*	**使君子科**	**Combretaceae**
石竹属	*Dianthus*	使君子属	*Quisqualis*
丝石竹属	*Gypsophila*	榄仁树属	*Terminalia*
剪秋罗属	*Lychnis*	**鸭跖草科**	**Commelinaceae**
肥皂草属	*Saponaria*	鸭跖草属	*Commelina*
蝇子草属	*Silene*	杜若属	*Pollia*
木麻黄科	**Casuarinaceae**	紫背万年青属	*Rhoeo*
木麻黄属	*Casuarina*	紫露草属	*Tradescantia*
卫矛科	**Celastraceae**	吊竹梅属	*Zebrina*
南蛇藤属	*Celastrus*	**旋花科**	**Convolvulaceae**
卫矛属	*Euonymus*	月光花属	*Calonyction*
美登木属	*Maytenus*	打碗花属	*Calystegia*
连香树科	**Cercidiphyllaceae**	旋花属	*Convolvulus*
连香树属	*Cercidiphyllum*	马蹄金属	*Dichondra*
藜科	**Chenopodiaceae**	土丁桂属	*Evolvulus*
滨藜属	*Atriplex*	番薯属	*Ipomoea*
甜菜属	*Beta*	牵牛花属	*Pharbitis*
地肤属	*Kochia*	茑萝属	*Quamoclit*
金粟兰科	**Chloranthaceae**	**山茱萸科**	**Cornaceae**
金粟兰属	*Chloranthus*	桃叶珊瑚属	*Aucuba*
半日花科	**Cistaceae**	梾木属	*Cornus*
岩蔷薇属	*Cistus*	四照花属	*Dendrobenthamia*
半日花属	*Helianthemum*	山茱萸属	*Macrocarpium*
藤黄科	**Clusiaceae**	梾木属	*Swida*
（山竹子科）	**(Guttiferae)**	**闭鞘姜科**	**Costaceae**
红厚壳属	*Calophyllum*	闭鞘姜属	*Costus*
（胡桐属）		**景天科**	**Crassulaceae**
书带木属	*Clusia*	天锦章属	*Adromischus*
藤黄属	*Garcinia*	莲花掌属	*Aeonium*
金丝桃属	*Hypericum*	银波锦属	*Cotyledon*
铁力木属	*Mesua*	青锁龙属	*Crassula*

（续）

中文名	拉丁名
石莲花属	*Echeveria*
风车草属	*Graptopetalum*
八宝属	*Hylotelephium*
伽蓝菜属	*Kalanchoë*
厚叶草属	*Pachyphytum*
景天属	*Sedum*
长生草属	*Sempervivum*
齐花山景天属	*Tacitus*
葫芦科	**Cucurbitaceae**
黄瓜属	*Cucumis*
南瓜属	*Cucurbita*
葫芦属	*Lagenaria*
莎草科	**Cyperaceae**
薹草属	*Carex*
莎草属	*Cyperus*
羊胡子草属	*Eriophorum*
光纤草属	*Isolepis*
藨草属	*Scirpus*
虎皮楠科（交让木科）	**Daphniphyllaceae**
交让木属	*Daphniphyllum*
五桠果科（第伦桃科）	**Dilleniaceae**
五桠果属（第伦桃属）	*Dillenia*
川续断科	**Dipsacaceae**
山萝卜属	*Knautia*
蓝盆花属	*Scabiosa*
茅膏菜科	**Droseraceae**
捕蝇草属	*Dionaea*
茅膏菜属	*Drosera*
柿树科	**Ebenaceae**
柿树属	*Diospyros*
胡颓子科	**Elaeagnaceae**
胡颓子属	*Elaeagnus*
沙棘属	*Hippophaë*
杜英科	**Elaeocarpaceae**
杜英属	*Elaeocarpus*
猴欢喜属	*Sloanea*
杜鹃花科（石南科）	**Ericaceae**
熊果属	*Arctostaphylos*
青姬木属	*Andromeda*
帚石南属	*Calluna*
吊钟花属	*Enkianthus*
欧石南属	*Erica*
白珠树属	*Gaultheria*
山月桂属	*Kalmia*
木藜芦属	*Leucothoë*
丽果木属	*Pernettya*
马醉木属	*Pieris*
杜鹃花属	*Rhododendron*
越橘属（乌饭树属）	*Vaccinium*
谷精草科	**Eriocaulaceae**
南美谷精草属	*Syngonanthus*
杜仲科	**Eucommiaceae**
杜仲属	*Eucommia*
大戟科	**Euphorbiaceae**
铁苋属	*Acalypha*
山麻杆属	*Alchornea*
石栗属	*Aleurites*

（续）

中文名	拉丁名	中文名	拉丁名
五月茶属	*Antidesma*	刺桐属	*Erythrina*
重阳木属	*Bischofia*	染料木属	*Genista*
黑面神属	*Breynia*	盐豆木属	*Halimodendron*
蝴蝶果属	*Cleidiocarpon*	木蓝属	*Indigofera*
变叶木属	*Codiaeum*	扁豆属	*Lablab*
大戟属	*Euphorbia*	金链花属（毒豆属）	*Laburnum*
海漆属	*Excoecaria*	香豌豆属	*Lathyrus*
麻疯树属	*Jatropha*	胡枝子属	*Lespedeza*
血桐属	*Macaranga*	百脉根属	*Lotus*
木薯属	*Manihot*	羽扇豆属	*Lupinus*
红雀珊瑚属	*Pedilanthus*	马鞍树属	*Maackia*
叶下珠属	*Phyllanthus*	苜蓿属	*Medicago*
蓖麻属	*Ricinus*	鸡血藤属	*Millettia*
乌桕属	*Sapium*	黧豆属（油麻藤属）	*Mucuna*
油桐属	*Vernicia*	红豆属	*Ormosia*
领春木科	**Eupteleaceae**	菜豆属	*Phaseolus*
领春木属	*Euptelea*	水黄皮属	*Pongamia*
蝶形花科	**Fabaceae (Leguminosae)**	紫檀属	*Pterocarpus*
紫穗槐属	*Amorpha*	刺槐属	*Robinia*
落花生属	*Arachis*	田菁属	*Sesbania*
蓝靛属	*Baptisia*	槐属	*Sophora*
锦鸡儿属	*Caragana*	鹰爪豆属	*Spartium*
栗豆树属	*Castanospermum*	三叶草属（车轴草属）	*Trifolium*
香槐属	*Cladrastis*	豇豆属	*Vigna*
蝶豆属	*Clitoria*	紫藤属	*Wisteria*
鱼鳔槐属	*Colutea*	**壳斗科（山毛榉科）**	**Fagaceae**
小冠花属	*Coronilla*	栗属	*Castanea*
金雀花属	*Cytisus*		
黄檀属	*Dalbergia*		

（续）

中文名	拉丁名	中文名	拉丁名
栲属	*Castanopsis*	扭果苣苔属	*Streptocarpus*
青冈栎属	*Cyclobalanopsis*	**草海桐科**	**Goodeniaceae**
山毛榉属	*Fagus*	草海桐属	*Scaevola*
石栎属（柯属）	*Lithocarpus*	**茶藨子科（醋栗科）**	**Grossulariaceae**
栎属	*Quercus*	鼠刺属	*Itea*
大风子科	**Flacourtiaceae**	茶藨子属	*Ribes*
刺篱木属	*Flacourtia*	**血草科**	**Haemodoraceae**
大风子属	*Hydnocarpus*	鼠爪花属	*Anigozanthos*
山桐子属	*Idesia*	**小二仙草科**	**Haloragaceae**
栀子皮属	*Itoa*	狐尾藻属	*Myriophyllum*
柞木属	*Xylosma*	**金缕梅科**	**Hamamelidaceae**
紫堇科	**Fumariaceae**	蜡瓣花属	*Corylopsis*
紫堇属	*Corydalis*	蚊母树属	*Distylium*
荷包牡丹属	*Dicentra*	马蹄荷属	*Exbucklandia*
荷包牡丹属	*Lamprocapnos*	金缕梅属	*Hamamelis*
龙胆科	**Gentianaceae**	枫香属	*Liquidambar*
草原龙胆属	*Eustoma*	檵木属	*Loropetalum*
藻百年属	*Exacum*	红苞木属	*Rhodoleia*
荇菜属	*Nymphoides*	**蝎尾蕉科**	**Heliconiaceae**
牻牛儿苗科	**Geraniaceae**	蝎尾蕉属	*Heliconia*
老鹳草属	*Geranium*	**七叶树科**	**Hippocastanaceae**
天竺葵属	*Pelargonium*	七叶树属	*Aesculus*
苦苣苔科	**Gesneriaceae**	**杉叶藻科**	**Hippuridaceae**
圆盘花属	*Achimenes*	杉叶藻属	*Hippuris*
芒毛苣苔属	*Aeschynanthus*	**八仙花科（绣球花科）**	**Hydrangeaceae**
金鱼花属	*Columnea*	溲疏属	*Deutzia*
喜阴花属	*Episcia*	八仙花属	*Hydrangea*
丝花苣苔属	*Nematanthus*	山梅花属	*Philadelphus*
非洲紫罗兰属	*Saintpaulia*	钻地风属	*Schizophragma*
大岩桐属	*Sinningia*		
庙铃苣苔属	*Smithiantha*		

（续）

中文名	拉丁名	中文名	拉丁名
水鳖科	**Hydrocharitaceae**	**唇形科**	**Lamiaceae (Labiatae)**
水鳖属	*Hydrocharis*	藿香属	*Agastache*
田基麻科	**Hydrophyllaceae**	筋骨草属	*Ajuga*
幌菊属（喜林草属）	*Nemophila*	新风轮菜属	*Calamintha*
八角科	**Illiciaceae**	鞘蕊花属	*Coleus*
八角属	*Illicium*	青兰属	*Dracocephalum*
鸢尾科	**Iridaceae**	香薷属	*Elsholtzia*
菖蒲鸢尾属	*Acidanthera*	活血丹属	*Glechoma*
狒狒花属	*Babiana*	香水草属	*Heliotropium*
射干属	*Belamcanda*	神香草属	*Hyssopus*
雄黄兰属	*Crocosmia*	野芝麻属	*Lamium*
番红花属	*Crocus*	薰衣草属	*Lavandula*
野鸢尾属	*Dietes*	蜜蜂花属	*Melissa*
香雪兰属	*Freesia*	薄荷属	*Mentha*
唐菖蒲属	*Gladiolus*	贝壳花属	*Moluccella*
鸢尾属	*Iris*	美国薄荷属	*Monarda*
鸟胶花属	*Ixia*	荆芥属	*Nepeta*
肖鸢尾属	*Moraea*	罗勒属	*Ocimum*
庭菖蒲属	*Sisyrinchium*	牛至属	*Origanum*
魔杖花属	*Sparaxis*	紫苏属	*Perilla*
虎斑花属	*Tigridia*	分药花属	*Perovskia*
观音兰属	*Tritonia*	糙苏属	*Phlomis*
胡桃科	**Juglandaceae**	假龙头花属	*Physostegia*
山核桃属	*Carya*	香茶菜属	*Plectranthus*
青钱柳属	*Cyclocarya*	夏枯草属	*Prunella*
胡桃属	*Juglans*	迷迭香属	*Rosmarinus*
枫杨属	*Pterocarya*	鼠尾草属	*Salvia*
灯心草科	**Juncaceae**	黄芩属	*Scutellaria*
灯心草属	*Juncus*	鞘蕊花属	*Solenostemon*
地杨梅属	*Luzula*	水苏属	*Stachys*

（续）

中文名	拉丁名
香料科属（石蚕属）	*Teucrium*
百里香属	*Thymus*
木通科	**Lardizabalaceae**
木通属	*Akebia*
串果藤属	*Sinofranchetia*
樟科	**Lauraceae**
樟属	*Cinnamomum*
月桂属	*Laurus*
山胡椒属	*Lindera*
木姜子属	*Litsea*
润楠属	*Machilus*
鳄梨属	*Persea*
楠木属	*Phoebe*
檫木属	*Sassafras*
玉蕊科	**Lecythidaceae**
玉蕊属	*Barringtonia*
火筒树科	**Leeaceae**
火筒树属	*Leea*
百合科	**Liliaceae**
百子莲属	*Agapanthus*
筒花属	*Albuca*
葱属	*Allium*
天门冬属	*Asparagus*
蜘蛛抱蛋属	*Aspidistra*
卜若地属	*Brodiaea*
大百合属	*Cardiocrinum*
吊兰属	*Chlorophytum*
秋水仙属	*Colchicum*
铃兰属	*Convallaria*
仙茅属	*Curculigo*
山菅草属（山菅兰属）	*Dianella*
油点百合属	*Drimiopsis*
独尾草属	*Eremurus*
贝母属	*Fritillaria*
夏风信子属	*Galtonia*
嘉兰属	*Gloriosa*
萱草属	*Hemerocallis*
玉簪属	*Hosta*
风信子属	*Hyacinthus*
春星花属	*Ipheion*
立金花属	*Lachenalia*
百合属	*Lilium*
麦冬属	*Liriope*
葡萄风信子属（蓝壶花属）	*Muscari*
沿阶草属	*Ophiopogon*
虎眼万年青属（乌乳花属）	*Ornithogalum*
黄精属	*Polygonatum*
吉祥草属	*Reineckea*
万年青属	*Rohdea*
假叶树属	*Ruscus*
圣诞钟属	*Sandersonia*
绵枣儿属	*Scilla*
鹿药属	*Smilacina*
白穗花属	*Speirantha*
延龄草属	*Trillium*
紫娇花属	*Tulbaghia*
郁金香属	*Tulipa*
黄花蔺科	**Limnocharitaceae**
黄花蔺属	*Limnocharis*

（续）

中文名	拉丁名	中文名	拉丁名
亚麻科	**Linaceae**	南非葵属	*Anisodontea*
亚麻属	*Linum*	蔓锦葵属	*Callirhoë*
石海椒属	*Reinwardtia*	木槿属	*Hibiscus*
青篱柴属	*Tirpitzia*	花葵属	*Lavatera*
马钱科	**Loganiaceae**	马络葵属	*Malope*
灰莉属	*Fagraea*	锦葵属	*Malva*
千屈菜科	**Lythraceae**	赛葵属	*Malvastrum*
萼距花属	*Cuphea*	悬铃花属	*Malvaviscus*
黄薇属	*Heimia*	花稔属	*Sidalcea*
紫薇属	*Lagerstroemia*	**竹芋科**	**Marantaceae**
指甲花属	*Lawsonia*	肖竹芋属	*Calathea*
千屈菜属	*Lythrum*	密花竹芋属	*Ctenanthe*
虾子花属	*Woodfordia*	竹芋属	*Maranta*
木兰科	**Magnoliaceae**	卧花竹芋属	*Stromanthe*
鹅掌楸属	*Liriodendron*	水竹芋属	*Thalia*
木兰属	*Magnolia*	**野牡丹科**	**Melastomataceae**
木莲属	*Manglietia*	酸脚杆属	*Medinilla*
含笑属	*Michelia*	荣丛花属（蒂牡花属）	*Tibouchina*
拟单性木兰属	*Parakmeria*		
观光木属	*Tsoongiodendron*	**楝科**	**Meliaceae**
金虎尾科	**Malpighiaceae**	米兰属	*Aglaia*
金英树属	*Galphimia*	山楝属	*Aphanamixis*
金虎尾属	*Malpighia*	洋椿属	*Cedrela*
金英树属	*Thryallis*	麻楝属	*Chukrasia*
锦葵科	**Malvaceae**	非洲楝属	*Khaya*
秋葵属	*Abelmoschus*	楝属	*Melia*
苘麻属	*Abutilon*	桃花心木属	*Swietenia*
蜀葵属	*Alcea*	香椿属	*Toona*
蜀葵属	*Althaea*	**防己科**	**Menispermaceae**
		蝙蝠葛属	*Menispermum*

（续）

中文名	拉丁名
千金藤属	*Stephania*
含羞草科	**Mimosaceae**
金合欢属	*Acacia*
海红豆属	*Adenanthera*
合欢属	*Albizia*
朱缨花属	*Calliandra*
象耳豆属	*Enterolobium*
南洋楹属	*Falcataria*
银合欢属	*Leucaena*
含羞草属	*Mimosa*
雨豆树属	*Samanea*
桑科	**Moraceae**
桂木属	*Artocarpus*
构属	*Broussonetia*
柘树属	*Cudrania*
榕属	*Ficus*
橙桑属	*Maclura*
桑属	*Morus*
辣木科	**Moringaceae**
辣木属	*Moringa*
芭蕉科	**Musaceae**
象腿蕉属	*Ensete*
芭蕉属	*Musa*
地涌金莲属	*Musella*
杨梅科	**Myricaceae**
杨梅属	*Myrica*
紫金牛科	**Myrsinaceae**
紫金牛属	*Ardisia*
桃金娘科	**Myrtaceae**
红千层属	*Callistemon*
蜡花属	*Chamelaucium*
水榕属	*Cleistocalyx*
桉属	*Eucalyptus*
番樱桃属	*Eugenia*
菲油果属	*Feijoa*
松红梅属	*Leptospermum*
白千层属	*Melaleuca*
拟香桃木属	*Myrciaria*
香桃木属	*Myrtus*
番石榴属	*Psidium*
桃金娘属	*Rhodomyrtus*
蒲桃属	*Syzygium*
红胶木属	*Tristania*
莲科	**Nelumbonaceae**
莲属	*Nelumbo*
猪笼草科	**Nepenthaceae**
猪笼草属	*Nepenthes*
紫茉莉科	**Nyctaginaceae**
叶子花属	*Bougainvillea*
紫茉莉属	*Mirabilis*
腺果藤属	*Pisonia*
睡莲科	**Nymphaeaceae**
芡实属	*Euryale*
萍蓬莲属	*Nuphar*
睡莲属	*Nymphaea*
王莲属	*Victoria*
蓝果树科（紫树科）	**Nyssaceae**
喜树属	*Camptotheca*
珙桐属	*Davidia*
紫树属	*Nyssa*
木犀科	**Oleaceae**
白花连翘属	*Abeliophyllum*

（续）

中文名	拉丁名	中文名	拉丁名
流苏树属	*Chionanthus*	五唇兰属	*Doritis*
雪柳属	*Fontanesia*	围柱兰属	*Encyclia*
连翘属	*Forsythia*	树兰属	*Epidendrum*
白蜡树属	*Fraxinus*	南美卡特兰属	*Guarianthe*
（梣属）		南美卡特兰属	*Guarianthe*
素馨属	*Jasminum*	蕾丽兰属	*Laelia*
女贞属	*Ligustrum*	血叶兰属	*Ludisia*
木犀榄属	*Olea*	捧心兰属	*Lycaste*
木犀属	*Osmanthus*	（薄叶兰属）	
丁香属	*Syringa*	三尖兰属	*Masdevallia*
柳叶菜科	**Onagraceae**	（尾萼兰属）	
山字草属	*Clarkia*	米尔顿兰属	*Miltonia*
倒挂金钟属	*Fuchsia*	美堇兰属	*Miltoniopsis*
山桃草属	*Gaura*	（堇花兰属）	
送春花属	*Godetia*	风兰属	*Neofinetia*
月见草属	*Oenothera*	齿瓣兰属	*Odontoglossum*
兰科	**Orchidaceae**	（齿舌兰属）	
指甲兰属	*Aerides*	文心兰属	*Oncidium*
武夷兰属	*Angraecum*	（金蝶兰属）	
开唇兰属	*Anoectochilus*	兜兰属	*Paphiopedilum*
蜘蛛兰属	*Arachnis*	（拖鞋兰属）	
鸟舌兰属	*Ascocentrum*	蝴蝶兰属	*Phalaenopsis*
白及属	*Bletilla*	美洲兜兰属	*Phragmipedium*
柏拉兰属	*Brassavola*	独蒜兰属	*Pleione*
长萼兰属	*Brassia*	拟蝶唇兰属	*Psychopsis*
虾脊兰属	*Calanthe*	火焰兰属	*Renanthera*
卡特兰属	*Cattleya*	喙蕾丽兰属	*Rhyncholaelia*
兰属	*Cymbidium*	钻喙兰属	*Rhynchostylis*
弯唇兰属	*Cyrtochilum*	贞兰属	*Sophronitis*
石斛属	*Dendrobium*	毛距兰属	*Trichocentrum*
狄萨兰属	*Disa*	万代兰属	*Vanda*

（续）

中文名	拉丁名	中文名	拉丁名
拟万代兰属	*Vandopsis*	补血草属	*Limonium*
轭瓣兰属（接瓣兰属）	*Zygopetalum*	蓝雪花属	*Plumbago*
金莲木科	**Ochnaceae**	**禾本科**	**Poaceae (Gramineae)**
金莲木属	*Ochna*	芨芨草属	*Achnatherum*
酢浆草科	**Oxalidaceae**	冰草属	*Agropyron*
阳桃属	*Averrhoa*	翦股颖属	*Agrostis*
酢浆草属	*Oxalis*	看麦娘属	*Alopecurus*
芍药科	**Paeoniaceae**	燕麦草属	*Arrhenatherum*
芍药属	*Paeonia*	青篱竹属	*Arundinaria*
露兜树科	**Pandanaceae**	芦竹属	*Arundo*
露兜树属	*Pandanus*	地毯草属	*Axonopus*
罂粟科	**Papaveraceae**	簕竹属	*Bambusa*
花菱草属	*Eschscholzia*	垂穗草属（格兰马草属）	*Bouteloua*
海罂粟属	*Glaucium*	短穗竹属	*Brachystachyum*
博落回属	*Macleaya*	凌风草属	*Briza*
罂粟属	*Papaver*	野牛草属	*Buchloë*
西番莲科	**Passifloraceae**	拂子茅属	*Calamagrostis*
西番莲属	*Passiflora*	方竹属	*Chimonobambusa*
商陆科	**Phytolaccaceae**	金须茅属（竹节草属）	*Chrysopogon*
商陆属	*Phytolacca*	蒲苇属	*Cortaderia*
珊瑚珠属	*Rivina*	棒芒草属	*Corynephorus*
胡椒科	**Piperaceae**	狗牙根属	*Cynodon*
草胡椒属（豆瓣绿属）	*Peperomia*	龙竹属	*Dendrocalamus*
海桐科	**Pittosporaceae**	发草属	*Deschampsia*
海桐属	*Pittosporum*	画眉草属	*Eragrostis*
悬铃木科	**Platanaceae**	蜈蚣草属	*Eremochloa*
悬铃木属	*Platanus*	羊茅属	*Festuca*
蓝雪花科（白花丹科）	**Plumbaginaceae**	箱根草属	*Hakonechloa*
海石竹属	*Armeria*		

（续）

中文名	拉丁名	中文名	拉丁名
绒毛草属	*Holcus*	钝叶草属	*Stenotaphrum*
大麦属	*Hordeum*	针茅属	*Stipa*
白茅属	*Imperata*	泰竹属	*Thyrsostachys*
箬竹属	*Indocalamus*	菰属（茭白属）	*Zizania*
落草属	*Koeleria*	结缕草属	*Zoysia*
兔尾草属	*Lagurus*	**花荵科**	**Polemoniaceae**
单竹属	*Lingnania*	电灯花属	*Cobaea*
黑麦草属	*Lolium*	吉利花属	*Gilia*
蜜糖草属（糖蜜草属）	*Melinis*	福禄考属	*Phlox*
		花荵属	*Polemonium*
芒属	*Miscanthus*	**蓼科**	**Polygonaceae**
乱子草属	*Muhlenbergia*	珊瑚藤属	*Antigonon*
针茅属	*Nassella*	沙拐枣属	*Calligonum*
少穗竹属	*Oligostachyum*	何首乌属	*Fallopia*
求米草属	*Oplismenus*	竹节蓼属	*Homalocladium*
稷属	*Panicum*	千叶兰属	*Muehlenbeckia*
狼尾草属	*Pennisetum*	桃叶蓼属	*Persicaria*
虉草属（草芦属）	*Phalaris*	蓼属	*Polygonum*
		虎杖属	*Reynoutria*
芦苇属	*Phragmites*	大黄属	*Rheum*
刚竹属	*Phyllostachys*	**雨久花科**	**Pontederiaceae**
苦竹属	*Pleioblastus*	凤眼莲属	*Eichhornia*
早熟禾属	*Poa*	雨久花属	*Monochoria*
矢竹属	*Pseudosasa*	梭鱼草属	*Pontederia*
赤竹属	*Sasa*	**马齿苋科**	**Portulacaceae**
裂稃草属	*Schizachyrium*	回欢草属	*Anacampseros*
业平竹属	*Semiarundinaria*	银蚕属	*Avonia*
狗尾草属	*Setaria*	露薇花属	*Lewisia*
鹅毛竹属	*Shibataea*	马齿苋属	*Portulaca*
唐竹属	*Sinobambusa*	马齿苋树属	**Portulacaria**
慈竹属	*Sinocalamus*	土人参属	*Talinum*

（续）

中文名	拉丁名	中文名	拉丁名
报春花科	**Primulaceae**	**鼠李科**	**Rhamnaceae**
琉璃繁缕属	*Anagallis*	美洲茶属	*Ceanothus*
仙客来属	*Cyclamen*	马甲子属	*Paliurus*
珍珠菜属	*Lysimachia*	雀梅藤属	*Sageretia*
报春花属	*Primula*	枣属	*Ziziphus*
山龙眼科	**Proteaceae**	**蔷薇科**	**Rosaceae**
班克木属	*Banksia*	羽衣草属	*Alchemilla*
银桦属	*Grevillea*	唐棣属	*Amelanchier*
哈克木属	*Hakea*	桃属	*Amygdalus*
银树属	*Leucadendron*	杏属	*Armeniaca*
针垫花属	*Leucospermum*	山楸梅属	*Aronia*
帝王花属	*Protea*	假升麻属	*Aruncus*
泰洛帕属	*Telopea*	樱属	*Cerasus*
石榴科	**Punicaceae**	木瓜属	*Chaenomeles*
石榴属	*Punica*	栒子属	*Cotoneaster*
毛茛科	**Ranunculaceae**	山楂属	*Crataegus*
乌头属	*Aconitum*	金露梅属	*Dasiphora*
类叶升麻属	*Actaea*	蛇莓属	*Duchesnea*
银莲花属	*Anemone*	枇杷属	*Eriobotrya*
耧斗菜属	*Aquilegia*	白鹃梅属	*Exochorda*
驴蹄草属	*Caltha*	蚊子草属	*Filipendula*
升麻属	*Cimicifuga*	草莓属	*Fragaria*
铁线莲属	*Clematis*	棣棠属	*Kerria*
飞燕草属	*Consolida*	海棠属	*Malus*
翠雀花属	*Delphinium*	稠李属	*Padus*
铁筷子属	*Helleborus*	石楠属	*Photinia*
黑种草属	*Nigella*	风箱果属	*Physocarpus*
白头翁属	*Pulsatilla*	委陵菜属	*Potentilla*
毛茛属	*Ranunculus*	扁核木属	*Prinsepia*
唐松草属	*Thalictrum*	李属	*Prunus*
金莲花属	*Trollius*	火棘属	*Pyracantha*

（续）

中文名	拉丁名	中文名	拉丁名
梨属	*Pyrus*	柑橘属	*Citrus*
石斑木属	*Rhaphiolepis*	白鲜属	*Dictamnus*
鸡麻属	*Rhodotypos*	吴茱萸属	*Evodia*
月季属	*Rosa*	金柑属	*Fortunella*
悬钩子属	*Rubus*	九里香属	*Murraya*
地榆属	*Sanguisorba*	黄檗属	*Phellodendron*
珍珠梅属	*Sorbaria*	枳属	*Poncirus*
花楸属	*Sorbus*	榆橘属	*Ptelea*
绣线菊属	*Spiraea*	芸香属	*Ruta*
野珠兰属	*Stephanandra*	茵芋属	*Skimmia*
茜草科	**Rubiaceae**	四数花属	*Tetradium*
山石榴属	*Catunaregam*	花椒属	*Zanthoxylum*
咖啡属	*Coffea*	**杨柳科**	**Salicaceae**
伏牛花属	*Damnacanthus*	杨属	*Populus*
栀子花属	*Gardenia*	柳属	*Salix*
水杨梅属（路边青属）	*Geum*	**无患子科**	**Sapindaceae**
长隔木属	*Hamelia*	风船葛属	*Cardiospermum*
龙船花属（仙丹属）	*Ixora*	龙眼属	*Dimocarpus*
野丁香属（薄皮木属）	*Leptodermis*	栾树属	*Koelreuteria*
		荔枝属	*Litchi*
		无患子属	*Sapindus*
滇丁香属	*Luculia*	文冠果属	*Xanthoceras*
巴戟天属	*Morinda*	**山榄科**	**Sapotaceae**
玉叶金花属	*Mussaenda*	金叶树属	*Chrysophyllum*
鸡矢藤属	*Paederia*	蛋黄果属	*Lucuma*
繁星花属	*Pentas*	人心果属	*Manilkara*
山黄皮属	*Randia*	胶木属	*Palaquium*
六月雪属	*Serissa*	**大血藤科**	**Sargentodoxaceae**
雪铁芋属	*Zamioculcas*	大血藤属	*Sargentodoxa*
芸香科	**Rutaceae**	**瓶子草科**	**Sarraceniaceae**
酒饼簕属	*Atalantia*	瓶子草属	*Sarracenia*
		三白草科	**Saururaceae**
墨西哥橘属	*Choisya*	蕺菜属	*Houttuynia*

（续）

中文名	拉丁名
三白草属	*Saururus*
虎耳草科	**Saxifragaceae**
落新妇属	*Astilbe*
岩白菜属	*Bergenia*
矾根属	*Heuchera*
泡沫花属	×*Heucherella*
鬼灯檠属	*Rodgersia*
虎耳草属	*Saxifraga*
黄水枝属	*Tiarella*
五味子科	**Schisandraceae**
南五味子属	*Kadsura*
五味子属	*Schisandra*
玄参科	**Scrophulariaceae**
香彩雀属	*Angelonia*
金鱼草属	*Antirrhinum*
金鱼藤属	*Asarina*
蒲包花属	*Calceolaria*
蓝唇花属	*Collinsia*
蔓柳穿鱼属	*Cymbalaria*
双距花属	*Diascia*
毛地黄属	*Digitalis*
玉芙蓉属	*Leucophyllum*
柳穿鱼属	*Linaria*
沟酸浆属	*Mimulus*
龙面花属	*Nemesia*
泡桐属	*Paulownia*
钓钟柳属	*Penstemon*
南非金钟花属	*Phygelius*
地黄属	*Rehmannia*
炮仗竹属	*Russelia*
假马齿苋属	*Sutera*
蝴蝶草属	*Torenia*
毛蕊花属	*Verbascum*
婆婆纳属	*Veronica*
腹水草属	*Veronicastrum*
苦木科	**Simaroubaceae**
臭椿属	*Ailanthus*
茄科	**Solanaceae**
蓝英花属	*Browallia*
曼陀罗木属	*Brugmansia*
鸳鸯茉莉属	*Brunfelsia*
舞春花属	*Calibrachoa*
辣椒属	*Capsicum*
夜香树属	*Cestrum*
曼陀罗属	*Datura*
枸杞属	*Lycium*
番茄属	*Lycopersicon*
烟草属	*Nicotiana*
赛亚麻属	*Nierembergia*
碧冬茄属	*Petunia*
酸浆属	*Physalis*
智力喇叭花属	*Salpiglossis*
蛾蝶花属	*Schizanthus*
金杯藤属	*Solandra*
茄属	*Solanum*
省沽油科	**Staphyleaceae**
野鸦椿属	*Euscaphis*
省沽油属	*Staphylea*
银鹊树属	*Tapiscia*
梧桐科	**Sterculiaceae**
瓶干树属	*Brachychiton*
非洲芙蓉属	*Dombeya*
梧桐属	*Firmiana*

（续）

中文名	拉丁名	中文名	拉丁名
银叶树属	*Heritiera*	**椴树科**	**Tiliaceae**
翅子树属	*Pterospermum*	扁担杆属	*Grewia*
翅苹婆属	*Pterygota*	椴树属	*Tilia*
梭罗树属	*Reevesia*	**旱金莲科**	**Tropaeolaceae**
苹婆属	*Sterculia*	旱金莲属	*Tropaeolum*
旅人蕉科	**Strelitziaceae**	**时钟花科**	**Turneraceae**
旅人蕉属	*Ravenala*	时钟花属	*Turnera*
鹤望兰属	*Strelitzia*	**香蒲科**	**Typhaceae**
安息香科	**Styracaceae**	香蒲属	*Typha*
(野茉莉科)		**榆科**	**Ulmaceae**
银钟花属	*Halesia*	糙叶树属	*Aphananthe*
白辛树属	*Pterostyrax*	朴属	*Celtis*
野茉莉属	*Styrax*	刺榆属	*Hemiptelea*
山矾科	**Symplocaceae**	青檀属	*Pteroceltis*
山矾属	*Symplocos*	（翼朴属）	
蒟蒻薯科	**Taccaceae**	榆属	*Ulmus*
蒟蒻薯属	*Tacca*	榉属	*Zelkova*
柽柳科	**Tamaricaceae**	**荨麻科**	**Urticaceae**
柽柳属	*Tamarix*	楼梯草属	*Elatostema*
水青树科	**Tetracentraceae**	冷水花属	*Pilea*
水青树属	*Tetracentron*	赤车属	*Pellionia*
山茶科	**Theaceae**	**败酱科**	**Valerianaceae**
山茶属	*Camellia*	排草属	*Centranthus*
红淡比属	*Cleyera*	**马鞭草科**	**Verbenaceae**
柃木属	*Eurya*	紫珠属	*Callicarpa*
木荷属	*Schima*	莸属	*Caryopteris*
厚皮香属	*Ternstroemia*	大青属	*Clerodendrum*
瑞香科	**Thymelaeaceae**	（赪桐属）	
沉香属	*Aquilaria*	假连翘属	*Duranta*
瑞香属	*Daphne*	美女樱属	*Glandularia*
结香属	*Edgeworthia*	石梓属	*Gmelina*

（续）

中文名	拉丁名	中文名	拉丁名
冬红属	*Holmskioldia*	粉藤属	*Cissus*
马缨丹属	*Lantana*	地锦属（爬山虎属）	*Parthenocissus*
蓝花藤属	*Petrea*	葡萄属	*Vitis*
豆腐柴属	*Premna*	**姜科**	**Zingiberaceae**
柚木属	*Tectona*	山姜属	*Alpinia*
美女樱属	*Verbena*	姜黄属	*Curcuma*
牡荆属	*Vitex*	姜花属	*Hedychium*
堇菜科	**Violaceae**	火炬姜属	*Nicolaia*
堇菜属	*Viola*	火炬姜属	*Phaeomeria*
葡萄科	**Vitaceae**	姜属	*Zingiber*
蛇葡萄属（白蔹属）	*Ampelopsis*		

中文名称索引

C

D

G

H

J

R

S

T

Z

拉丁属名索引

D

E

N

O

P

Q

R

S

T

U

V

W

X

Y

Z

英文名称索引

D

E

H

I

M

Q

T

U

V

W

Y

Z

后　记

前后两年有余，历经千辛万苦，其间虽有停滞，也曾想过放弃，终究本手册还是付梓了，我的心情是复杂的：既为多年的梦想变为现实而高兴，又为鉴于篇幅和时间的关系未收录我国常见园林植物的品种名称而遗憾，同时还为因水平和能力之限而不免造成的错误而忐忑。但无论如何，总算迈出了第一步，也算是抛砖引玉，实属不易。

在日常生活中，我不时会遇到不规范的园林植物名称，想知道其究竟是什么植物，在平时工作和对外交流中，我经常会涉及中国的园林植物，需要知道其拉丁名和英文名，本手册使上述问题均迎刃而解。此前，虽有一些园林植物名录，但年代久远已跟不上日新月异的引种、推广、应用成果，或名称不确切，甚至错误，经过编排、校对、勘误、正名，本手册基本反映了当前中国园林植物应用种类的现状。鉴于互联网搜索功能，使得获取植物图片及其他相关信息变得异常简单，配合使用本手册规范的名称将有大量清晰精美的图片、准确可靠的文字信息呈现在眼前，这也符合从知道名称到了解特征、再到熟悉特性，从而加以保护和利用这一认知植物的基本过程。

在此，我有义务愉快地指出：在准备和编写本手册的各个时期、各个方面，朋友们给予了我大量的关心、支持与帮助，否则我大概不可能完成这一繁重的工作，无论其缺点如何(大概不少)，如果我得不到这些支持与帮助，缺点和错误会更多。因此，我完全有必要将他们都指出来，表达我最诚挚的谢意。他们是：教会我植物学拉丁文基本知识，并对本手册中相关内容进行审阅以及提出建设性意见的母校北京林业大学生物科学与技术学院王建中教授；对名录进行审阅并提出宝贵意见和建议的母校园林学院副教授赵惠恩博士；多年来在专业领域给予我广泛支持，与我亦师亦友的东北林业大学园林学院教授周蕴薇博士；在得知我编撰本手册时主动提出愿提供无私帮助的中国科学院北京植物园林秦文博士；惠借相关资料，使我有了编撰本手册想法并最终付诸于实际的3位母校学友：北京市花木有限公司工程师孙凯、北京创新景观园林设计有限责任公司工程师吴晓舟、北京林大林业科技股份有限公司工程师周杰博士；以及延续了我对园林植物的热爱和对相关工作理解的北京市花木有限公司教授级高级工程师于学斌。此外，我由衷地感谢贾培义的耐心等待和辛勤付出。

最后，我真诚地欢迎和感谢各位读者的任何意见和建议，错误之处在所难免还望指正，并请与我联系（E-mail：victordawn@ yahoo. com. cn），以便在本手册修订时改进和修正，使之成为一本开放的、互动的、与时俱进的工具书。本手册若有助于园林植物名称的规范化使用，有助于国内外交流与进出口检疫，有助于相关学科与相关行业在教学、科研、生产、贸易、应用等领域的发展，我认为自己的劳动将不被辜负。

董文珂

2012 年 12 月 12 日